Produktentwicklung und Konstruktionstechnik

Band 26

Reihe herausgegeben vom
Institut für Produktentwicklung und Konstruktionstechnik (PKT) der Technischen Universität Hamburg (TUHH), Hamburg, Deutschland unter der Leitung von Prof. Dr.-Ing. Dieter Krause

In der Buchreihe erscheinen die am Institut von Prof. Dr.-Ing. Dieter Krause erfolgreich betreuten abgeschlossenen Dissertationsschriften. Die Themen umfassen vorwiegend Arbeiten aus den beiden Forschungsschwerpunkten des Institutes, die methodische Produktentwicklung, insbesondere Themen zum Varianten- und Komplexitätsmangement sowie Methodenforschung für die Produktentwicklung im Allgemeinen und dem zweiten Forschungsthema der Strukturanalyse und Versuchstechnik mit Themen aus dem Bereich der Auslegung von Hochleistungswerkstoffen, wie CFK, Sandwich oder auch Keramik, sowie der Weiterentwicklung von Simulationsmethoden und Versuchstechnik für Spezialanwendungen. Bücher zu weiteren interessanten Themen oder Tagungsbände mit wissenschaftlichem oder mehr anwendungsorientiertem Charakter ergänzen die Buchreihe.

Juliane Vogt

Methode zur individualisierungsgerechten Gestaltung modularer Produktfamilien

Springer Vieweg

Juliane Vogt
Institut für Produktentwicklung
und Konstruktionstechnik
Hamburg University of Technology
Hamburg, Deutschland

ISSN 2629-2157 ISSN 2662-7485 (electronic)
Produktentwicklung und Konstruktionstechnik
ISBN 978-3-662-70532-2 ISBN 978-3-662-70533-9 (eBook)
https://doi.org/10.1007/978-3-662-70533-9

Die Deutsche Nationalbibliothek verzeichnet diese Publikation in der Deutschen Nationalbibliografie; detaillierte bibliografische Daten sind im Internet über https://portal.dnb.de abrufbar.

Springer Vieweg ist ein Imprint der eingetragenen Gesellschaft Springer-Verlag GmbH, DE und ist ein Teil von Springer Nature.
Die Anschrift der Gesellschaft ist: Heidelberger Platz 3, 14197 Berlin, Germany

Vorwort

Modulare Produktstrukturen helfen, die Herausforderungen von produzierenden Unternehmen im Spannungsfeld von zunehmenden Kundenanforderungen und hohem Kostendruck durch globalen Wettbewerb besser zu begegnen. Das Ziel ist es, die hohe, vom Markt geforderte, externe Produktvielfalt mit einer möglichst schlanken, internen Vielfalt an Komponenten und Modulen mit einer geschickt gewählten modularen Produktstruktur zu verbinden. Hinzu kommt der Trend, individuelle Kundenwünsche zu integrieren, was nicht einfach passgenau aus einem Modulbaukasten bedient werden kann. Dies führt meist zu einem Anstieg an Sonderlösungen und letztendlich zu einer höheren Produkt- und Prozesskomplexität im Unternehmen, was die Wettbewerbsfähigkeit schwächt. Daher muss das Zusammenspiel zwischen der Standardisierung und Differenzierung bei modularen Produktarchitekturen um die Individualisierung erweitert werden, um so den Anteil an Sonderlösungen zu minimieren.

Hier setzt die Arbeit von Frau Vogt an, Individualisierungspotenzial in bestehenden Produktfamilien gezielt und systematisch erkennen zu können, um dieses methodisch in einer Produktindividualisierung sinnvoll integrieren zu können.

Die Arbeit von Frau Vogt stellt eine bedeutsame wissenschaftliche Bereicherung zur Thematik der Produktindividualisierung im Kontext modularer Produktarchitekturen dar. Frau Vogt hat sich sehr gewissenhaft in die Wissensgebiete der Modularisierung, der Produktplanung und der Produktindividualisierung eingearbeitet, die die Grundlage für ihre Arbeit darstellen.

Frau Vogt hat ihre wissenschaftlichen Erkenntnisse und Ergebnisse auf mehreren nationalen und international anerkannten Konferenzen sehr erfolgreich vorgestellt und in dem internationalen sehr angesehenen Journal of Mechanical Design in Form eines wissenschaftlichen Beitrags über ihre Methode veröffentlicht. Die Darstellung ihrer Arbeit ist insgesamt sehr gut gelungen. Die entwickelte Methode ist in nachvollziehbarer Weise beschrieben und mit aussagekräftigen Abbildungen versehen. Zudem stellt sie die Einbindung ihrer Methode in dem am Institut entwickelten *Integrierten PKT-Ansatz zur Entwicklung von modularen Produktfamilien* nachvollziehbar auf. Damit veranschaulicht sie die geschickte Einbindung ihrer Methode in den Gesamtkontext der Modularisierung, um den wichtigen Aspekt der Individualisierungsgerechtigkeit bereits in einer frühen Phase zu berücksichtigen. Mit ihrer Arbeit hat sie die wissenschaftlichen Erkenntnisse auf diesem Gebiet maßgeblich vorangetrieben.

Für ihren weiteren beruflichen Werdegang wünsche ich ihr viel Erfolg und danke ihr sehr herzlich für die am Institut geleistete Arbeit.

Hamburg im Oktober 2024

Prof. Dr.-Ing. Dieter Krause

Methode zur individualisierungsgerechten Gestaltung modularer Produktfamilien

Vom Promotionsausschuss der
Technischen Universität Hamburg

zur Erlangung des akademischen Grades

Doktor-Ingenieurin (Dr.-Ing.)

genehmigte Dissertation (Monografie)

von
Juliane Vogt

aus
Quakenbrück

2024

1. Gutachter: Prof. Dr.-Ing. Dieter Krause
2. Gutachter: Prof. Dr.-Ing. Matthias Kreimeyer

Tag der mündlichen Prüfung: 23. September 2024

Danksagung

Während der Entstehung meiner Doktorarbeit am Institut für Produktentwicklung und Konstruktionstechnik (PKT) der TU Hamburg habe ich auf unterschiedlichste Weise Unterstützung erfahren, für die ich mich von Herzen bedanken möchte.

An erster Stelle möchte ich meinem Doktorvater, Prof. Dr.-Ing. Dieter Krause, meinen aufrichtigen Dank aussprechen. Sie standen mir nicht nur durch Ihre fachliche Expertise und konstruktiven Anregungen zur Seite, sondern haben mir auch den notwendigen Freiraum gegeben, eigene Ideen zu entwickeln, kreative Ansätze zu verfolgen und mich sowohl wissenschaftlich als auch persönlich weiterzuentwickeln. Ein herzlicher Dank gebührt auch meinem Zweitprüfer, Prof. Dr.-Ing. Matthias Kreimeyer, sowie Prof. Dr.-Ing. Nikola Bursac für die Übernahme des Prüfungsvorsitzes.

Der fachliche Austausch und die freundschaftliche Zusammenarbeit mit meinen Kolleginnen und Kollegen vom PKT haben die Zeit der Forschung sehr bereichert. Eure Unterstützung und das gegenseitige Feedback waren von unschätzbarem Wert. Die intensiven Diskussionen, insbesondere mit euch, Lea und Christoph, haben meine Arbeit geprägt. In die Welt der Forschung hast du, Johanna, mich schon als Studentin eintauchen lassen. Der Alltag im Büro ist durch euch, Tobi, Emil, Fabi und Marie, sehr bereichert worden. Auch allen anderen, die ich hier namentlich nicht alle nennen kann, gilt mein herzlicher Dank.

Auch möchte ich mich bei meinen Freundinnen und Freunden bedanken, insbesondere bei euch, Chrissy und Lea. Zum Glück habe ich euch.

Es sagte die kleine Hand zur großen Hand:
Du große Hand, ich brauche dich, [...].
Bleibe in meiner Nähe und halte mich.
Und es sagte die große Hand zur kleinen Hand:
Du kleine Hand, ich brauche dich [...].
Bleibe in meiner Nähe und halte mich.
- Gerhard Kiefel -

Danke Mama und Papa - ohne eure bedingungslose Liebe und Unterstützung wäre dieser Weg nicht möglich gewesen. Ihr stärkt mir immer den Rücken und ermutigt mich in allen Phasen meines Lebens. Mathias, durch unseren Zusammenhalt scheint kein Ziel unerreichbar. Sebastian, meine Dankbarkeit lässt sich kaum in Worte fassen. In den schönsten aber auch herausforderndsten und emotionalsten Momenten bist du an meiner Seite. Ich hab' euch lieb!

Juliane Vogt (geb. Kuhl)

Zusammenfassung

Durch modulare Produktfamilien kann eine große Angebotsvielfalt mit geringer interner Vielfalt angeboten werden. Der Trend der Individualisierung und der Wandel vom Verkäufer zum Käufermarkt führt jedoch dazu, dass Kunden nicht mehr nur eine Produktvariante auswählen wollen, sondern auch Produktvarianten fordern, die auf ihre individuellen Bedürfnisse abgestimmt sind. Hier setzt die Strategie der Produktindividualisierung an, bei der Produktvarianten auf die individuellen Bedürfnisse eines Kunden angepasst werden. Durch standardisierte Abläufe und eine Produktstruktur mit gezielt vorgesehenen Individualisierungsfreiräumen hat eine Produktindividualisierung nicht mehr den Charakter einer Sonderlösung, sondern wird vielmehr ein Teil des Modulbaukastens, mit dem kundenindividuelle Bedürfnisse befriedigt werden können. Bestehende Methoden zur Gestaltung modularer Produktfamilien berücksichtigen dieses Potenzial bislang noch nicht.

An dieser Stelle setzt diese Arbeit an. In einer Analyse des Stands der Wissenschaft werden Methoden aus den Themenfeldern *Produktplanung, Entwicklung und Bewertung alternativer Produktstrukturkonzepte* sowie *Modularisierung* vorgestellt und diskutiert. Dabei wird insbesondere der Umgang mit Produktindividualisierung untersucht. In einer zusammenfassenden Bewertung wird die Forschungslücke aufgedeckt, die im Rahmen einer empirischen Studie auch industrieseitig bestätigt wurde. Darauf aufbauend wird die entwickelte *Methode zur individualisierungsgerechten Gestaltung modularer Produktfamilien* vorgestellt. Die Methode besteht aus fünf Methodenphasen, die detailliert erläutert werden. Neue Visualisierungswerkzeuge werden eingeführt. Die einzelnen Schritte der Methodenphasen werden zur Verdeutlichung an Produktbeispielen angewendet. Es folgt eine Validierung der Methode hinsichtlich der Anwendbarkeit, der Benutzbarkeit und dem Nutzen bzw. der Akzeptanz. Dazu wird die Methode in einer Experimentstudie mit Masterstudierenden eingesetzt und bewertet. Außerdem erfolgt eine Validierung anhand von zwei Fallbeispielen aus der Industrie.

Durch die neu entwickelte Methode werden die Möglichkeiten des Variantenmanagements gezielt um den Aspekt der Individualisierbarkeit erweitert. Die Methode bietet die Möglichkeit, individualisierbare Komponenten und Module gezielt in modularen Produktfamilien einzusetzen. Dadurch unterstützt sie die Lösungsfindung im Konflikt zwischen vom Unternehmen bevorzugter Standardisierung und vom Kunden geforderter, stärkerer Differenzierung. Gleichzeitig stellt die Methode einen neuen Baustein des *Integrierten PKT-Ansatzes zur Entwicklung modularer Produktfamilien* dar.

Abstract

Modular product families allow a wide range of products to be offered with little internal variety. However, the trend towards individualization and the ongoing shift from a seller to a buyer market mean that customers no longer just want to select a product variant, but demand product variants that are tailored to their individual needs. This is where the strategy of product personalization (product individualization) comes in, where product components are adapted to the individual needs of a customer. Thanks to standardized processes and a product architecture with targeted scope for personalization, product personalization no longer has the character of a special solution, but rather becomes part of the modular kit with which customer-specific needs can be satisfied. Existing methods for the design of modular product families, however, do not yet take this potential into account.

This is where this work comes in. In an analysis of the state of the art, methods from the fields of *product planning, development and evaluation of alternative product structure concepts* as well as *modularization* are presented and discussed. In particular, the handling of product personalization is examined. In a concluding evaluation the research gap is revealed, which can be confirmed in the context of an empirical study also from industry point of view. Based on that the developed method for the design of personalization-oriented product families is presented. The method consists of five method phases, which are explained in detail. The individual steps of the method phases are applied for product examples for easier understanding. New visualization tools are introduced. Subsequently, a validation of the method with regard to applicability, usability and use respectively acceptance. For this purpose, the method is applied and evaluated in an experimental study with master students. In addition, a validation is carried using two case studies from industry.

The newly developed method extends the possibilities of variety management by the aspect of personalizability. The method offers the chance to use personalizable components and modules systematically in modular product families. Thus, it supports the solution finding in the conflict between standardization preferred by the company and stronger differentiation demanded by the customer. At the same time, the method provides a new element for the *Integrated PKT-approach for the development of modular product families*.

Inhaltsverzeichnis

Abkürzungsverzeichnis

B2C	Business-to-Customer
DFG	Deutsche Forschungsgemeinschaft
DfV	Design for Variety
DV	Degree of Variety
DSM	Design Structure Matrix
IMF	Impact Model of Modular Product Families (Wirkmodell modularer Produktfamilien)
IMF+P	Wirkmodell modularer Produktfamilien mit Individualisierbarkeit
KPI	Key-Performance Indikatoren
MFD	Modular Function Deployment
MPC	Module Process Chart
MIG	Module Interface Graph
PAM	Personalization Allocation Model
PEN	Personalization Evaluation Number
PIC	Process Impact Chart
PIR	Personalization Indication Radar
PKT	Institut für Produktentwicklung und Konstruktionstechnik
PMEA	Personalization Mode and Effects Analysis
PSS	Produkt-Service-System
QFD	Quality Function Deployment
TEV	Tree of external Variety (Vielfaltsbaum)
TUHH	Technische Universität Hamburg
UOC	Usability Operationalization Chart
VAM	Variety Allocation Model

Formelverzeichnis

α_i	Winkel von Konzept i
A	Ausgangszustand
AS	Adaptation Scope (Anpassungsfreiraum)
C	Component (Komponente)
c	Kopplungsfaktor (abhängige Merkmale anderer Module)
i	Konzept i
K	Kunde
LP	Lebensphase
M	Modul
n	Gesamtzahl aller Konzepte/ aller Module einer Produktstruktur
n_{LP}	Anzahl der Lebensphasen
PD	Personalizability Degree
$PEN_{U\text{-}Prozesse}$	Personalization Evaluation Number zur Darstellung der unternehmens-interner Prozessauswirkungen
$PEN_{K\text{-}Nutzen}$	Personalization Evaluation Number zur Darstellung des Kundennutzens
$PEN_{U\text{-}Effekte}$	Personalization Evaluation Number zur Darstellung des Unternehmens-nutzens bzw. der unternehmensinternen Effekte
PEN_{Nutzen}	Personalization Evaluation Number zur Darstellung des Gesamtnutzens aus Kunden- und Unternehmenssicht
r	Radius
U	Unternehmen

1 Einleitung

Megatrends, wie Digitalisierung, Globalisierung oder Individualisierung, wirken auf Unternehmen und zwingen sie, ihre Wertschöpfungsprozesse und Produkte entsprechend zu gestalten [Kra18], [Kra23]. Der Megatrend der Individualisierung steht in dieser Arbeit im Fokus. Die Ausgangssituation sowie die Zielsetzung und der Aufbau dieser Arbeit werden in diesem Kapitel näher erläutert.

1.1 Ausgangssituation

Während Kostenvorteile durch standardisierte Produkte bei der Massenproduktion im Mittelpunkt standen, wird die variantenreiche Serienproduktion durch den Wunsch nach größerer, aber weiterhin kostengünstiger Vielfalt und Differenzierung getrieben [Ehr17]. Der Kunde kauft nicht länger nur ein Standard-Produkt, er wählt sein Produkt aus einem Portfolio. Die Gestaltung modularer Produktfamilien ermöglicht es Unternehmen, durch die Konfiguration von Modulen eine große Angebotsvielfalt bereit zu stellen und dabei die varianteninduzierte Komplexität beherrschbar zu gestalten [Lin06], [Sim14], [Pil17], [Kra18], [Kra23].

Während immer mehr Unternehmen modulare Produktfamilien implementieren, wirkt der Megatrend der Individualisierung auf das Unternehmen und das Produktportfolio [Gu22]. Der individuelle Kunde rückt immer weiter in den Vordergrund [Ech17], [Ehr17] und verlangt nach Produktvarianten, die auf seine individuellen Bedürfnisse angepasst sind [Lin06]. Die Bereitstellung von Produktvarianten für individuelle Kunden, anstelle von Produktvarianten für Marktsegmente, gewinnt immer mehr an Bedeutung. Es besteht ein immer ausgeprägteres Differenzierungsbedürfnis, das über die Variantenfertigung hinaus geht [Grä04]. Durch die Transparenz und die Möglichkeit, Produkte bis ins Detail miteinander zu vergleichen, gewinnen Produkteffizienz und -wertigkeit an Bedeutung [Hu13]. Der Kunde wird eingebunden in den Gestaltungsprozess, um ein leistungsfähiges Produkt mitzugestalten [Gu22]. Bild 1.1 fasst diesen Wandel der wahrgenommenen Produktcharakteristika und die Änderung der Rolle des Kunden durch den mit der Zeit immer weiter steigenden Individualisierungsgrad zusammen.

J. Vogt, *Methode zur individualisierungsgerechten Gestaltung modularer Produktfamilien*, Produktentwicklung und Konstruktionstechnik 26, https://doi.org/10.1007/978-3-662-70533-9_1

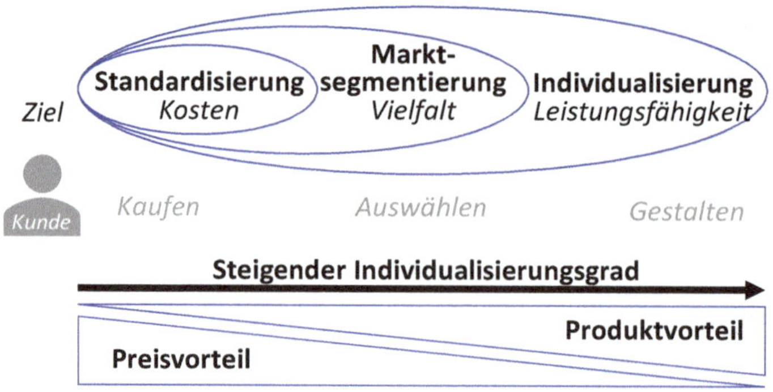

Bild 1.1 Wandel der Produktcharakteristika und der Rolle des Kunden durch den mit der Zeit immer weiter steigenden Individualisierungsgrad (Visualisierung in Anlehnung an [Grä04] und [Hu13])

Um diesem Trend gerecht zu werden, wird das individualisierbare Modul eingeführt und die Wichtigkeit des neuen Vielfaltstyps in modularen Produktstrukturen hervorgehoben [Kor13]. Die Erweiterung modularer Produktfamilien um individualisierbare Module verspricht eine komplexitätsbeherrschbare Handhabung der Vielfalt, die durch eine Produktindividualisierung entsteht. Jedoch wird die Implementierung individualisierbarer Komponenten und Module in der Produktstruktur von Produktfamilien bislang kaum adressiert. Forschungsarbeiten fokussieren stark die prozessuale Umsetzung kundenindividueller Anpassungen [Gu22]. Welche Voraussetzungen die Produktstruktur mitbringen und wie eine Produktfamilie unter Berücksichtigung der unternehmens- und produktspezifischen Randbedingungen strukturiert werden sollte, wird methodisch nicht unterstützt. Das Potenzial von Modulbaukästen mit Produktindividualisierung wird zwar erkannt, aber noch nicht ausgeschöpft.

1.2 Zielsetzung

Ziel dieser Arbeit ist es, die Gestaltung von Produktfamilien im Individualisierungstrend systematisch zu unterstützen. Dazu soll eine Methode entwickelt werden, mit der Produktindividualisierung für eine Produktfamilie untersucht, bewertet und in eine modulare Produktstruktur überführt werden kann. Die Strategie der Produktindividualisierung und bisherige Forschungsarbeiten rund um Produktindividualisierung mit Bezug zur Produktfamiliengestaltung werden recherchiert und bewertet. Es wird eine Lösung erarbeitet, wie in der Produktstruktur einer Produktfamilie neben Standard-Komponenten und varianten Komponenten nun auch individualisierbare Komponenten zielgerichtet berücksichtigt werden können. Durch das systematische Analysevorgehen soll eine valide Entscheidungsfindung ermöglicht und Transparenz im Unternehmen geschaffen werden. Geeignete Visualisierungswerkzeuge sollen entwickelt werden, um als Diskussions- und Dokumentationsgrundlage zu unterstützen.

Das Ergebnis dieser Arbeit soll die Möglichkeiten zur Gestaltung modularer Produktfamilien erweitern und die Berücksichtigung von Produktindividualisierung in modularen Baukästen ermöglichen. Die Methode soll einen neuen Baustein des *Integrierten PKT-*

Ansatzes zur Entwicklung modularer Produktfamilien darstellen. Dieser beinhaltet verschiedene Methodenbausteine, die die Reduktion der varianteninduzierten Komplexität anhand geeigneter produkt- und/oder prozessbasierter Ansätze zum Ziel haben. Er wurde am Institut für Produktentwicklung und Konstruktion (PKT) der Technischen Universität Hamburg (TUHH) entwickelt [Kra18], [Kra23].

1.3 Aufbau der Arbeit

Nach der Einführung im ersten Kapitel erfolgt im zweiten Kapitel die Definition von Grundlagen rund um die Themenfelder der modularen Produktfamilien und Produktindividualisierung. Für die Arbeit grundlegende Begriffe werden hier definiert. Mit diesem grundlegenden Wissen wird die Forschungsfrage hergeleitet.

Im dritten Kapitel erfolgt die Analyse des Stands der Wissenschaft und Technik. Methoden zur Produktindividualisierung in den Themenfeldern der Produktplanung und der Beherrschung varianteninduzierter Komplexität werden untersucht. Dabei wird bewertet, inwiefern die Methoden die Forschungsfrage beantworten. Es folgt die Ableitung der Forschungslücke sowie die Definition von Anforderungen an eine neue Methode. Der Forschungsbedarf und das Forschungsvorgehen werden erläutert.

Die neue *Methode zur individualisierungsgerechten Gestaltung modularer Produktfamilien* wird im vierten Kapitel vorgestellt. Nach der Darstellung der Ausgangssituation und der Methodenübersicht wird jede einzelne Methodenphase mit ihren Methodenschritten detailliert erläutert. Zur Verdeutlichung der Effekte der Methodenschritte wird deren Anwendung an zwei Produktbeispielen gezeigt.

Die Validierung der Methode erfolgt im fünften Kapitel. Es werden Prüfhypothesen definiert, die dann anhand einer experimentellen Studie mit Masterstudierenden sowie mithilfe von zwei Fallbeispielen mit direktem Unternehmensbezug überprüft werden.

Die Arbeit schließt im sechsten Kapitel mit einer Zusammenfassung und einem Ausblick auf zukünftige Forschungsaktivitäten.

2 Produktindividualisierung zur Erweiterung modularer Produktfamilien

In diesem Kapitel erfolgt eine Einführung in das Themenfeld der modularen Produktfamilien. Grundlegende Begriffe werden erläutert. Die Lösungsstrategie der Produktindividualisierung wird vorgestellt, Herausforderungen werden erläutert und führen schließlich zu den Forschungsfragen, die dieser Arbeit zugrunde liegen.

2.1 Modulare Produktfamilien

In einer Produktfamilie werden unterschiedliche *Produktvarianten* eines Produktes zusammengefasst [Sim01]. Produktvarianten besitzen grundsätzlich einen ähnlichen Aufbau und erfüllen eine ähnliche Funktion, unterscheiden sich aber in mindestens einer Eigenschaft [Fra02], [Kra18]. Die Gesamtheit der angebotenen Produktvarianten wird als Produktangebot oder *externe Vielfalt* eines Unternehmens bezeichnet [Pil04], [Abd08]. Um diese zu beschreiben, kann die Vielfalt der Produktvarianten anhand der sich unterscheidenden Merkmale und Eigenschaften aufgeschlüsselt werden. Merkmale beschreiben nach WEBER [Web07] die Struktur, die Form oder das Material eines Produktes und können direkt durch den Entwickler bestimmt werden. Produkteigenschaften beschreiben das Verhalten eines Produktes und lassen sich nicht direkt durch den Entwickler festlegen (beispielsweise Gewicht). Sie werden durch die Produktmerkmale konstituiert [Web07]. Zur Differenzierung der externen Vielfalt sind insbesondere jene Merkmale und Eigenschaften relevant, die vom Kunden wahrgenommen werden und entscheidend bei der Auswahl einer Produktvariante sind. Diese werden zusammenfassend als kundenrelevante Eigenschaften bezeichnet [Kra18], [Kra23], wobei auch kundenrelevante Merkmale in diesem Begriff eingeschlossen sind.

Eine große externe Vielfalt kann eine große interne Vielfalt mit sich bringen, die wiederum zu *produktvarianteninduzierter Komplexität* führen kann. Unter der *internen Vielfalt* wird die Vielfalt an Teilen, Baugruppen, Prozessen oder Werkzeugen verstanden, die im Unternehmen vorliegt, um eine externe Vielfalt anbieten zu können [Pil04], [Abd08]. In der Produktentwicklung kommt es durch eine hohe interne Vielfalt beispielsweise zu vielen Änderungen, die neue Komponenten und damit neue Sachnummern hervorrufen. In der Produktion führt eine hohe interne Vielfalt zu neuen Arbeitsplänen und häufigeren Rüstvorgängen. Im Einkauf erhöht sich die Anzahl der Bestellprozesse und größere Lagerkapazitäten werden benötigt. Der Vertrieb muss eine hohe Anzahl unterschiedlicher

J. Vogt, *Methode zur individualisierungsgerechten Gestaltung modularer Produktfamilien*, Produktentwicklung und Konstruktionstechnik 26, https://doi.org/10.1007/978-3-662-70533-9_2

Produktvarianten verwalten und kommunizieren. Im Service kommt es zu einer Vielzahl verschiedener Ersatzteile und Wartungsvorgängen [Abd08], [Rip17]. Die durch die Vielfalt entstehenden Kosten werden als *varianteninduzierte Komplexitätskosten* bezeichnet. Diese berücksichtigen im Gegensatz zu Herstellkosten nicht nur Material- und Fertigungskosten, sondern die Kosten aller Lebensphasen zur Bewältigung einer steigenden Vielfalt [Rip17]. Nach HVAM ET AL. [Hva20] können unterschiedliche Komplexitätskostenfaktoren, darunter beispielsweise Kosten für die Verwaltung von Kundenaufträgen, Garantiekosten, Kosten für die Einrichtung der Produktion, Kosten für die Lagerhaltung oder Bearbeitungskosten in den Vertriebszentren, identifiziert und bewertet werden, um die Komplexitätskosten zu bestimmen.

Durch die Anwendung unterschiedlicher Strategien kann die varianteninduzierte Komplexität kontrollierbar gestaltet werden. Das *Variantenmanagement* als Teil des Komplexitätsmanagements hat zum Ziel, ein Optimum zwischen der externen Nutzenwirkung der Vielfalt und der internen Kostenwirkung der Vielfalt zu definieren [Rat93], [Hei99], [Rip17]. Entsprechend Bild 2.1 besteht eine optimale Variantenvielfalt, wenn ein größtmöglicher Nutzen bzw. maximale Einnahmen mit kleinstmöglichen Komplexitätskosten erzielt werden können [Hei99], [Rip17]. Um den Gewinn zu maximieren, bietet das Variantenmanagement Methoden zur Variantengenerierung bzw. -planung (1), zur Reduzierung der Varianten (2), zur Variantenvermeidung (3) und zur Beherrschung der Varianten (4) [Hei99], [Rip17]. In Bild 2.1 ist visualisiert, wie sich der Gewinn (grün) verändert, wenn alle Maßnahmen erfolgreich umgesetzt werden.

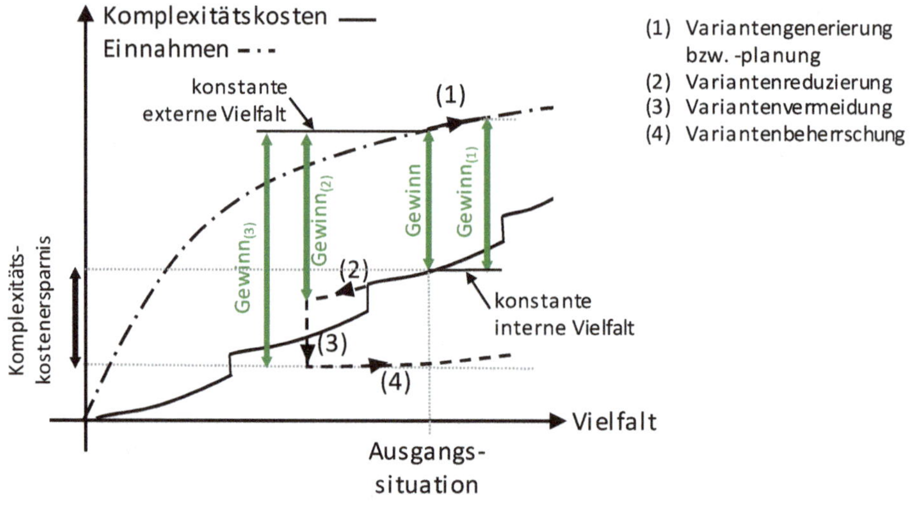

Bild 2.1 Kosten-Vielfaltsdiagramm mit Darstellung des Einflusses der Strategien des Variantenmanagements (übersetzt von [Rip17])

Bei der *Variantengenerierung* (1) wird die Angebotsvielfalt bestmöglich auf die Bedürfnisse von Marktsegmenten zugeschnitten. Hierbei können unterschiedliche Methoden der Produktprogrammplanung zum Einsatz kommen, beispielsweise das *Quality Function*

Deployment (QFD) (z. B. [Aka92], [Kno16], [Kre21]). Um den Kunden zu verstehen und externe Vielfalt gezielt zu generieren, kann auch auf unterschiedliche Methoden aus dem Bereich der Nutzerzentrierung zurückgegriffen werden, die von Beobachtungen über Interviews bis hin zu Experimenten reichen [Pae21]. Um den Gewinn zu vergrößern, muss die interne Vielfalt nahezu konstant gehalten werden.

Bei der *Variantenreduzierung* (2) erfolgen eine Analyse der Produktvarianten und eine Eliminierung nicht gewinnbringender oder wenig nachgefragter Varianten. Hierzu kann beispielsweise eine *ABC-Analyse* durchgeführt werden, bei der die Varianten in Kategorien eingeteilt werden, in denen die Anzahl den Kosten gegenübergestellt wird (vgl. z. B. [Ask20], [Kau21]). Eine Reduktion der unnötigen externen Vielfalt und Erhaltung der wahrgenommenen externe Vielfalt führt zu einer Reduktion der internen Vielfalt und damit zu Einsparungen in den Komplexitätskosten (vgl. Bild 2.1).

Bei der *Variantenvermeidung* (3) besteht das Ziel, Vielfalt nur dort zu zulassen, wo sie vom Kunden wahrgenommen und wertgeschätzt wird und entsprechenden Nutzen hervorruft. Bei einer *variantengerechten Produktgestaltung* wird darauf abgezielt, durch eine Umgestaltung der Produktstruktur eine externe Vielfalt mit einer minimalen internen Vielfalt bereit zu stellen [Kip08]. Unnötige Variantenvielfalt, die keine von Kunden wahrgenommene differenzierende Produkteigenschaft hervorruft, sollte vermieden werden, um so, wie in Bild 2.1 dargestellt, Komplexitätskosteneinsparungen zu erzielen.

Bei der *Variantenbeherrschung* (4) wird angestrebt, die Prozesse optimal auf die benötigte Vielfalt auszulegen. Hierzu zählen beispielsweise das *Postponement*, bei dem die Prozesse zur Erzeugung der differenzierenden Produkteigenschaften so weit wie möglich an das Prozessende verschoben werden, oder die Nutzung von *Prozesskommunalitäten*, bei dem der gleiche Prozess zur Erzeugung unterschiedlicher Varianten genutzt werden kann [Kra18]. Auf diese Weise steigen die Komplexitätskosten bei wachsender externer und interner Vielfalt weniger stark an (vgl. Bild 2.1). Für eine systematische Darstellung und Optimierung komplexer Prozesse kann beispielsweise auf Komplexitätsmatrizen zurückgegriffen werden [Kre09]. Unter den *produktbasierten Strategien* sind insbesondere die *Plattformstrategie* oder die *Modularisierung* verbreitet.

Bei einer *Modularisierung* wird die hierarchische Produktstruktur, die den physischen Aufbau eines Produktes aus seinen Bestandteilen, wie etwa Baugruppen und Bauteilen, beschreibt [Fel13], [För16], überführt in eine *modulare Produktstruktur,* bestehend aus Komponenten und Modulen. Bild 2.2 zeigt den Unterschied zwischen einer generischen bzw. hierarchischen sowie einer modularen Produktstruktur. Während einer Modularisierung wird die hierarchische Produktstruktur zerlegt und Komponenten definiert. Wie Bild 2.2 zeigt, kann eine *Komponente* (orange) aus einem oder mehreren Bauteilen bestehen [Kra18]. Die genaue Definition des Umfangs einer Komponente ist von großer Bedeutung, jedoch gleichzeitig stark projektabhängig [Geb16].

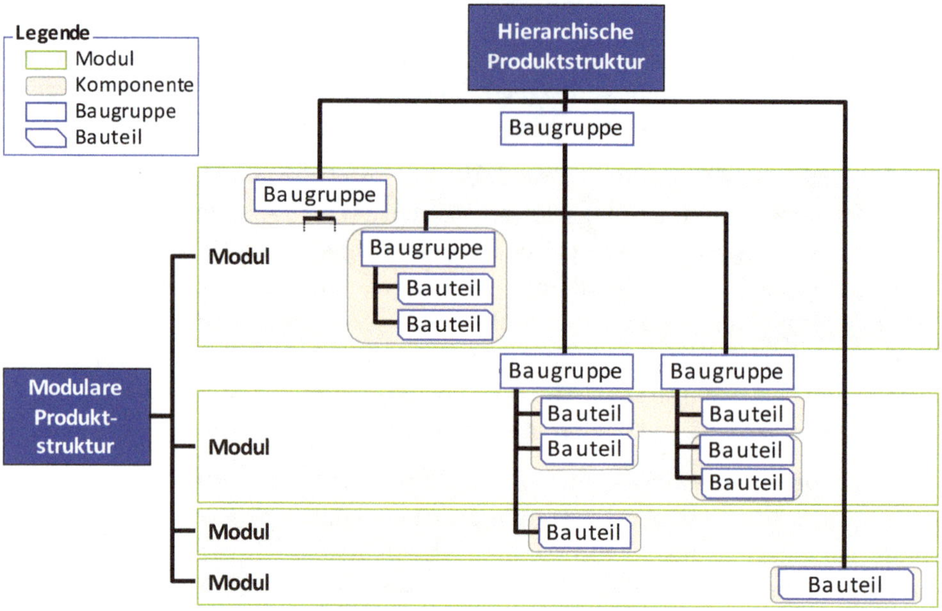

Bild 2.2: Unterschied einer hierarchischen und modularen Produktstruktur, bezogen auf eine Produktvariante

Nach der Dekomposition einer Produktfamilie in Komponenten und dessen Untersuchung und Analyse folgt die Zusammenfassung von Komponenten zu Modulen [Pim94]. Unterschiedliche Modularisierungsmethoden können angewendet werden, die in technisch-funktionale und produktstrategische Modularisierungsmethoden eingeteilt werden können [Kra13]. Bekannte Modularisierungsmethoden sind beispielsweise *die Integration analysis of product decompositions* mit der *Design Structure Matrix* (DSM) nach PIMMLER und EPPINGER [Pim94], [Epp12], die Nutzung von Heuristiken nach STONE [Sto97], die funktionale Modularisierung nach GÖPFERT [Göp98] oder das *Modular Function Deployment* (MFD) nach ERIXON [Eri98]. Bei PIMMLER und EPPINGER [Pim94], [Epp12] sowie der Weiterentwicklung nach LANNER UND MALMQVIST [Lan96] werden Module anhand der technischen Kopplungen zwischen Komponenten gebildet. Komponenten, die stark gekoppelt sind, sollten in einem Modul zusammengefasst werden. In einer symmetrischen Matrix werden die räumliche, energetische, informationelle und stoffliche Kopplung der Komponenten untereinander vermerkt [Lan96]. Durch das gleichzeitige Vertauschen der Zeilen und Spalten rücken die Einträge an die Diagonale, sodass Module abgeleitet werden können. Bei STONE [Sto97] werden Komponenten zusammengefasst, die Funktionen realisieren, die entweder in dem für das Produkt dominanten Fluss liegen, eine parallele Funktionskette zum dominanten Fluss bilden oder einen Fluss umwandeln. Bei GÖPFERT [GÖP98] werden den Funktionen Komponenten zugeordnet. Alle Komponenten, die eine Funktion realisieren, werden in einem Modul zusammen sortiert. Darauf aufbauend ist das Unternehmen zu organisieren. Während diese Methoden die Module insbesondere aufgrund technisch-funktionaler Aspekte bilden, fokussiert ERIXON die Bildung von Modulen anhand strategischer Aspekte. Komponenten können nach ERIXON [Eri98] anhand von Modultreibern zusammengefasst werden. Dabei wird die Wechselwirkung zwischen Komponenten und Modultreibern bewertet. Komponenten, die Bezug zum gleichen Modultreiber haben, werden eher in einem gemeinsamen Modul zusammengefasst. Modultreiber sind beispielsweise *Übernahmeteile, kundenrelevante Eigenschaften, Prozessorganisation* oder *Separates Testen* [Eri98]. Viele weitere Modularisierungsmethoden bauen auf diesen bekannten Methoden auf oder entwickeln diese weiter (vgl. beispielsweise [Zam99], [Ble11], [Dan12], [Kra13], [Pak16], [Hol17], [Sch22]).

Besteht zwischen den Modulen und den Funktionen bzw. den Komponenten und den Teilfunktionen eines Produktes eine direkte Zuordnung, wird auch von einer modularen Produktarchitektur gesprochen [För16]. Da der Begriff der modularen Produktarchitektur jedoch häufig mit der rein funktionalen Modulbildung assoziiert und die produktstrategische Sichtweise vernachlässigt wird, wird im Rahmen dieser Arbeit von der modularen Produktstruktur gesprochen. So wird sichergestellt, dass bei der Modulbildung sowohl technisch-funktionale als auch produktstrategische Aspekte gleichermaßen beachtet werden. Wird nachfolgend der Begriff der Produktstruktur verwendet, ist immer eine modulare Produktstruktur gemeint.

Die *Produktstruktur einer Produktfamilie* fasst alle Produktstrukturen der zur Familie gehörenden Produktvarianten zusammen, wobei die Vielfalt der Komponenten und Module erkennbar wird. *Standardisierte Module* enthalten ausschließlich standardisierte Komponenten, die in jeder Produktvariante einer Produktfamilie oder ggf. auch produktfamilienübergreifend eingesetzt werden [The06], [Kor13], [Pir14]. Die Gesamtheit der Standard-Module einer Produktfamilie kann als Plattform bezeichnet werden [Sim01]. Hingegen rufen *variante Module* mit mindestens einer varianten Komponente die differenzierenden Eigenschaften der unterschiedlichen Produktvarianten hervor [The06]. Variante Module werden für Marktsegmente entwickelt und kundenanonym gestaltet. Eine Produktdifferenzierung kann vom Kunden aus unterschiedlichsten Gründen gewünscht werden: ULRICH unterscheidet zwischen Vielfalt aufgrund der Passform, des Geschmacks und der Qualität [Ulr11]. Eine ähnliche Einteilung nimmt PILLER vor, der jedoch anstelle qualitativer Unterschiede die Vielfalt auf funktionale Gründe zurückführt [Pil03]. Bei einer Skalierung der Module wird von einer *Baureihe* gesprochen. Bei skalierbaren Produktfamilien (engl. *scale-based product families*) wird die Plattform skaliert und dient in unterschiedlichen Größen unterschiedlichen Produktfamilien als Basis [Sim01]. *Optionale Module* können ausgewählt werden, müssen aber nicht in einer Produktvariante eingesetzt werden [Kra18].

Modulare Produktfamilien bieten die Möglichkeit, durch die Konfiguration von Modulen einen Kompromiss für eine vom Kunden geforderten Produktdifferenzierung und vom Unternehmen bevorzugten Standardisierung zu finden (Bild 2.3). Dazu werden Standard-Module, variante Module und optionale Module entwickelt und miteinander zu Produktvarianten kombiniert [Kri01].

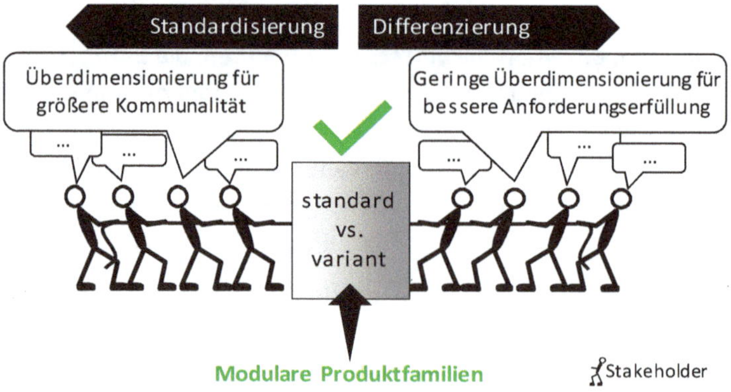

Bild 2.3 Modulare Produktfamilien als Lösung im Konflikt zwischen Standardisierung und Differenzierung (Visualisierung angelehnt an [Eil16], [Kra18])

Methoden für die Entwicklung modularer Produktfamilien werden von OTTO ET AL. [Ott16] in ein generisches Vorgehen eingeordnet werden. Für eine Produktfamilie können unterschiedliche Produktstrukturalternativen entwickelt werden, die sich unterschiedlich auf den Kunden und das Unternehmen auswirken können. Eine Übersicht über allgemeine Bewertungsverfahren, wie eine Punktebewertung oder einen paarweisen Vergleich, sowie aufwendigere Bewertungsverfahren, wie eine technisch-wirtschaftliche Bewertung oder eine Nutzwertanalyse, sind von WARTZACK [War21] zusammengefasst. Bewertungen können anhand von qualitativen oder quantitativen Bewertungsfaktoren durchgeführt werden [Bre97]. Bei einer qualitativen Bewertung ist eine Bewertungsskala festzulegen, die qualitative Ausdrücke, wie *geringe*, *moderate* oder *starke Verbesserung* bzw. *Verschlechterung*, darstellt. Nach BREIING UND KNOSALA sollte dabei eine lineare Skala gewählt werden, wenn die linguistisch ausgedrückte Bewertung auch einen Bereich ohne große Sprünge darstellt [Bre97]. Anhand festgelegter Bewertungsfaktoren können Produktstrukturalternativen gegenübergestellt werden.

Die *Modularität* einer Produktfamilie kann durch die Modularitätseigenschaften Kommunalität und Kombinierbarkeit bestimmt werden (siehe auch Kapitel 3.5.1) [Sal07], [Hac22]. Kommunalität bedeutet, dass ein Modul in mehreren Produktvarianten einer Produktfamilie verwendet werden kann. Je größer die Kommunalität einer Produktfamilie, desto weniger Module werden benötigt, um die externe Vielfalt abzubilden [Sal07]. Kommunalität von Modulen kann viele Vorteile haben, beispielsweise können Skaleneffekte auftreten, Lernkurven ausgenutzt oder die Anzahl an Artikelnummern gesenkt werden. Um Kommunalität zu ermöglichen, werden Komponenten überdimensioniert und auf die größte oder umfangreichste Funktion bzw. Struktur ausgelegt. Neben einer strukturellen oder funktionale Überdimensionierung ist auch eine Schnittstellenüberdimensionierung möglich [Hac22]. Gleichzeitig kann die Kommunalität über die Standardisierung der Schnittstellen eingestellt werden. Über die Schnittstellenstandardisierung lässt sich auch Kombinierbarkeit erzeugen. Kombinierbarkeit drückt aus, dass unterschiedliche Produktvarianten durch die Kombination von Modulen erzeugt werden können. Je größer die Kombinierbarkeit, desto weniger Module werden benötigt, um eine maximale

Anzahl an Produktvarianten zu konfigurieren [Sal07]. Durch die Bindung von Funktionen zu Modulen sowie deren Entkopplung kann die Kombinierbarkeit kontrolliert werden [Hac22]. Verschiedene Metriken werden in der Literatur vorgestellt, um die Kommunalität oder die Kombinierbarkeit einer Produktfamilie zu bestimmen (z. B. [Höl14], [Mar02]).

2.2 Herausforderungen bei der Verwendung kundenanonymer Module

Den Vorteilen von Kommunalität stehen Nachteile gegenüber. Neben höheren Produktkosten, die eine Überdimensionierung von Standardmodulen und -komponenten mit sich bringen, kann eine zu große Standardisierung dazu führen, dass die Produktperformance beeinträchtigt wird [Kri01]. Um sich gegenüber Wettbewerbern durchzusetzen und langfristig konkurrenzfähig zu sein, ist es jedoch von zentraler Bedeutung, dem Kunden den besten Nutzen zu bieten [Kau21]. Die Berücksichtigung individueller Kundenwünsche wird immer wichtiger [Lin06] [Köl19]. Eine unzureichende Differenzierung der Produkte kann zu einem Verlust von Marktanteilen führen [Pir14]. Bild 2.4 stellt, in Anlehnung an die Visualisierung von SCHENK ET AL. [Sch14], schematisch eine mögliche Diskrepanz zwischen den exakten Kundenanforderungen (weiße Kreise) und den angebotenen Produktvarianten (graue Quadrate) dar. Produktvarianten sind für Marktsegmente entwickelt [Sch14]. Zur individuellen Kundenanforderung kann eine Diskrepanz bestehen, die fallabhängig größer oder kleiner ausfallen kann (rote Pfeile). Diese Diskrepanz stellt einen verlorenen Kundenumsatz dar [Sch15]. Der einzelne Kunde wird nicht vollständig zufrieden gestellt. Es ist möglich, dass Kunden sich mit einer nicht idealen Produktperformance zufriedengeben müssen oder gar verloren gehen, da ein Wettbewerber besser passende Varianten (schwarze Raute) anbietet. Die Marktsegmente, die Produktvariante eines Wettbewerbers sowie die Markierungen der Diskrepanz wurden in Bild 2.4 im Vergleich zur Darstellung von SCHENK ET AL. [Sch14] ergänzt sowie die Achsenbeschriften weiter spezifiziert.

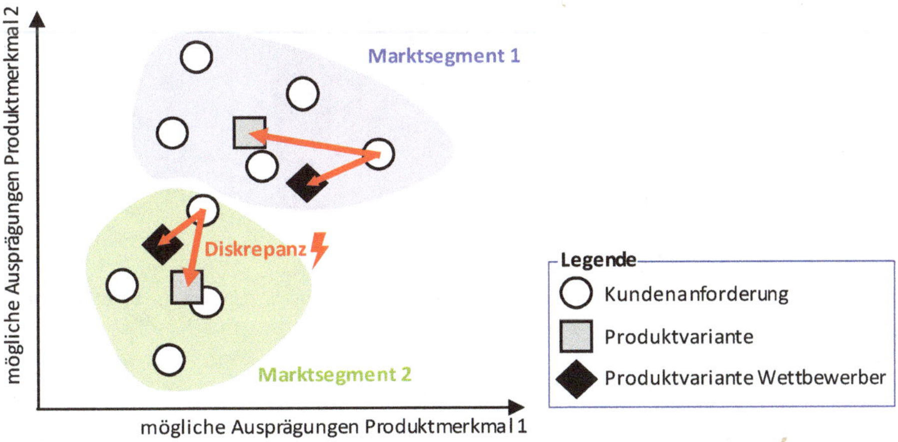

Bild 2.4 Verlorener Kundenumsatz durch nicht-exakte Befriedigung der Kundenanforderungen (Visualisierung in Anlehnung an [Sch14])

Können individuelle Kundenwünsche nicht durch die vorhandene Angebotsvielfalt befriedigt werden, können Unternehmen Sonderlösungen entwickeln und Komponenten und Module kundenindividuell anpassen, um den Kunden zu halten. Kundenbezogene Entwicklungen und Fertigungen sind schwierig zu prognostizieren und rufen einen Mehraufwand hervor. Auch eine unbedachte Übernahme der Lösung in das Variantenportfolio führt langfristig zu höheren Kosten durch die zusätzlich entstehende varianteninduzierte Komplexität [Grä04], [Kra18]. Dennoch können sich viele Unternehmen den kundenindividuellen Sonderlösungen nicht entziehen [Fir03]. Der in Bild 2.3 bereits aufgezeigte Konflikt zwischen Standardisierung und Differenzierung erreicht ein neues Level, bei dem nicht mehr nur eine Lösung zwischen *standardisiert* und *variant* gefunden werden muss, sondern zusätzlich auch noch zwischen *variant* und *individuell*. Bild 2.5 visualisiert diese Konflikterweiterung und zeigt gleichzeitig, dass eine modulare Produktfamilie mit varianten Modulen (M1 mit vier Modulvarianten und M2 mit drei Modulvarianten) und standardisierten Modulen (M3 mit einer Modulvariante) aktuell zwar einen Teil des Konfliktes lösen kann, jedoch Sonderlösungen notwendig sind, um dem wachsenden Differenzierungsbedürfnis individueller Kunden gerecht zu werden (Bild 2.5 zeigt Sonderlösungen für Modul 1 zur Erhöhung der Modulvarianten).

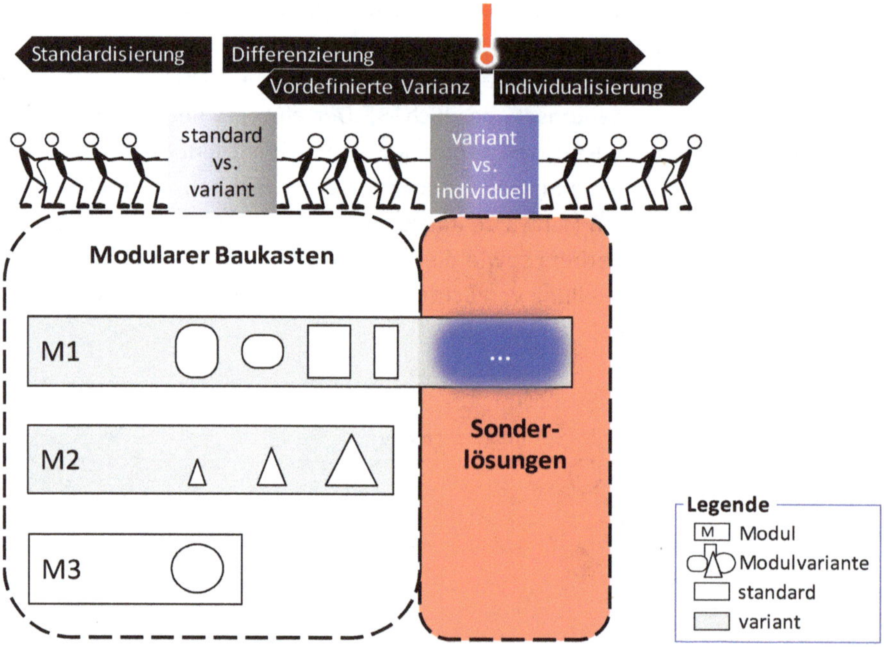

Bild 2.5: Erweiterung des Konfliktes zwischen Standardisierung und Differenzierung (Visualisierung angelehnt an [Kuh21])

2.3 Strategie der Produktindividualisierung

Die Literatur bietet erste Ansätze, wie eine Kompromissfindung in diesem Konflikt gelingen kann: Die Strategie der Produktindividualisierung greift hier ein und zielt darauf ab,

Produkt- und Prozessstrukturen so auszulegen, dass eine massenhafte Umsetzung kundenindividueller Anpassungen möglich wird.

Bei einer Produktindividualisierung werden bestimmte Produkteigenschaften auf den individuellen Kunden zugeschnitten, um einen Differenzierungsvorteil hervorzurufen [Rei09]. Die Überdimensionierung von Strukturen wird zielgerichtet minimiert und individuelle Kundenanforderungen exakt getroffen. Die Anforderungen der individuellen Kundenwünsche werden bei der Wertschöpfung des Produktes berücksichtigt [Bog19]. Zur Kommunikation der Anforderungen ist eine enge Kundeninteraktion notwendig [Rei09], [Zho13], [Bog19]. Die Fertigung der Produkte entspricht einer Einzelfertigung [Rei09], die jedoch massenhaft effizient durchgeführt wird (*Mass Efficiency*) [Zho13], [Spa24].

Die Produktindividualisierung verspricht jedem Kunden eine exakte Erfüllung seiner individuellen Anforderungen und bietet dem Unternehmen die Chance, Wettbewerbsvorteile zu erlangen sowie eine erhöhte Zahlungsbereitschaft auszunutzen. Auf diese Weise können Margen erhöht werden, wenn die Umsetzungskosten kontrolliert werden können. Aufwendige und risikoreiche Sonderlösungen werden reduziert (vgl. Bild 2.6). Im Vergleich zu Bild 2.5 ist in Bild 2.6 Modul 1 (M1) ein individualisierbares Modul mit der Möglichkeit zur freien Definition von Höhe, Breite und Radius. Dadurch können eine Vielzahl an Sonderlösungen für das Modul vermieden werden.

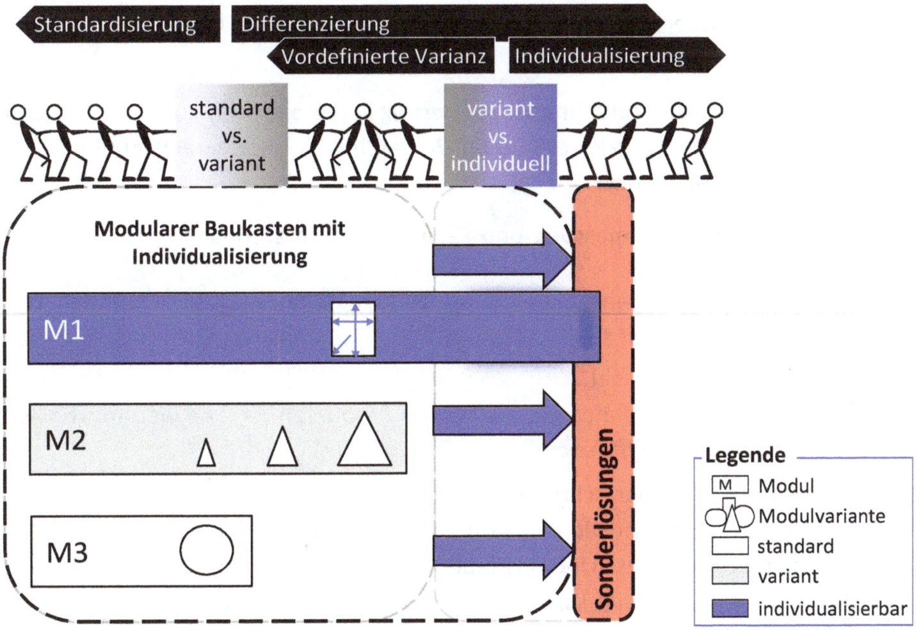

Bild 2.6 Möglichkeiten einer gezielt eingesetzten Individualisierung in der Produktstruktur

Im Allgemeinen kann eine Individualisierung auch durch Dienstleistungen realisiert werden [Bai07], [Rei09], [Sun10], [Kuh19]. Im Rahmen dieser Arbeit wird jedoch die

Produktindividualisierung und damit die Anpassung materieller Produkte fokussiert. Marketingaktivitäten, wie personalisierte Werbung, personalisierte Online-Tools oder individuelle Dienstleistungen zu Standard-Produkten, werden nicht betrachtet und unter dem Begriff der *Serviceindividualisierung* zusammengefasst (vgl. [Pil06]). Auch Produktanpassungen, die durch den Kunden nach dem Kauf selber ausgeführt werden, z. B. das Einstellen eines Fahrradsattels oder der Austausch einzelner Produktbestandteile, werden nicht als Produktindividualisierung angesehen und als *Selbstindividualisierung* [Pil06] oder *Product Adaptability* [Gu04] bezeichnet. Wie eine solche *build-in-flexibility* [Grä04] erreicht werden kann, wird im Laufe dieser Arbeit nicht näher betrachtet. Auch die auftragsspezifische Konfiguration von Modulen, die für Marktsegmente entwickelt worden sind, zu einem *individuellen Produkt* entspricht nicht der Definition von Produktindividualisierung, wie sie im Rahmen dieser Arbeit verwendet wird. In diesem Zusammenhang wird im englischen oftmals der Begriff der *Customization* verwendet.

Im Rahmen dieser Arbeit wird bewusst auf Produktindividualisierung fokussiert. Der Begriff der Individualisierung oder Personalisierung ist zu allgemein und stellt oftmals eine Gestaltung individueller Prozesse in den Mittelpunkt, so beispielsweise Forschungsarbeiten zum Thema individuelle Behandlungsprozesse in der Medizin (z. B. [Mal17], [Töp18]), personalisierte Lern- und Bildungsprozesse (z. B. [Mel18]), personalisierte Werbung und Marketingaktivitäten (z. B. [Sch18]) oder persönliche Farbgestaltung. Eine detailliertere Analyse und Gegenüberstellung der Begriffe im deutsch- und englischsprachigen Raum werden in Kapitel 3 vorgestellt.

Zusammenfassend wird Produktindividualisierung in dieser Arbeit auf Grundlage der Definitionen von Reichwald und Piller [Rei09], Zhao [Zha13], Lindemann [Lin06] und Bogner [Bog19] charakterisiert durch

- kundenindividuelle Anpassung und Fertigung von materiellen Produktkomponenten (*market-of-one)*
- Anpassungen des Produktes durch das Unternehmen nach gemeinsamer Klärung kundenindividueller Anforderungen durch Kundenintegration (*Customer Co-Creation und User Experience)*
- effiziente und massenhafte Anpassung von Produkten für eine Vielzahl von Kunden in kurzer Zeit (*Mass Efficiency*).

Um eine komplexitätsbeherrschbare Umsetzung von Produktindividualisierung zu ermöglichen, finden kundenindividuelle Anpassungen nur innerhalb vorgeplanter Produkt- und Prozessstrukturen statt [Lin06], [Bau06], [Kor13]. Die individualisierungsgerechte Produktgestaltung beschäftigt sich damit, wie *ein angemessener Umfang und Grad an Produktindividualisierung* [Bau07] definiert sowie Ansätze zur *komplexitätsarmen und wirtschaftlichen Umsetzung [Bau07]* erschlossen werden können. Eine Lösung für die prozessuale Umsetzung der Produktindividualisierung, beginnend mit der Aufnahme und

Bewertung kundenindividueller Anforderungen sowie der Ableitung spezifischer Prozessdurchführungen stellt beispielsweise Baumberger [Bau07] vor. Vorausgesetzt wird eine abgestimmte Produktstruktur für die Produktfamilie.

Für eine komplexitätsarme und wirtschaftliche Umsetzung werden modulare Produktstrukturen mit standardisierten und varianten Modulen als Grundlage herangezogen. Sie werden um den Vielfaltstyp *individualisierbar* erweitert [Ber13], [Hu13], [Rei13] (vgl. Bild 2.7). Eine modulare Produktstruktur mit entkoppelten, individualisierbaren Module ermöglicht eine individuelle, kundenspezifische Anpassung einzelner Module und Komponenten, ohne dass sich die Anpassung durch die gesamte Produktstruktur fortpflanzt und andere Module und Komponenten beeinflusst [Pul04].

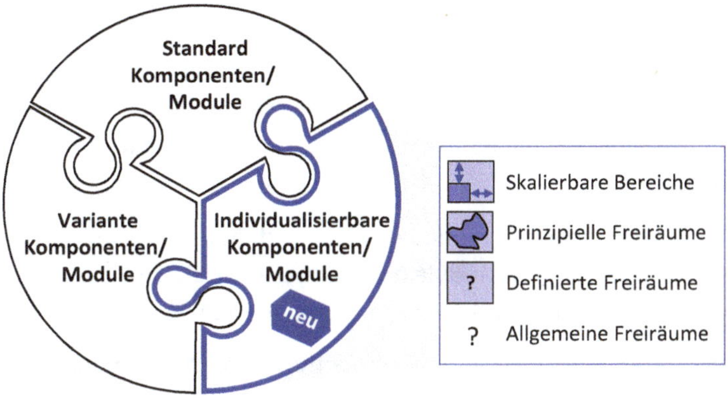

Bild 2.7 Produktstruktur einer Produktfamilie um Vielfaltstyp *individualisierbar* ergänzt (angelehnt an [Ber13])

Innerhalb einer Produktstruktur mit Produktindividualisierung können nach BAUMBERGER ET AL. mehrere Individualisierungsgrade unterschieden werden [Bau06], [Lin06] (vgl. Bild 2.7). Ein individualisierbares Modul kann skalierbare Bereiche enthalten, dessen Werte kundenindividuell vergrößert oder verkleinert werden können. Auch können in einem individualisierbaren Modul prinzipielle Freiräume abgebildet werden [Lin06]. Hierbei wird die genaue Gestalt, die nicht mehr durch einzelne Werte beschrieben werden kann, kundenindividuell festgelegt [Lin06]. Beispiele hierfür sind Abformungen von Körperteilen, wie Zahnlücken für Implantate, von Gehörgängen für Hörgeräte oder Gesäßformen für Fahrradsättel. Module mit definierten oder allgemeinen Freiräumen dienen der sehr freien Individualisierung, wo lediglich bekannt ist, dass Individualisierungsbedarfe bestehen können, die Ausführungen aber in keiner Weise vorzuplanen sind [Lin06]. Passend dazu führen KOREN ET AL. die *Open Architecture Products* als Lösungsstrategie ein [Kor13]. Bei diesen wird eine Plattform mit standardisierten Schnittstellen entwickelt. Kundenspezifische Module, meist von anderen, kleineren Unternehmen entwickelt, können angeknüpft werden, um individuelle Kundenwünsche besser zu befriedigen [Kor13].

2.4 Herleitung der Forschungsfrage

> *„Genau die Individualisierungsfunktionen zu finden, bei denen die meisten relevanten Kunden ein Bedürfnis zur Anpassung haben, ist ein wesentlicher Erfolgsfaktor [...]“* [Köl19, Seite 246].

Dieses Zitat unterstreicht mit aller Deutlichkeit, dass die Definition von Individualisierungsfreiräumen im Produkt eine der zentralen Aufgaben im Bezug zur Produktindividualisierung ist. Auch SIKHWAL UND CHILDS [Sik21] heben nochmals hervor, dass die Produktstrukturgestaltung einer der Schlüsselbereiche ist, um Individualisierung in Unternehmen implementieren zu können.

Sicher ist, dass individualisierbare Komponenten und Module zu definieren sind. Fraglich bleibt, wie eine abgestimmte modulare Produktstruktur mit einem angemessenen Umfang und Grad an Produktindividualisierung erarbeitet werden kann. Eine Unterstützung, wie diese Bereiche in der Produktstruktur einer Produktfamilie identifiziert und gestaltet werden sollen, bleibt jedoch unbeantwortet. Daher ergibt sich für diese Arbeit folgende Forschungsfrage:

Wie kann die Gestaltung einer modularen Produktfamilie mit einer abgestimmten Anzahl individualisierbarer Module mit definierten Individualisierungsgraden methodisch unterstützt werden?

Unter dem Begriff der Individualisierungsgerechtheit wird die Kombination aus dem Ziel der variantengerechten Produktgestaltung und dem grundsätzlichen Ziel der Produktindividualisierung verstanden (Bild 2.8). Während bei der variantengerechten Produktgestaltung vorrangig das Ziel besteht, die zu einer festgelegten externen Vielfalt zugehörige interne Vielfalt zu minimieren, soll bei einer Produktindividualisierung ein maximaler varianteninduzierter Nutzen durch eine gezielte Aufweitung der externen Vielfalt erreicht werden. Somit beschreibt eine individualisierungsgerechte Produktgestaltung die kontrollierte und gezielte Aufweitung der externen Vielfalt unter gleichzeitiger Berücksichtigung und Minimierung der internen Vielfalt, um die varianteninduzierte Komplexität so gering wie möglich zu halten.

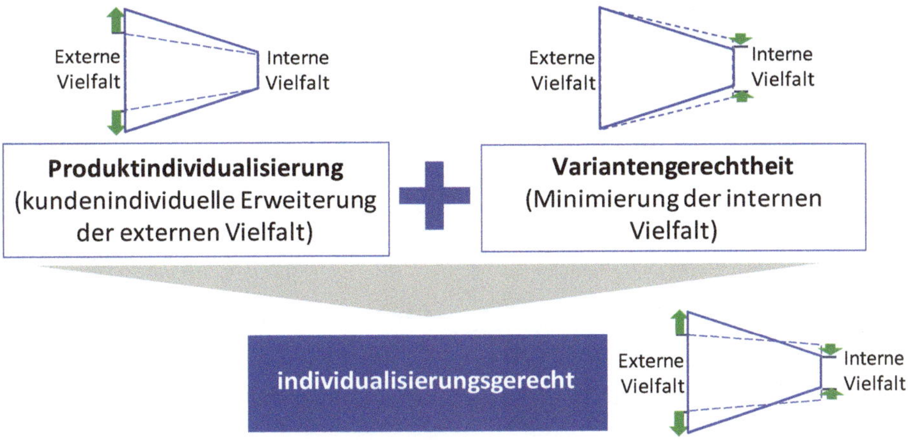

Bild 2.8: Definition des Begriffs *individualisierungsgerecht*

Die Forschungsfrage kann demnach in die folgenden Fragen weiter unterteilt werden:

1. Wie können Produktfamilienkonzepte mit kundenindividueller Erweiterbarkeit der externen Vielfalt entwickelt werden?
2. Wie können die Auswirkungen und Effekte von Produktfamilienkonzepten mit Individualisierung auf ein Unternehmen bewertet werden?
3. Wie lassen sich die identifizierten Auswirkungen und Effekte von Produktindividualisierung in einer modularen Produktfamilienstruktur zur Beherrschung der Individualisierung umsetzen?

Im Folgenden werden vorhandene Methoden recherchiert, analysiert und bewertet, die in Zusammenhang mit diesen Forschungsfragen stehen.

3 Stand der Wissenschaft und Technik

Aus den detaillierten Forschungsfragen können für diese Arbeit relevante Forschungsfelder abgeleitet werden. Methoden aus der Produktplanung und Variantengenerierung sowie Produktstrukturgestaltung, insbesondere Methoden zur Modulbildung sowie zur Bewertung von Produktstrukturalternativen, sind für diese Arbeit von zentraler Bedeutung. Im Rahmen dieses Kapitels werden Methoden und Ansätze untersucht, die Produktindividualisierung mit mindestens einem dieser Forschungsfelder verknüpfen. Verwandte Forschungsgebiete, die ebenfalls für diese Arbeit relevante Elemente enthalten, sind in Bild 3.1 dargestellt.

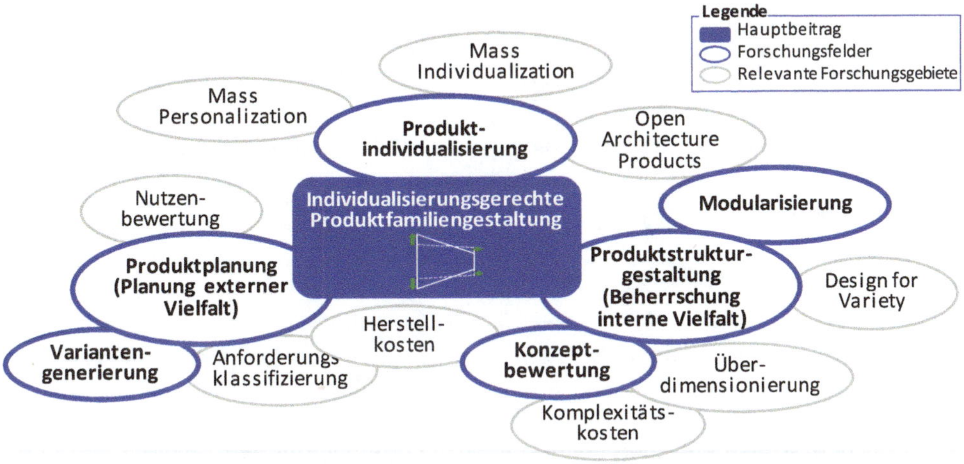

Bild 3.1 Einordnung des Forschungsschwerpunktes in die Forschungslandschaft

3.1 Vorgehen der systematischen Literaturrecherche

Bei der Identifikation relevanter Methoden in der deutsch- und englischsprachigen Literatur ist hervorzuheben, dass der Begriff Produktindividualisierung nicht einheitlich genutzt oder übersetzt werden. Unter Schlagworten wie *Individualisierung* oder *Personalisierung* bzw. *Mass Individualization* und *Mass Personalization* sind Publikationen zu finden. Um für diese Arbeit ein Verständnis für die Begriffe zu schaffen, ist eine Analyse der Begriffe und dessen Gebrauch in der Literatur in Tabelle 3.1 zusammengefasst. Die Ergebnisse für die amerikanische und britische Schreibweise werden nicht weiter differenziert. Während in der *Scopus* Datenbank wenig deutschsprachige Literatur hinterlegt ist,

J. Vogt, *Methode zur individualisierungsgerechten Gestaltung modularer Produktfamilien*,
Produktentwicklung und Konstruktionstechnik 26, https://doi.org/10.1007/978-3-662-70533-9_3

können mithilfe des Suchalgorithmus der Bibliothek der TUHH deutlich mehr deutschsprachige Publikationen gefunden werden.

Tabelle 3.1 Analyse der Begriffe (Produkt-) Individualisierung und Personalisierung im deutsch- und englischsprachigen Raum

	Begriff	Anzahl der Treffer			Fokus in der Literatur
		Scopus-Suche Begriff im Titel, Abstract, Keyword (Stand April 2023)	**Scopus-Suche** Begriff als vom Autor festgelegtes Keyword (Stand April 2023)	**TUHH BIB-Suche** inkl. Publikationen außerhalb TUHH-Bestand (Stand April 2023)	
deutschsprachig	Produktindividualisierung	0	0	57	**Ingenieurwissenschaften** *Definition des Begriffs oft wie in dieser Arbeit
	Individualisierung	155	2	11.736	**Medizin, Soziologie und Psychologie**
	Produktpersonalisierung	0	0	2	**Marketing**
	Personalisierung	49	4	2.797	**Computer Sciences (z.B. personalisierte Bildung), Medizin, Kommunikation, E-Commerce, Werbung**
englischsprachig	Product Individualization (Product Individualisation)	79	7 * Nur Autoren aus Deutschland	4	Engineering (>1/3) und Computer Science
	Mass Individualization	59	21		Engineering (ca. 1/3), häufig Fragestellungen aus dem Produktions- und Fertigungsbereich
	Individualization (Individualisation)	22.792	2.149		Soziologie und Medizin (Engineering <5%)
	Product Personalization (Product Personalisation)	105	15	10	Engineering und Business Management
	Mass Personalization	184	88		Engineering >40%, häufig Fragestellungen aus dem Produktions- und Fertigungsbereich
	Personalization (Personalisation)	27.245	9.194		Computer Science, Soziologie und Engineering (ca. 13%)
	Mass Customization	5.218	2.350		Engineering (>1/3) und Computer Science
	Customization	28.172	5.622		Computer Sciences und Engineering (Fokus Produktkonfiguration)

Es zeigt sich, dass die deutschen Begriffe *Individualisierung* und *Personalisierung* insbesondere bei medizinischen und soziologischen Publikationen als Schlagwort genutzt werden. Auch fokussieren sehr viele Publikationen unter dem Begriff der *Produktindividualisierung* ein digitales Produkt bzw. Dienstleistungen. Dennoch lassen sich Publikationen finden, in denen ein materielles Produkt betrachtet wird. *Produktindividualisierung* ist als Begriff dabei deutlich verbreiteter als *Produktpersonalisierung*. *Produktpersonalisierung* fokussiert Marketingaktivitäten.

Analog zum deutschsprachigen Raum werden im englischsprachigen Raum die Begriffe *Individualization* und *Personalization* insbesondere in Publikationen mit medizinischem oder soziologischem Hintergrund verwendet. Es fällt auf, dass unter dem Begriff der *Personalization* ein gut doppelt so hoher Anteil an Publikationen in der *Scopus*-Analyse dem Ingenieursbereich zugeordnet ist als unter dem Begriff der *Individualization*. Unter *Personalization* sind ca. 13% der bei Skopus gelisteten Publikationen dem Ingenieursbereich zugewiesen, wobei es bei der *Individualization* unter 5% sind. Bei dem Begriff der *Customization* sind ca. 25% der Publikationen aus dem Ingenieursbereich. Die Autoren TSENG, JIAO oder SIMPSON sind stark vertreten (z. B. [Sim06], [Sim14], [Wan19]). Die Publikationen rund um *Customization* beschreiben hauptsächlich die Konfiguration von Modulen zu Produktvarianten und werden im Rahmen dieser Arbeit nicht weiter analysiert.

Bei Publikationen zu den Begriffen *Product Individualization* und *Product Personalization* kommen ungefähr ein Drittel der Publikationen aus dem Ingenieursbereich. Während bei *Product Individualization* Computer Sciences als zweitgrößter Bereich vertreten ist, folgt bei der *Product Personalization* der Business- und Management-Bereich. Bei Publikationen aus dem Bereich der Ingenieurwissenschaften, bei denen *Product Individualization* von den Autoren als Schlagwort festgelegt wurde, ist auffällig, dass es sich überwiegend um deutsche Autoren handelt. Hier kann eine Übersetzungsungenauigkeit vermutet werden. *Product Personalization* ist im direkten Vergleich der Anzahl der gefundenen Publikationen häufiger vertreten und wird daher bevorzugt. Es ist jedoch darauf hinzuweisen, dass die Begriffe *Product Personalization* und *Product Individualization* in der Literatur nicht deutlich voneinander abzugrenzen sind.

Daher wird für die Identifikation relevanter Forschungsarbeiten mit den zentralen Begriffen *personali** und *individuali** recherchiert, um eine möglichst umfassende Suche sicher zu stellen. Ein Sternchen symbolisiert einen Platzhalter, sodass anstelle des Sternchens eine beliebige Wortendung oder in beliebiges weiteres Wort folgen kann. Es werden beispielsweise mit der Suche nach *personali** Publikationen mit den Schlagworten *Personalisierung, (mass) personalization, (mass) personalisation, personalized* und dergleichen angezeigt. Um die Vielzahl an Treffern einzuschränken, wird die Suche auf den Bereich der Ingenieurswissenschaften fokussiert. Zusätzlich werden weitere Schlagworte, die sich aus den Forschungsfragen und den in Bild 3.1 dargestellten Themenbereichen herleiten lassen, mit *personali** und *individuali** kombiniert, um eine Eingrenzung vorzunehmen. Das Setzen von Anführungszeichen um mehrere Worte stellt sicher, dass genau nach dieser Wortgruppe mit genau der Reihenfolge gefiltert wird. In der Datenbank *Scopus* werden Publikationen herausgefiltert, die die Begriffe im Titel, in der Zusammenfassung oder als Schlagwort aufweisen. Bild 3.2 zeigt die Suchwortkombinationen der durchgeführten Analysen.

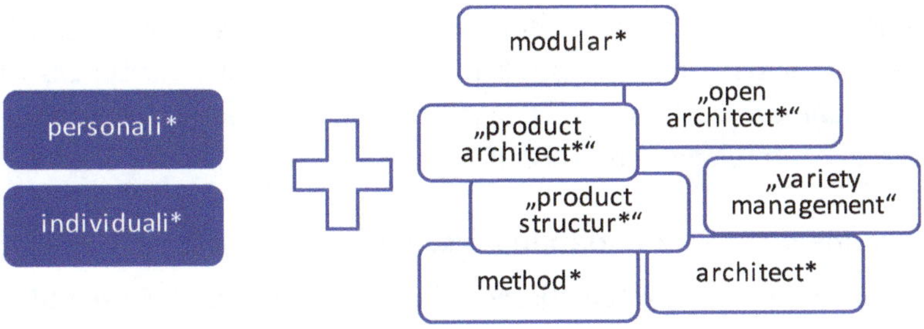

Bild 3.2 Alternative Schlagworte zur Identifikation relevanter Methoden

Um die Anzahl der Publikationen weiter einzugrenzen, werden diese manuell hinsichtlich ihrer Zielsetzung untersucht. Relevante Forschungsarbeiten beschreiben ein Vorgehen zur Gestaltung von Produktstrukturen bzw. Produktfamilien. Dabei finden individualisierbare Merkmale, Komponenten oder Module Berücksichtigung in der Produktstruktur zur Begegnung kundenindividueller Anforderungen. Die Einschätzung der Relevanz einer Publikation der Trefferliste erfolgt zunächst auf Grundlage des Titels, bevor dann die Zusammenfassung und schlussendlich die gesamte Ausarbeitung untersucht wird.

Um weitere Ansätze zu identifizieren, wird geprüft, ob zusätzliche Schlagworte bei der Suche nach Publikationen in *Scopus* mit aufgenommen werden sollen. Dazu wird der VOSviewer genutzt. Der VOSviewer ist ein Softwaretool, mit dem aus mehreren Publikationen Netzwerke zur Darstellung der Forschungslandschaft erstellt werden können [Van23]. Folgende Untersuchungen werden durchgeführt und mit dem VOSviewer visualisiert:

- Bibliografische und bibliometrische Untersuchungen der als relevant eingestuften Publikationen hinsichtlich
  - aller vom Autor/ von den Autoren festgelegten Schlagworte
  - der gegenseitigen Zitation
  - der gemeinsamen Zitation in weiteren Publikationen
  - der Nutzung gemeinsamer Literaturquellen
- Untersuchung der von den Autoren ausgewählten Schlagworte zu Publikationen aus den Ingenieursbereich, die
  - durch die Suche nach *personali** im Titel, in der Zusammenfassung oder als Schlagwort bzw. als vom Autor festgelegtes Schlagwort identifiziert werden
  - durch die Suche nach *individuali** im Titel, in der Zusammenfassung oder als Schlagwort identifiziert werden
  - durch die Suche nach *personali** und *modular*, „product architect*"* oder *„product structur*"* im Titel, in der Zusammenfassung oder als Schlagwort identifiziert werden
  - durch die Suche nach *individuali** und *modular*, „product architect*"* oder *„product structur*"* im Titel, in der Zusammenfassung oder als Schlagwort identifiziert werden

Während eine Verschlagwortung und Kombination der Begriffe eine gezielte Suche von Publikationen in der Datenbank *Scopus* ermöglicht, können bei der Durchsuchung der Literaturdatenbank der TUHH sowie Google Scholar nur einzelne Schlagworte genutzt oder gezielt nach Autoren gesucht werden.

3.2 Vorstellung der vorgefundenen Forschungslandschaft

Allgemeine Erkenntnisse der systematischen Literaturrecherche sowie identifizierte Methoden werden nachfolgend vorgestellt.

3.2.1 Ergebnisse der systematischen Literaturrecherche

Bild 3.3 zeigt die Anzahl der Treffer der unterschiedlichen Schlagwortkombinationen sowie die Autoren der für diese Arbeit als relevant eingestuften Publikationen. Ein Großteil der Publikationen der Trefferlisten können ausgeschlossen werden, weil keine Produktstrukturgestaltung beschrieben wird. Es wird die Gestaltung des Wertschöpfungsprozesses bzw. des Produktionsprozesses und der Produktionsabläufe unter Berücksichtigung kundenindividueller Anforderungen beschrieben, insbesondere in Publikationen mit Bezug zum Schlagwort *Open Architecture*. Publikationen mit Bezug zur *Mass Individualization* und *Mass Personalization* setzen, angelehnt an die Begriffe der *Mass Production* und *Mass Customization*, ebenfalls einen starken Produktions- bzw. Prozessfokus (vgl. u. a. GU UND KOREN [Gu22]). Die zugehörigen Fragestellungen betrachten hier insbesondere, wie die massenhafte Bereitstellung individualisierter Produkte effizient umgesetzt werden kann. So sieht beispielsweise der Ansatz des *Design for Mass Personalization* von TSENG ET AL. [Tse10] eine Trennung von Individualisierung und physischen Komponenten vor. Individualisierung wird auf den Service rund um und mit dem Produkt beschränkt. Da TSENG ET AL. die Individualisierung von physischen Komponenten nicht berücksichtigen und keine entsprechende Produktstruktur gestalten, sondern Individualisierung durch Service realisieren, spielt der *Design for Mass Personalization* Ansatz für die Fragestellung in dieser Arbeit keine Rolle und wird nicht weiter analysiert. Andere Publikationen stellen Lösungen vor, wie auf Grundlage individueller Anforderungen das vordefinierte Produktangebot optimiert werden kann. Hier wird keine Produktindividualisierung und keine kundenindividuell definierbaren Produktkomponenten oder -module betrachtet, sondern die *(Mass) Customization* mit standardisierten und varianten Modulen. In weiteren Publikationen werden personalisierte Medizinprodukte fokussiert, wobei die Erforschung des Einflusses auf das Behandlungsergebnis im Vordergrund steht und keine Beschreibung zur Produktstruktur bzw. derer Gestaltung inkludiert ist. Antworten auf die dieser Arbeit zugrunde liegenden Forschungsfrage zur Produktstrukturgestaltung lassen sich kaum finden. Wie zuvor beschrieben, kommen die Publikationen mit *individuali** als zentralen Begriff vorwiegend von Autoren aus Deutschland. Hierbei fokussieren viele Lösungen die Entwicklung von Plattformen für Varianten oder die Gestaltung von Serviceleistungen, sodass auch mit dieser Suche kaum relevante Forschungsarbeiten zur Beantwortung der Forschungsfrage identifiziert werden können.

Insgesamt werden aus der Kowortanalyse mit *personali** als zentralem Begriff (Bild 3.3, grüne Schrift) die Forschungsarbeiten von vier Autoren nachfolgend detaillierter vorgestellt und analysiert. Mit *individuali** als zentralem Begriff (Bild 3.3, blaue Schrift) werden die Forschungsarbeiten von zwei Autoren als relevant für diese Arbeit eingestuft. Bei relevanten Publikationen wird gegebenenfalls ergänzende Literatur der jeweiligen Hauptautoren gezielt untersucht, um die Forschungsarbeit im Gesamten zu erfassen. Die Suchen in der Literaturdatenbank der TUHH sowie bei Google Scholar haben keine weiteren relevanten Treffer erzielt, sondern weiterführende Literatur zu bereits identifizierten Autoren bereitgestellt.

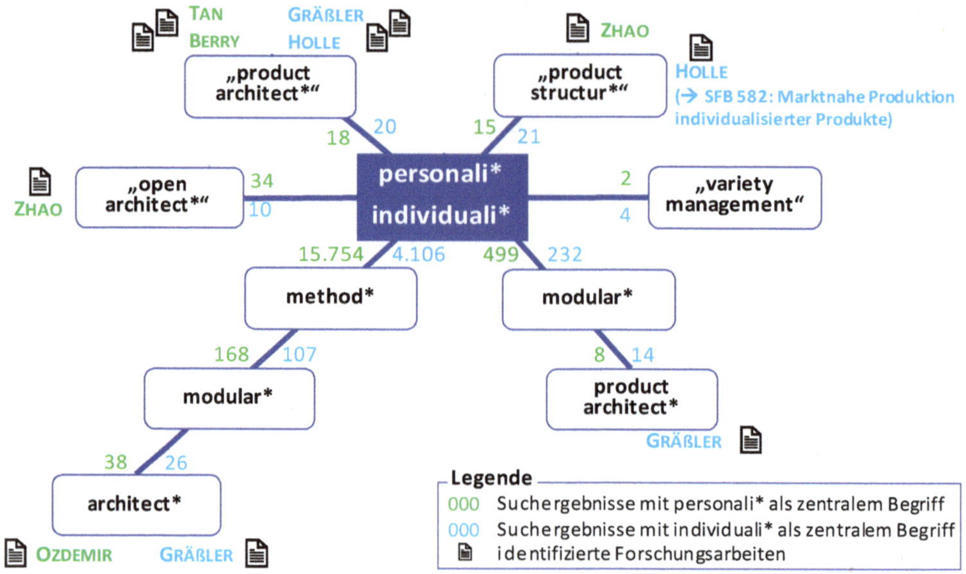

Bild 3.3 Darstellung der Kowortanalyse mit Anzahl der Treffer in der Datenbank *Scopus* sowie der identifizierten Methoden zur detaillierteren Analyse (letzte Aktualisierung Februar 2024)

Bild 3.4 zeigt das Netzwerk der Schlagworte der Publikationen, die zuvor als relevant eingestuft worden sind. Jedes Schlagwort der identifizierten Publikationen ist im Netzwerk dargestellt. In der Nachbearbeitung der Darstellung aus dem VOSviewer werden die Autoren ergänzt und zugehörige Schlagwortcluster farbig hervorgehoben. Eine genauere Untersuchung der Zusammenhänge zwischen den identifizierten Ansätzen zeigt, dass kaum die gleichen Schlagworte genutzt werden. Nicht alle der Publikationen nutzen überhaupt *Personalization* als Schlagwort, sondern verwenden den Begriff nur im Titel oder in der Zusammenfassung. Es ist anzumerken, dass Dissertationen, Habilitationsschriften und Bücher, die als ergänzende Literatur herangezogen wurden, nicht im VOSviewer dargestellt werden können, da keine Schlagworte festgelegt werden müssen.

Bei Untersuchungen der Schlagwortnetzwerke zu *personali** und *individuali** im Allgemeinen sowie in Kombination mit *modular*, „product architect*“* oder *„product structur*“* zeigt sich, dass keine großen Cluster zur Produktstrukturgestaltung oder Modularisierung bestehen. Einige Netzwerke der Schlagwortkombinationen sind beispielhaft im Anhang A1, Seite 142, dargestellt. Im Zusammenspiel mit *modular*, „product architect*“* oder *„product structur*“* sind in den Clustern häufig genutzte Schlagworte *complexity, variety, platform, „product design“* oder *„product development“*. Diese Begriffe sind allerdings so allgemein, dass in Kombination mit *personali** oder *individuali** zu viele Publikationen in *Scopus* identifiziert werden. Eine weitere Eingrenzung durch die Kombination mit *modular** führt zu keinen weiteren, für diese Arbeit relevanten Publikationen. Eine Kombination mit *„product architect*“* oder *„product structur*“* ist in der ursprünglichen Suche bereits inkludiert. Durch das systematische Vorgehen kann weitestgehend ausgeschlossen werden, dass aufgrund ungünstig gewählter Schlagworte für diese Arbeit relevante Cluster übersehen werden.

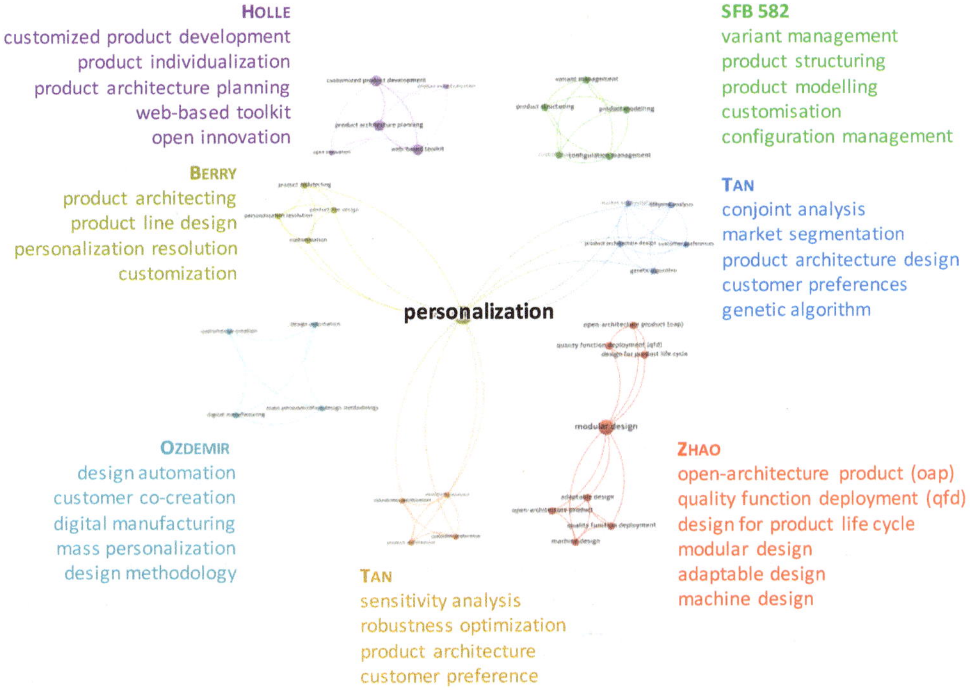

Bild 3.4 Untersuchung der für relevant befundenen Publikationen hinsichtlich aller vom Autor festgelegten Schlagworte (Visualisierung mithilfe des VOSviewers erstellt und nachbearbeitet)

Eine Analyse der gegenseitigen Zitationen der als relevant eingestuften Publikationen zeigt, dass nur BERRY ET AL. von TAN ET AL. und von ZHAO ET AL. zitiert wird (vgl. Bild 3.5, links). Zwischen den anderen Publikationen gibt es keine gegenseitige Berücksichtigung. Auch kann keine weitere Forschungsarbeit identifiziert werden, die mehrere der vorgestellten Ansätze in einer Publikation zitiert. Hinsichtlich der von den Publikationen genutzten Referenzen kann zusammenfassend festgestellt werden, dass in geringem Anteil gemeinsame Basisliteratur genutzt wird, darunter beispielsweise Grundlagen zur Produktentwicklung (z. B. [Suh01], [Pah07], Modularisierungsansätze (z. B. [Eri99], [Sto00]) oder Darstellungen der Transformation zur Mass Personalization aus Sicht der Produktion (z. B. [Kum07], [Kor10], [Tse10], [Hu13]) (vgl. Bild 3.5, rechts; genaue Publikationen wurden manuell ermittelt). Diese Untersuchungen verdeutlichen, dass es keine zusammenhängende Forschungscommunity in dem Themenfeld der Produktstrukturgestaltung unter Berücksichtigung von Produktindividualisierung zu geben scheint.

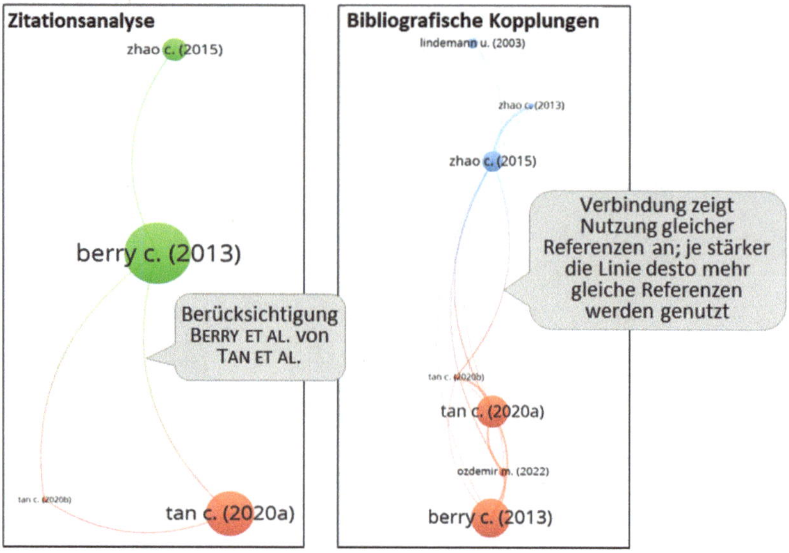

Bild 3.5 Mit dem VOSviewer erstellte Netzwerk der Zitationsanalyse (links) sowie der Untersuchung der bibliografischen Kopplungen (rechts) der als relevant eingestuften Publikationen

Zusammenfassend kann festgehalten werden, dass trotz einer umfangreichen und systematischen Analyse der Literatur nur wenige Ansätze zur Produktstrukturgestaltung mit Individualisierung ausfindig gemacht werden konnten.

3.2.2 Vorstellung von Methoden zur Produktstrukturgestaltung mit Individualisierung

Die Methoden, die zumindest ansatzweise die Produktstrukturgestaltung unter Berücksichtigung von Produktindividualisierung unterstützen (vgl. Bild 3.3), werden nun vorgestellt. Sie werden hinsichtlich folgender Anforderungen, die sich aus den aufgestellten Forschungsfragen ableiten lassen, detailliert untersucht und bewertet.

Produktstrukturgestaltung unter Berücksichtigung von Produktindividualisierung: Es wird untersucht, inwieweit das Verständnis von Produktstrukturen mit Individualisierung in den Publikationen der Definition von Produktindividualisierung dieser Arbeit (vgl. Kapitel 2.3) gleicht. Außerdem wird ein besonderes Augenmerk darauf gelegt, in welcher Form individualisierbare Merkmale, Komponenten oder Module bei der Gestaltung von Produktstrukturen Berücksichtigung finden.

Identifikation individualisierungsrelevanter Produktkomponenten und/oder Produktmerkmale: Individualisierungsgerechtheit beinhaltet eine gezielte und kontrolliert Aufweitung der externen Vielfalt. Es wird untersucht, wie die Methoden die Identifikation individualisierungsrelevanter Produktkomponenten in der Produktstruktur unterstützen, sodass die kundenindividuelle Generierung bzw. Planung von Varianten ermöglicht wird.

Berücksichtigung der Kundensicht bei der Bewertung von Produktstrukturalternativen: Eine weitverbreitete Methode zur Berücksichtigung der Kundensicht im Bezug zu neuen

Komponenten bzw. neuer Merkmalsausprägungen ist die Conjoint-Analyse, mit der Nutzwerte unterschiedlicher Produktmerkmale bestimmt werden können (z. B. [Hei99], [Kor01]). Hierzu bewerten Kunden mehrere Produktvarianten, die sich dabei in mindestens einem Merkmal voneinander unterscheiden [Ben21]. Abhängig von der Bewertung der Produktvariante kann dem Produktmerkmal ein Nutzwert zugeordnet und die Produktmerkmale priorisiert werden. Andere allgemeingültige Ansätze zur Bewertung des Kundennutzens für Produktplattformen beinhalten die Definition und Einschätzung von kundenorientierten Leistungsparametern (z. B. [Sim01]). Es wird untersucht, wie die Methoden die Besonderheiten von Produktindividualisierung bei der Bewertung von Produktstrukturalternativen aus Kundensicht berücksichtigen.

Berücksichtigung der Unternehmenssicht bei der Bewertung von Produktstrukturalternativen: Bei der Bewertung von neuen Produktausprägungen oder neuen Produktstrukturalternativen werden oftmals die Kostenunterschiede in den Prozessausführungen (z. B. [Hei99], [Kor01], [Kri01], [Röt20]), Unterschiede im Erlös (z. B. [Kor01], [Sch15]) oder die Wechselwirkungen zwischen Komponenten (z. B. [Sch15], [Kor01], [Mar02]) untersucht und gegenübergestellt. Es wird analysiert, wie in der Bewertung von Strukturalternativen aus Unternehmenssicht die Besonderheiten individualisierbarer Komponenten und Module berücksichtigt werden.

Berücksichtigung technisch-funktionaler und produktstrategischer Aspekte bei der Modulbildung: Bei der Bildung von Modulen sollen sowohl technisch-funktionale als auch produktstrategische Aspekte berücksichtigt werden (vgl. Kapitel 2.1). Der Einfluss von individualisierbaren Komponenten auf das Modularisierungsvorgehen soll dargestellt werden. Es wird untersucht und bewertet, inwiefern die Methoden dies berücksichtigen.

Unterstützung des Vorgehens durch geeignete Visualisierungs- und Kommunikationstools: Um die Akzeptanz und Nachvollziehbarkeit zu erhöhen, werden kommunikative Ansätze bevorzugt. Die identifizierten Methoden werden hinsichtlich der Nutzung von Visualisierungswerkzeuge bewertet.

Module Planning for Open Architecture Products nach ZHAO ET AL.

ZHAO ET AL. [Zha13], [Zha15] entwickeln eine *open architecture* mithilfe einer erweiterten QFD und nutzen anschließend eine DSM zur Modulbildung. Zur Ermittlung einer modularen Produktstruktur wird in der Methode zwischen grundlegenden Funktionsanforderungen, die durch Standardmodule erfüllt werden, und individuellen Kundenbedürfnissen, erfüllt durch individuelle Module, unterschieden. Die Beziehung zwischen Anforderungen und Komponenten wird mithilfe der QFD dargestellt. Durch die Analyse der Beziehungen einer Komponente zu den unterschiedlichen Anforderungsarten lässt sich für jede Komponente ein Vielfaltswert in Form eines *Degree of Variety* bestimmen. Komponenten mit einem hohen Bezug zu individuellen Anforderungen erhalten einen hohen Wert. Der *Degree of Variety* wird bei der Modularisierung mithilfe einer DSM berücksichtigt, indem Komponenten nicht nur aufgrund ihrer Beziehungen zueinander zu Modulen kombiniert werden, sondern auch nur Komponenten mit ähnlichen *Degree of Variety* einem Modul zugeordnet werden. Bild 3.6 zeigt eine ungeclusterte DSM und stellt eine geclusterte DSM ohne und mit Berücksichtigung des *Degree of Variety* gegenüber.

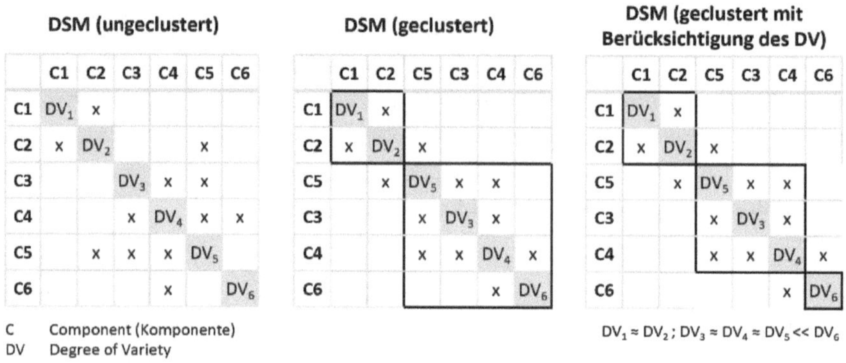

Bild 3.6 Ungeclusterte DSM, geclusterte DSM und geclusterte DSM mit Berücksichtigung des *Degree of Variety* (angelehnt an [Zha13])

ZHAO ET AL. berücksichtigen individualisierbare Module und führen eine technisch-funktionale Modularisierung durch. Die Modulbildung wird mit einer Matrix visuell unterstützt. Die Methode berücksichtigt jedoch keine produktstrategischen Aspekte. Kundenindividuelle Anforderungen werden einbezogen, jedoch wird nicht näher ausgeführt, wann eine Anforderung als kundenindividuell gilt. Eine Bewertung der Produktstruktur aus Kunden- oder Unternehmenssicht erfolgt nicht.

Design Methodology for Mass Personalisation nach OZDEMIR ET AL.

OZDEMIR ET AL. [Ozd20], [Ozd22] fokussieren in ihrer *Design methodology for mass personalisation* Prozesse und Vorbereitungen zur Realisierung kundenindividueller Anpassungen. In der Methodik besteht die erste Phase in der Entwicklung eines *Seed Designs,* einer Art Basisarchitektur, von der allen kundenindividuellen Anpassungen ausgehen. Kundenindividuell anpassbare Merkmale werden hier eindeutig festgelegt. Bei der Entwicklung des *Seed Designs* erfolgt eine Einteilung von Kundenbedürfnissen in allgemeingültige und kundenindividuelle Bedürfnisse. OZDEMIR [Ozd22] nennt *ergonomische, funktionale oder ästhetische Ursachen* für Individualisierung. Aufbauend auf dem *Axiomatic Design* nach SUH [Suh98] wird der Zusammenhang zwischen kundenindividuellen Kundenanforderungen und Design Parametern erschlossen und in einer Abhängigkeitsmatrix dargestellt. Anhand der Funktionen des Produktes erfolgt eine Festlegung von Charakteristika, über die sich die Performance des Produktes bewerten lässt. Durch Versuche wird dann ermittelt, wie sich die Performance des Produktes bei Anpassung von Produktmerkmalen verändert, vorgestellt am Beispiel von Saxophon-Mundstücken [Ozd20]. Für Produktmerkmale, die einen großen Einfluss auf die Performance des Produktes haben, werden die Variabilität des Merkmals bei anderen Produkten auf dem Markt, die Fertigungsrestriktionen sowie Restriktionen durch die Kopplung von Produktmerkmalen untersucht. In einem Lösungsalgorithmus werden die Lösungsräume der Design Parameter unter Berücksichtigung der Abhängigkeiten hinterlegt. In der zweiten Phase erfolgt die Entwicklung eines individuellen Designs, nachdem die kundenindividuellen Anforderungen entsprechend ihrer Wichtigkeit sortiert wurden. Nach jeder Eingabe einer Kundenanforderung und der Festlegung der abhängigen Design Parameter wird der Lösungsraum der verbleibenden Design Parameter unter Berücksichtigung der Restriktionen und Abhängigkeiten vom Lösungsalgorithmus neu berechnet.

OZDEMIR ET AL. entwickeln eine Produktstruktur (*Seed design*) und legen individualisierbare Merkmale fest. Es werden Indikatoren genannt, die auf ein Potenzial zur Produktindividualisierung hinweisen können. Eine systematische Untersuchung dieser Indikatoren und eine Ermittlung individualisierungsrelevanter Produktkomponenten nehmen sie nicht vor. Interessant ist die Bewertung des Nutzens individueller Produktmerkmale aus Kundensicht anhand von Charakteristika, die die Perfomance des Produktes beschreiben. Eine Berücksichtigung der Unternehmenssicht erfolgt indirekt durch die Begrenzung des Lösungsraums über Fertigungsrestriktionen und Merkmalskopplungen. Insgesamt wird mithilfe des Vorgehens nach OZDEMIR ET AL. eine Produktstruktur mit Produktindividualisierung entwickelt, jedoch findet keine Modulbildung statt. Auch fehlt es an Visualisierungstools bei der Entwicklung des *Seed designs*. Der Nutzen einer Individualisierung für ein Unternehmen wird nicht beachtet.

Product Architecting for Personalization nach BERRY ET AL.

BERRY ET AL. [Ber13] unterscheiden in ihrem Ansatz zur Produktarchitekturgestaltung zwischen standardisierten, varianten und individualisierbaren Modulen. In ihrem numerischen Ansatz wird der *Algorithm of product architecting for personalization* eingeführt [Ber13]. Das Ziel des Algorithmus ist die Maximierung des Gewinns einer Produktfamilie. Dafür werden Fertigungsgenauigkeiten unterschiedlicher Fertigungsverfahren und die dadurch entstehenden Herstellkosten dem Nutzen dieser Fertigungsgenauigkeit gegenübergestellt. Die Fertigungsgenauigkeit drückt indirekt aus, ob ein Modul variant oder individualisierbar ist. Durch Studien wird der Einfluss der Fertigungsgenauigkeit eines Moduls auf den Nutzen analysiert. Zusätzlich wird mithilfe von Conjoint-Analysen bestimmt, welchen Anteil am Gesamt-Produktnutzen ein Modul hat, um diese Gewichtung bei der Optimierung zu berücksichtigen. Mit dem Algorithmus wird dann der Gewinn maximiert und ein modulabhängiges Optimum für die Fertigungsgenauigkeit, abhängig von den Herstellkosten und der Zahlungsbereitschaft, bestimmt.

Dem Titel des Ansatzes nach scheinen BERRY ET AL. genau die Fragestellung zu behandeln, die dieser Arbeit zugrunde liegt. Insgesamt ist die Betrachtungsweise jedoch sehr produktionsseitig. Die Konzepte von BERRY ET AL. unterscheiden sich in ihrer Fertigungsgenauigkeit, wodurch laut der Autoren unterschiedliche Vielfalt möglich wird: Je genauer gefertigt werden kann, desto größer ist die mögliche Vielfalt. Die Bewertung des Kundennutzens erfolgt über eine Conjoint-Analyse, die Bewertung unternehmensinterner Effekt über die Herstellkosten. Besonderheiten, die eine Individualisierung hervorruft, werden nicht hervorgehoben. Die Ermittlung der Input-Daten, die der Algorithmus benötigt, wird nur genannt, aber nicht weiter erläutert. Die Datenbeschaffung scheint jedoch nicht trivial. Es fehlt eine systematische Untersuchung, wo in der Produktstruktur eine Individualisierung überhaupt zielführend sein kann. Für alle möglichen Module eine Conjoint-Analyse durchzuführen, scheint extrem aufwendig. Visualisierungstools kommen nicht zum Einsatz.

Selbstindividualisierungsgerechte Produktstrukturplanung nach HOLLE

HOLLE [Hol17] stellt in seiner Dissertation ein *Integriertes Vorgehen zur selbstindividualisierungsgerechten Produktstrukturplanung* vor. Das Vorgehen hat zum Ziel, die Produktstruktur so anzupassen, dass dem Kunden ein hohes Maß an Individualisierung ermöglicht wird [Hol17]. Zur Erhebung von Individualisierungsbedarfen wird eine Interaktionsplattform zwischen Kunde und Unternehmen genutzt, in der Kunden ihre Bedarfe textuell oder grafisch angeben können [Hol17]. Aus den ermittelten Bedarfen werden anschließend die von Individualisierung betroffenen Produktkomponenten abgeleitet. Für die Produktkomponenten wird aus dreierlei Blickwinkeln ermittelt, wie gut sie für eine Individualisierung geeignet sind:

- In der strategischen Domäne wird anhand der Kopplung zwischen den identifizierten Komponenten und Modultreibern analysiert, welche Limitationen in der Individualisierungsfähigkeit der einzelnen Komponenten aufgrund produktstrategischer Einflüsse vorliegen. Modultreiber wie *Technologiewechsel* oder *Geplante Designänderung* drücken eine zeitliche Instabilität aus. Das heißt, schon bei der Entwicklung steht fest, dass sich die Komponenten ändern. Komponenten, die einen Bezug zu diesen Modultreibern haben, eigenen sich daher für eine Individualisierung.
- In der Domäne Funktion wird die Kopplung zwischen den individualisierungsrelevanten Komponenten und den Haupt- und Nebenfunktionen bewertet. Komponenten, die die Hauptfunktion beeinflussen, sind nach HOLLE weniger gut für eine Individualisierung geeignet.
- In der Komponenten-Domäne wird festgelegt, inwiefern sich die Produktkomponenten gegenseitig beeinflussen. Komponenten, die eine hohen Einfluss auf andere Komponenten haben, sind weniger gut für die Individualisierung geeignet.

Für jede Komponente werden die Individualisierungspotenziale der einzelnen Domänen zusammengefasst und anderen Komponenten gegenübergestellt. Bei der Produktstrukturanpassung kommt ein Produktstrukturmodell zum Einsatz, in dem die Komponenten und die Kopplungen untereinander sowie die Zuordnung zu Modulen visuell dargestellt ist. Unterstützt durch das Produktstrukturmodell wird nach der Entscheidung, welche Komponenten individualisierbar gestaltet werden sollen, untersucht, wie die Produktstruktur dafür angepasst werden muss. Dafür werden vier Prinzipien zur Entkopplung selbstindividualisierbarer Produktkomponenten abgeleitet und angewendet, um möglichst hohe Individualisierungsfreiheitsgrade zu erzielen [Hol16], [Hol17]. Mithilfe der

Change-Propagation nach ECKERT UND CLARKSON [Cla04] wird prognostiziert, inwiefern andere Komponenten der Produktstruktur von den konstruktiven Anpassungen der direkt von der Individualisierung betroffenen Komponenten beeinflusst werden. Außerdem wird eingeschätzt, ob Komponenten angepasst oder neu konzipiert, konstruiert oder ausgelegt werden müssen. Auf diese Weise kann der Aufwand der konstruktiven Anpassung zur Umsetzung der Produktstruktur ganzheitlich prognostiziert und umgesetzt werden.

Der Begriff der Selbstindividualisierung beschreibt die eigenständige Anpassung des Produktes durch den Kunden nach dem Kauf, sodass es den kundenindividuellen Anforderungen entspricht (vgl. auch Kapitel 2.3). HOLLE [Hol17] bereitet die Produktstruktur für eine Selbstindividualisierung des Produktes durch den Kunden vor und verfolgt damit nicht das Ziel der Produktindividualisierung, also der Anpassung von Komponenten durch das Unternehmen. Unabhängig davon, wer die spätere Individualisierung durchführt, kann die Übertragbarkeit des Ansatzes auf Produktindividualisierung diskutiert werden. Individualisierung wird im Vorgehen rein durch die Angaben der Kunden auf einer Internetplattform initiiert und unterliegt keiner systematischen Untersuchung. Es bleibt fraglich, ob der Kunde angeben kann, was individualisiert werden soll und motiviert ist, dies in einer Interaktionsplattform mitzuteilen. Die Identifikation individualisierungsrelevanter Komponenten baut hier auf dieser Annahme auf. Unternehmensinterne Aspekte, die für eine Individualisierung sprechen, spielen in dem Vorgehen keine Rolle. Gut gelungen ist, dass die internen Effekte einer Individualisierung aus dreierlei Sicht betrachtet werden. In seinem Ansatz wird die ursprüngliche, modulare Struktur beibehalten, die aufgrund technisch-funktionaler und produktstrategischer Aspekte zu Beginn ermittelt wird. Die Entscheidung, welche Merkmale individualisiert werden, hat keinen direkten Einfluss auf das Modularisierungsvorgehen. Vielmehr richtet sich die Eignung einer Komponente zur Individualisierung nach der anfangs festgelegten Modulstruktur. Die Interaktionsplattform und das Produktstrukturmodell unterstützen das Vorgehen als Visualisierungswerkzeuge. Insgesamt bietet die Methode interessante Ansätze, dient aber einer anderen Zielsetzung. Insbesondere bei der Bewertung des Kundennutzens, des unternehmensinternen Nutzens sowie der Betrachtung von Effekten auf alle Lebensphasen weist die Methode Verbesserungspotenziale auf.

Weitere Methoden, die an der Technischen Universität München im Rahmen des Sonderforschungsbereiches 582 *Marktnahe Produktion individualisierter Produkte*, gefördert durch die Deutsche Forschungsgemeinschaft (DFG), und darüber hinaus entstanden sind, beschäftigen sich mit Themenstellungen, die nicht zum Fokus dieser Arbeit passen. Darunter beispielsweise eine Pfadkostenrechnung individualisierter Produkte, mit der die bei der Erstellung individualisierter Produkte anfallenden Kosten berechnet werden können [GAH06], [LIN06]. Detailliert in die Analyse der Zusammenhänge und der Änderungsfortpflanzung geht MAURER [Mau07] ein, der mithilfe von semantischen Netzen und Grafen den Anpassungsaufwand bei Änderung eines Elements mit den damit einhergehenden Änderungen anderer Elemente abschätzen kann. BAUMBERGER [Bau07] fokussiert in seinem Ansatz die Gestaltung der Prozesse zur kundenindividuellen Anforderungsaufnahme und -bewertung sowie zur kundenspezifischen Produktwertschöpfung. In einer Auflistung werden Erfolgsfaktoren für Individualisierung vorgestellt, darunter beispielsweise *„Produkte mit differenzierten Nachfragebedürfnissen, Produkte mit hoher Kundenbedeutung, Produkte mit hoher Marktdynamik, Produkte mit wenigen Nachfragern und/oder einer starken zeitlichen Bedarfsverteilung, Produkte mit einem hohen Anteil informationstechnischer Leistungskomponenten (z. B. Software, Telekommunikations- oder Unterhaltungsangebote)* oder *Spezialanfertigungen (z. B. Sportgeräte, medizintechnische Produkte)"* [Bau07, Seite 272]. Da die Untersuchung dieser Indikatoren nicht weiter erläutert wird, wird die Auflistung nicht als Methode angesehen und damit nicht detaillierter untersucht. Auch weitere Arbeiten des SFB, wie die Gestaltung der Interaktionsprozesse zwischen Kunde und Unternehmen [Rei06], oder geeigneter Prozessplanungsmethode sowie wandelbaren und automatisierten Materialflusssystemen [Gün06], [Rei13], setzen einen starken betriebswirtschaftlichen Fokus und liegen außerhalb des Betrachtungsrahmens dieser Arbeit. Ebenso verhält es sich mit den Arbeiten von PILLER, dessen Arbeiten zur *Mass Customization* nicht zum Schwerpunkt dieser Ausarbeitung passen [Pil06].

Entwicklung kundenindividueller Massenprodukte nach GRÄßLER

GRÄßLER [Grä04], [Grä11] berücksichtigt Individualisierung bei der Produktplanung. In ihrer Entwicklungsmethodik zur Neuentwicklung kundenindividueller Baukästen stehen drei Aspekte im Vordergrund:

- die Neuentwicklung eines Baukastens
- die Integration kontinuierlich variierbarer, also individualisierbarer, Optionen
- die explizite Berücksichtigung disziplinübergreifenden Zusammenarbeit zwischen Mechanik, Elektronik und Software.

Der zweite Aspekt ist für diese Arbeit besonders relevant. Aus prognostizierten Kundenanforderungen werden Produkteigenschaften und daraus Funktionen abgeleitet. Dabei ist die Festlegung der Varianz, also ob eine Funktion standardisiert oder durch diskret oder kontinuierlich variable Lösungsprinzipien gestaltet wird, von großer Bedeutung. Der Individualisierungsgrad einer Produkteigenschaft hängt laut GRÄßLER von der Unterschiedlichkeit und Gewichtung der Kundenanforderungen sowie vom generierten Zusatznutzen bei einer Differenzierung ab [Grä04]. Bietet eine kundenindividuelle Ausgestaltung einer Funktion einen großen Zusatznutzen, sollte sie durch individualisierbare Lösungen realisiert werden. Zur Ermittlung des Nutzens können Conjoint-Analysen, Multi Dimensionale Skalierungsverfahren oder QFD eingesetzt werden.

Eine Differenzierung zwischen Standardelementen, diskret abgestuften (varianten) und kontinuierlich variierenden (individualisierbaren) Modulen zeichnet nach GRÄßLER einen Baukasten mit Individualisierbarkeit aus. Die Regeln und Restriktionen des Baukastens werden festgelegt und für individualisierbare Komponenten wird das Individualisierungsspektrum dokumentiert. Nach der Ausarbeitung der Komponenten und Module erfolgt eine Überprüfung der modularen Struktur anhand des MFD oder der DSM. GRÄẞLER ergänzt weitere Erläuterungen, wie der Ablauf bei der Nutzung des Baukastens zu gestalten ist oder dass in Bezug auf die Individualisierung für eine verursachungsgerechte Angebotskalkulation bekannt sein muss, wie stark die Kosten durch die Parametervariation beeinflusst werden.

GRÄẞLER stellt eine umfangreiche Methodik vor, die unterschiedliche Methoden integriert. Individualisierung ist eine von den drei hervorgehobenen Neuheiten. Es werden Anpassungen in den einzelnen Methoden angesprochen, die durch individualisierbare Komponenten notwendig werden. Die konkrete Vorgehensweise bzw. schrittweise Anleitung im Umgang mit diesen Anpassungen bleibt jedoch sehr grob. Die Ebene der Beschreibung einer Methodik ist zu hoch, um die individualisierungsgerechte Produktstrukturgestaltung, die in dieser Arbeit im Vordergrund steht, zielführend zu unterstützen. Die Ermittlung des Individualisierungsgrads wird nicht genauer beschrieben. Als Indikator, wann eine Individualisierung relevant ist, nennt sie lediglich die Unterschiedlichkeit und Gewichtung der Anforderung sowie den generierten Zusatznutzen. Für die Untersuchung wird auf allgemeingültige Methoden verwiesen, ohne die Anpassungen in den Methodenschritten im Detail zu benennen oder zu erläutern. GRÄẞLER betont die Notwendigkeit, auch individualisierbare Module in der Produktstruktur zu berücksichtigen. Sie nennt die DSM als technisch-funktionale sowie das MFD als produktstrategische Vorgehensweise zur Modularisierung. Mehr als eine Nennung findet jedoch nicht statt. Anpassungen an den Methoden, die aufgrund individualisierbarer Module erfolgen müssen, werden nicht genannt. Als Visualisierungswerkzeug werden die Werkzeuge der einzelnen Methoden in der Methodik herangezogen.

Framework to Design the Architecture of Personalized Products nach TAN ET AL.

Ebenfalls eine algorithmusbasierte Lösung stellen TAN ET AL. mit ihrem F*ramework to design the architecture of personalized products* vor [Tan20b], [Tan20a]. Mit dem Algorithmus kann das Produktportfolio definiert werden. Das Ziel ist zu ermitteln, welche Modulkonfigurationen die optimalen Produktvarianten darstellen und das Portfolio abbilden sollten. Die Modulvarianten, darunter neben vordefinierten Modulvarianten auch individualisierbare Module, stehen zu Beginn des Vorgehens fest. TAN [Tan20a] erwähnt, dass das MFD mit geringen Anpassungen für Produktstrukturen mit individualisierbaren Modulen eingesetzt werden kann. Wie diese Anpassungen aussehen, wird nicht näher beschrieben.

Insgesamt ist die Zielsetzung trotz des treffenden Namens für den Algorithmus anders als die in dieser Arbeit betrachtete Fragestellung. Hier geht es um die Festlegung des Produktportfolios durch die Kombination von festgelegten Modulvarianten, jedoch nicht um die Festlegung, welche Module individualisierbar sein sollten. Zwar berücksichtigt der Ansatz individualisierbare Module und gestaltet eine Produktfamilie, aber Ziel ist dabei nicht die Gestaltung der Produktstruktur.

3.3 Ableitung der Forschungslücke

Die detaillierten Bewertungen der vorgestellten Methoden sind in Tabelle 3.2 zusammengeführt. Die Tabelle zeigt, dass keine der vorgestellten Methoden alle Bewertungskriterien zufriedenstellend erfüllt. Vielmehr zeigt sie, dass die Methoden die meisten Anforderungen nicht erfüllen.

Tabelle 3.2 Zusammenfassung der Bewertung der vorgestellten Methoden anhand der definierten Bewertungskriterien

● erfüllt
◐ teilweise erfüllt
○ nicht erfüllt

		Bewertungskriterien					
	Jahr	Produktstrukturgestaltung unter Berücksichtigung von Produktindividualisierung	Identifikation individualisierungs-relevanter Produktkomponenten oder/und Produktmerkmale	Berücksichtigung der Kundensicht bei der Bewertung von Produktstruktur-alternativen	Berücksichtigung der Unternehmens-sicht bei der Bewertung von Produktstrukturalternativen	Berücksichtigung technisch-funktionaler und produktstrategischer Aspekte bei der Modulbildung	Unterstützung des Vorgehens durch geeignete Visualisierungs- und Kommunikationstools
Module Planning for Open Architecture Products nach ZHAO ET AL.	2013	●	○	○	○	◐	◐
Design Methodology for Mass Personalisation nach OZDEMIR	2022	●	◐	●	◐	○	○
Product Architecting for Personalization nach BERRY ET AL.	2013	◐	○	◐	◐	○	○
Framework to Design the Architecture of Personalized products nach TAN	2020	◐	○	◐	◐	○	○
Selbstindividualisierungs-gerechte Produktstruktur-planung nach HOLLE	2017	◐	◐	○	◐	○	●
Entwicklung kundenindividueller Massenprodukte nach GRÄßLER	2004	◐	○	○	○	○	◐

Produktstrukturgestaltung unter Berücksichtigung von Produktindividualisierung: Die Wissenschaft bietet bislang kaum Methoden, die Produktstrukturgestaltung unter Berücksichtigung von Produktindividualisierung unterstützen. Dass trotz einer systematischen Literaturrecherche nur sehr wenige Ansätze zur Produktstrukturgestaltung mit Individualisierung gefunden werden können, ist ein Indiz für die bislang unzureichende wissenschaftliche Erforschung des Themas. Es fehlt eine ganzheitliche Methode, um individualisierungsgerechte Produktfamilien zielführend entwickeln zu können. Daher ist das

Ziel dieser Arbeit, eine *Methode zur individualisierungsgerechten Gestaltung modularer Produktfamilien* zu entwickeln. Mithilfe einer neuen Methode soll das Variantenmanagement für Produktfamilien gezielt um den Aspekt der Individualisierbarkeit erweitert und Unternehmen dabei unterstützt werden, individualisierungsgerechte Produktstrukturkonzepte zu entwickeln, zu bewertet und auszuwählen.

Identifikation individualisierungsrelevanter Produktkomponenten oder/und Produktmerkmale: Es zeigt sich, dass die Ansätze voraussetzen, dass kundenindividuelle Anforderungen von varianten Anforderungen klar unterschieden werden können und so auch die Identifikation individualisierungsrelevanter Produktmerkmale ohne weiteres möglich ist. Hier wird jedoch eine große Herausforderung gesehen. OZDEMIR ET AL. und GRÄßLER nennen unterschiedliche Anhaltspunkte, um kundenindividuelle Anforderungen von Anforderungen von Marktsegmenten unterscheiden zu können. Eine Anwendung dieser Indikatoren zur systematischen Identifikation individualisierungsrelevanter Produktkomponenten wird nicht unterstützt. Eine Nennung wird als nicht ausreichend bewertet. HOLLE schlägt die Nutzung einer Interaktionsplattform zur Identifikation von individualisierungsrelevanten Komponenten vor. Hier fehlt es jedoch ebenfalls an einer Systematik. Bei bestehenden Produktfamilien mit hoher externer Vielfalt zur Erfüllung der heterogenen Kundenanforderungen kann eine Produktindividualisierung zu einer besseren Beherrschbarkeit der internen Vielfalt führen. Diese Untersuchung wird in der Literatur bislang nicht unterstützt. Die vorgestellten Ansätze berücksichtigt nicht zufriedenstellend die sich durch eine Produktindividualisierung ergebenden Vorteile für ein Unternehmen. Diese Denkweise gilt es in der neuen Methode zu integrieren und zu stärken, sodass sie die Identifikation von individualisierungsrelevanten Produktmerkmalen aus interner und externer Sicht unterstützt.

Berücksichtigung der Kundensicht bei der Bewertung von Produktstrukturalternativen: Den Kundennutzen bei einer Individualisierung über Conjoint-Analysen zu ermitteln, wie es GRÄßLER, TAN ET AL. oder BERRY ET AL. vorschlagen, wird als sehr aufwendig erachtet. Für eine Conjoint-Analyse mit individualisierbaren Merkmalen müssten individualisierte Prototypen entwickelt werden, die genau den Anforderungen einzelner Kunden entsprechen. Hier wird jedoch eine große Herausforderung gesehen. Die Definition von Leistungsparametern, wie OZDEMIR ET AL. es vornehmen, wird hingegen als sehr gut bewertet. Diese Herangehensweise soll in der neuen Methode integriert und systematisch angeleitet werden, sodass die Kundensicht bei der Bewertung von Produktstrukturalternativen mit individualisierbaren Komponenten berücksichtigt wird.

Berücksichtigung der Unternehmenssicht bei der Bewertung von Produktstrukturalternativen: Unternehmensinterne Auswirkungen werden in den Ansätzen entweder durch die Untersuchung der Kopplungen zwischen Komponenten oder durch den Einfluss der Individualisierung auf die Herstellkosten berücksichtigt, wobei die Bestimmung der Herstellkosten oftmals nicht explizit erläutert wird. An dieser Stelle gehen die vorgestellten Ansätze noch nicht weit genug. Wichtig ist, nicht nur die Kopplungen zu untersuchen und zu minimieren, sondern auch die veränderten Aufwände neuer Konzepte für alle Lebensphasen zu bewerten und so Komplexitätskostenveränderungen abzuschätzen. Wichtig ist zudem zu analysieren, inwiefern Produktstrukturalternativen strategische Zielsetzungen des Unternehmens adressieren und wirtschaftliche Zielgrößen verändern. Dies wird in den Ansätzen bislang nicht berücksichtigt. Eine umfassende Bewertung von Produktstrukturalternativen aus Unternehmenssicht soll zukünftig gestärkt werden.

Berücksichtigung technisch-funktionaler und produktstrategischer Aspekte bei der Modulbildung: Zwar wird von verschiedensten Autoren immer wieder eine Produktstruktur mit individualisierbaren Modulen als Grundlage für eine erfolgreiche Individualisierung genannt (vgl. [Ber13], [Hu13], [Rei13]), wie die Modulbildung durchgeführt werden muss, wird jedoch kaum adressiert. Nur ZHAO ET AL. gehen näher auf die Modulbildung unter Berücksichtigung von individualisierbaren Komponenten ein. Im Rahmen einer neuen Methode sollen Anpassungen im Modularisierungsvorgehen, die durch eine Berücksichtigung von Produktindividualisierung notwendig werden, besser herausgearbeitet und unterstützt werden. Dies gilt insbesondere für die produktstrategische Modularisierung. Für die technisch-funktionale Modularisierung scheint die zusätzliche Differenzierung des Vielfaltsgrades zusätzlich zu den Kopplungen unter den Komponenten entsprechend dem Ansatz von ZHAO ET AL. geeignet. Diese Grundidee ist daher in die neue Methode zu integrieren.

Unterstützung des Vorgehens durch geeignete Visualisierungs- und Kommunikationstools: Hinsichtlich der Nachvollziehbarkeit schneiden die Methoden insgesamt nicht gut ab. Lediglich HOLLE und ZHAO ET AL. nutzen Diagramme bzw. Matrizen zur Durchführung und Darstellung von Analysen. GRÄßLER verweist auf andere Methoden, in denen zum Teil Visualisierungswerkzeuge vorgesehen sind. Insgesamt sind viele Lösungsansätze im Bereich der Produktindividualisierung stark auf algorithmusbasierte Ansätze fokussiert, wo Visualisierungstools vollständig fehlen. Die einfache Nachvollziehbarkeit der Lösungen sind nicht immer gegeben. Im Rahmen einer neuen Methode sollen Visualisierungswerkzeuge entwickelt werden, die eine workshopbasierte Erarbeitung und Bewertung von Lösungen ermöglichen. Dadurch soll die Transparenz und Nachvollziehbarkeit der Lösung erhöht werden, was die Akzeptanz im Unternehmen vergrößern soll.

Zusammenfassend ergeben sich aus der Analyse des Stands der Wissenschaft folgende Kernanforderungen an eine neue Methode:

- Die Identifikation von individualisierungsrelevanten Produktmerkmalen aus interner und externer Sicht soll unterstützt werden, sodass Produktstrukturalternativen mit Produktindividualisierung entwickelt werden können.
- Eine ganzheitliche Bewertung der Auswirkungen und Effekte von potenziell individualisierbaren Merkmalen und Komponenten soll unterstützt werden. Unter ganzheitlich wird hier eine kunden- und unternehmensorientierte Bewertung verstanden.

- Anpassungen der produktstrategischen und technisch-funktionalen Modularisierung sollen hervorgehoben und der Umgang mit diesen Anpassungen unterstützt werden, sodass die bisherigen Möglichkeiten modularer Produktfamilien im Rahmen des Variantenmanagements gezielt erweitert werden.
- Die Methodenanwendung und Ergebniskommunikation und -dokumentation soll durch geeignete Visualisierungswerkzeuge unterstützt werden.

3.4 Untersuchungen zum Forschungsbedarf aus Industriesicht

Für die aus der Literatur identifizierte Forschungslücke wird geprüft, ob auch aus Industriesicht Bedarf zum Schließen dieser Lücke besteht. Daher wird eine Interviewstudie durchgeführt [Kuh21]. Eine Übersicht zur Gestaltung der Studie ist in Bild 3.7 dargestellt, die Fragen und Antworten des Interviewleitfadens sind im Anhang A1 (Seite 142 ff.) zu finden. Das Ziel der Umfrage besteht darin, aktuelle Herausforderungen bei der Nutzung modularer Produktfamilien zu verifizieren. Außerdem werden der Wissensstand zur Strategie der Produktindividualisierung untersucht und industrieseitige Herausforderungen diesbezüglich aufgenommen.

Insgesamt werden acht Einzelinterviews mit Ingenieuren in unterschiedlichen Positionen aus unterschiedlichen Unternehmen durchgeführt, die zwischen 3 und 30 Jahren Berufserfahrung vorweisen können. Sie haben im beruflichen Alltag einen direkten Bezug zur Modularisierung bzw. zum Komplexitäts- oder Variantenmanagement und erleben durch ihre Tätigkeiten unterschiedliche industriebezogene Herausforderungen im Umgang mit modularen Produktfamilien. Es werden Videokonferenzen durchgeführt. Die semi-strukturierten Interviews haben eine Dauer von 30-45 Minuten [Kuh21].

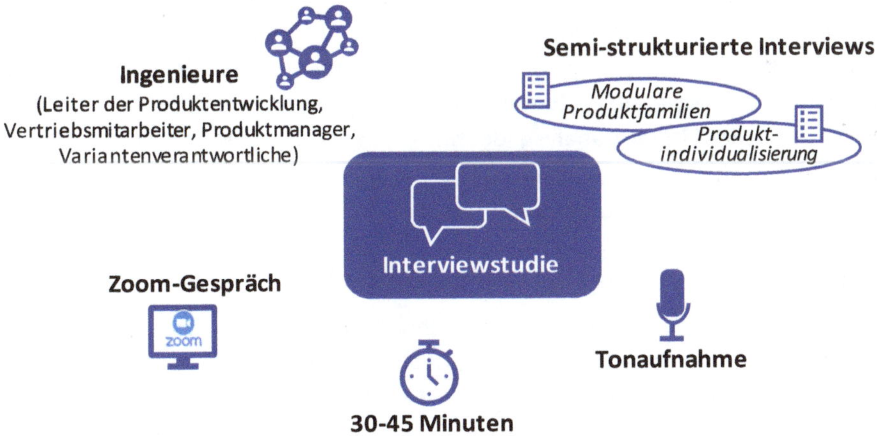

Bild 3.7 Aufbau der Studie zur Untersuchung des Forschungsbedarfes aus Industriesicht

Herausforderungen bei der Verwendung von Modulen zur Konfiguration von Produktvarianten bestehen laut Befragten unter anderem darin, dass nicht jeder kundenindividuelle Kundenwunsch mit den vordefinierten Modulen befriedigt werden kann. Bei jedem

Kundenauftrag stehe eine Entscheidungsfindung an, ob eine kundenindividuelle Modulanpassung vorgenommen wird oder nicht. Auch die Pflege und die Frage, ob Varianten in den Baukasten aufgenommen werden, stellt Unternehmen vor Herausforderungen. Um diesen Herausforderungen zu begegnen und den Kunden nicht zu verlieren, entwickeln die Unternehmen häufig kundenindividuelle Modulausprägungen. Kundenindividuelle Anpassungen für eine veränderte Funktionalität eines Moduls kommen vergleichsweise selten vor. Es wird bestätigt, dass Sonderlösungen eingesetzt werden, um kundenindividuellen Anforderungen nachzukommen. Gleichzeitig wird immer wieder angesprochen, wie aufwendige die Entscheidungsfindung in Bezug auf die Initiierung und Durchführung von Sonderlösungen ist. Somit bestätigt die Umfrage die in Kapitel 2.2 beschriebenen Herausforderung bestehender, modularer Produktfamilien mit standardisierten und varianten Modulen.

Die Strategie der Produktindividualisierung wird von den Befragten unterschiedlich definiert und reicht von der Konfiguration von festgelegten Modulen zu einem individuellen Produkt über die Anpassung von Modulen bis hin zur klassischen Einzelfertigung mit kundenindividueller Entwicklungsleistung. Die sehr unterschiedlichen Auffassungen zur Strategie bestätigen das uneinheitliche Verständnis des Begriffs der Produktindividualisierung, das sich auch bereits während der literaturbasierten Vorstellung des Begriffs gezeigt hat (vgl. Kapitel 2.3).

Nach einer gemeinsamen Klärung und Definition des Begriffs, wie er auch dieser Arbeit zugrunde liegt, äußern sich die Befragten zu Herausforderungen, die sie mit Produktindividualisierung vermuten oder erwarten. Das Ergebnis der Interviewstudie verdeutlicht, dass es insbesondere zwei Herausforderungen rund um das Thema Produktindividualisierung gibt. Zum einen besteht die Herausforderung darin, das Produkt so zu gestalten, dass Individualisierung zielführend eingesetzt wird. Zum anderen sind die Gestaltung der Prozesse und die Reorganisation des Unternehmens für viele der Befragten unklar. Bei einem Abgleich dieser Herausforderungen fällt auf, dass insbesondere die erste Herausforderung der in der Literaturanalyse identifizierten Lücke entspricht. Neben der literaturbasierten Herleitung der Forschungslücke ist also auch ein industrieseitiger Bedarf zum Schließen dieser Lücke aufgezeigt.

3.5 Integrierte PKT-Ansatz zur Entwicklung modularer Produktfamilien

Ausgangspunkt für die Entwicklung einer Methode zur individualisierungsgerechten Gestaltung modularer Produktfamilien bildet der *Integrierte PKT-Ansatz zur Entwicklung modularer Produktfamilien* (kurz *Integrierter PKT-Ansatz*), der am Institut für Produktentwicklung und Konstruktion (PKT) der Technischen Universität Hamburg (TUHH) entwickelt wird. Der *Integrierte PKT-Ansatz* beinhaltet unterschiedliche Methodenbausteine zur Entwicklung modularer Produkt- und Leichtbaustrukturen, zur Prozessgestaltung für modulare Produktstrukturen sowie unterschiedlichen Querschnittsthemen zur Unterstützung der Methodenforschung [Kra18], [Gre20], [Kra23]. Das Ziel ist die Reduktion der varianteninduzierten Komplexität anhand geeigneter produkt- und/oder prozessbasierter Ansätze (vgl. Bild 3.8). Dabei werden die Vorteile des workshopbasierten Arbeitens sowie unterstützender Visualisierungstools genutzt. Der Ansatz wurde bereits für eine Reihe von unterschiedlichen Produktfamilien aus unterschiedlichen Branchen erfolgreich angewendet (vgl. u. a. [Ren20]).

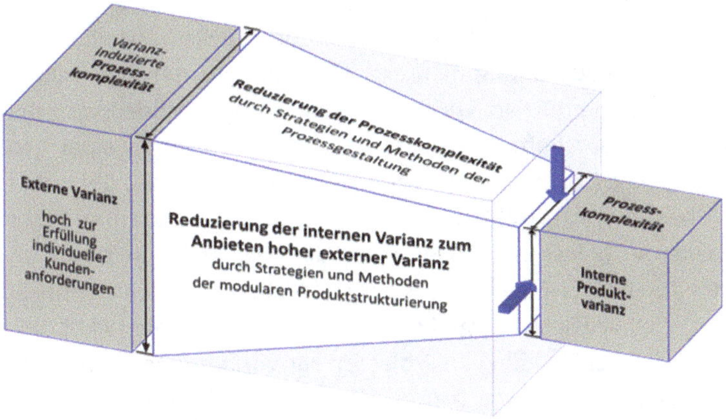

Bild 3.8 *Integrierter PKT-Ansatz* zur Entwicklung modularer Produktfamilien [Kra18]

Der *Integrierte PKT-Ansatz* wird durch diese Arbeit gezielt um den Aspekt der Individualisierbarkeit erweitert. Nachfolgend werden die für diese Arbeit relevanten Methodenbausteine mit ihren Visualisierungswerkzeugen vorgestellt.

3.5.1 Relevante Methodenbausteine des *Integrierten PKT-Ansatzes*

Basis des *Integrierten PKT-Ansatzes* bilden die *Variantengerechte Produktgestaltung* und die darauffolgende *Lebensphasen-Modularisierung* (vgl. Bild 3.9) [Kra18].

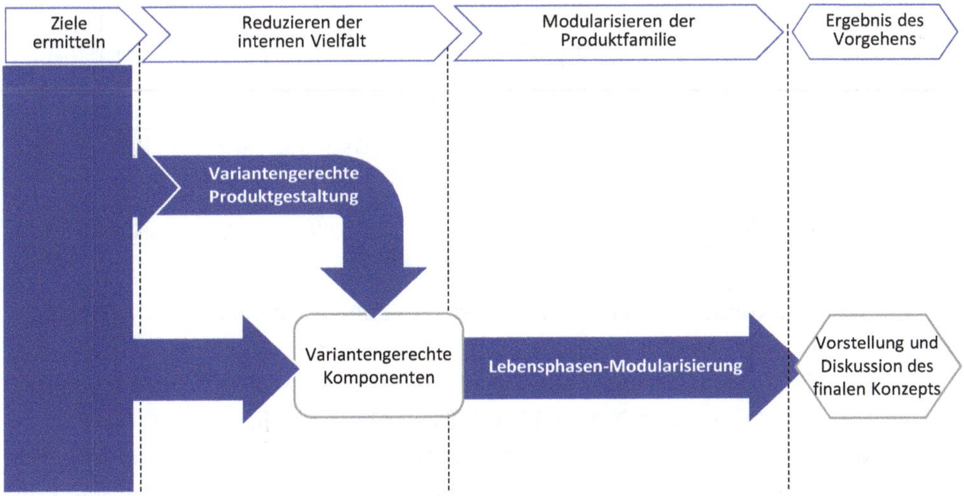

Bild 3.9 *Variantengerechte Produktgestaltung* und *Lebensphasen-Modularisierung* als Kernschritte des *Integrierten PKT-Ansatzes* (in Anlehnung an [Kip10])

Bei der *Variantengerechten Produktgestaltung* wird eine vorhandene externe Vielfalt beibehalten und die zugehörige interne Vielfalt minimiert. Die Umgestaltung der Produktstruktur erfolgt nach den vier Idealen der *Differenzierung*, Reduzierung, *1-zu-1-Zuordnung* sowie der *Entkopplung* [Kip12]. Durch die Umgestaltung der Produktstruktur entsprechend der Ideale soll sichergestellt werden, dass Vielfalt nur dort vorliegt, wo der Kunde diese auch wahrnimmt und wertschätzt. Die Umgestaltung wird durch das *Variety Allocation Model* (VAM) unterstützt, in dem durch die visuelle Darstellung Widersprüche, wie beispielsweise die Zuordnung mehrerer kundenrelevanter Eigenschaften zu einer Komponente, schnell identifiziert werden können. In dem Modell wird die Ebene der kundenrelevanten Eigenschaften über die varianten Funktionen einer Produktfamilie und die zugehörigen Wirkprinzipien (4-Ebenen VAM) [Kip12] oder über die technischen Merkmale (3-Ebenen VAM) [Geb12] mit den varianten Komponenten verknüpft. Während der 4-Ebenen-VAM insbesondere zur Optimierung der Produktstruktur herangezogen wird, unterstützt der 3-Ebenen-VAM bei der Analyse und der Identifikation der Ursachen interner Vielfalt [Geb12] (vgl. Bild 3.10). Da der 3-Ebenen-VAM praxisnäher ist, wurde er bereits in einer Vielzahl von Projekten zur *Variantengerechten Gestaltung* von Produktfamilien eingesetzt, darunter Produktfamilien wie Druckminderer, Laseranlagen, Lagersysteme oder Förderbänder.

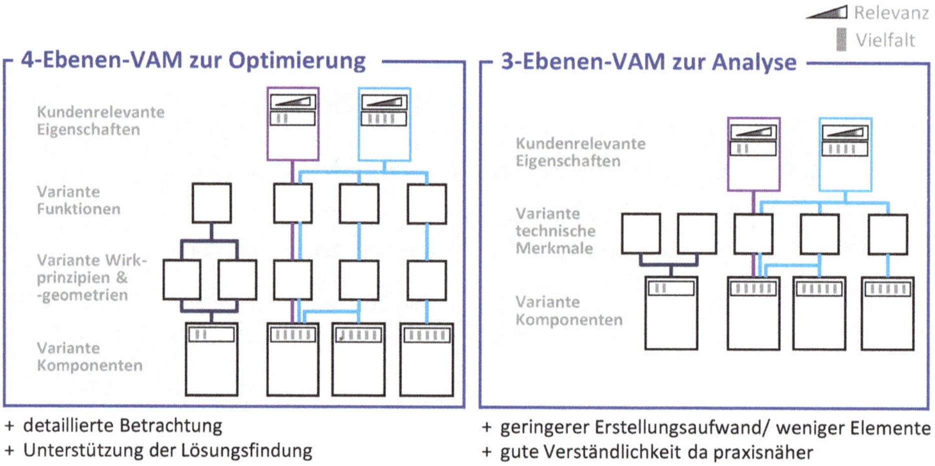

Bild 3.10: Schema des 4-Ebenen und 3-Ebenen-VAM zur Gestaltung variantengerechter Produktfamilien (nach [Kip12], [Geb12], [Kra18])

Die Ermittlung der kundenrelevanten Eigenschaften (oberste Ebene im VAM) erfolgt unter Zuhilfenahme des Werkzeuges *Vielfaltsbaum* (engl. *Tree of external Variety*, kurz TEV), in dem alle Produktvarianten einer Produktfamilie anhand der Unterscheidungsmerkmale aufgeschlüsselt sind (vgl. Bild 3.11). Es werden zunächst kundenrelevante Eigenschaften mit ihren vordefinierten Ausprägungen identifiziert. Bei diesem Vorgehen ist eine enge Zusammenarbeit mit dem Vertrieb von großer Wichtigkeit. Außerdem kann ein Vergleich von Anforderungslisten, Datenblättern und Konstruktionen zu den kundenrelevanten Eigenschaften und deren Ausprägungen führen. Die kundenrelevanten Eigenschaften werden nach ihrer Relevanz bei der Auswahl einer konkreten Produktvariante von sehr wichtig zu weniger wichtig sortiert. Durch die Kombination einzelner Ausprägungen der Unterscheidungsmerkmale werden unterschiedliche Produktvarianten beschrieben. Zur Identifikation neuer kundenrelevanter Eigenschaften können Methoden der Nutzerzentrierung eingesetzt werden. Forschungsarbeiten auf diesem Gebiet fokussieren insbesondere die Auswahl geeigneter Methoden für eine definierte Ausgangssituation [San18], [Kuh20].

Variante und optionale Komponenten für die unterste Ebene des VAM können aus dem *Module Interface Graph* (MIG) entnommen werden (Bild 3.11). In diesem werden alle Varianten einer Produktfamilie in einer Darstellung erfasst, indem die Komponenten bestimmt und ihre grobe Form und Anordnung visualisiert werden. Die Vielfalt der Komponenten der Produktfamilie wird durch das Einfärben der Komponenten in Weiß (Standard), Grau (variant) oder Blau (individualisierbar) gekennzeichnet [Gre20]. Eine gestrichelte Umrandung der Komponenten verdeutlicht die Optionalität einer Komponente.

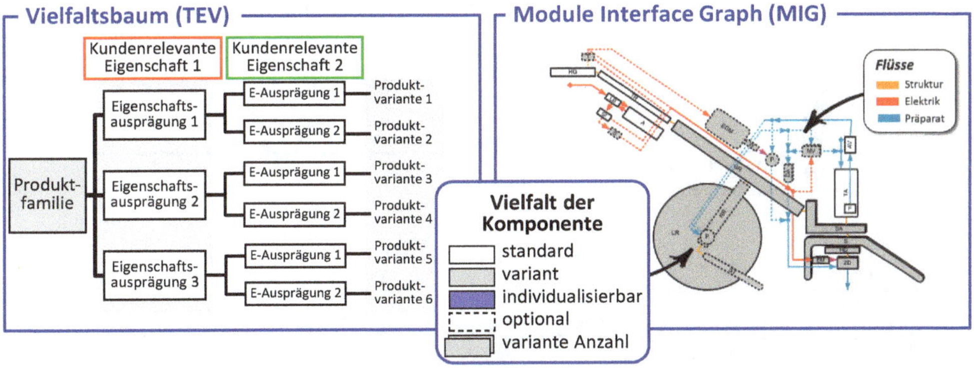

Bild 3.11: Vielfaltsbaum (TEV) und Module Interface Graph (MIG) als Werkzeuge im *Integrierten PKT-Ansatz* (nach [Kip12], [Kra18], [Spa24])

Bei der Berücksichtigung kundenindividueller Komponenten in der Produktfamilie müssen abgestimmte, individualisierungsgerechte Prozessstrukturen gestaltet werden. Hierbei unterstützt das *Design for Mass Adaptation* [Spa24]. Produkt- und Prozessstrukturen werden abgestimmt aufeinander entwickelt. Es wird ein Individualisierungsprozess erarbeitet, mit dem wiederholt kundenspezifische Produktindividualisierungen umgesetzt werden können. Die Ideale der variantengerechten Produktgestaltung werden erweitert. So werden bei der *Differenzierung* nicht mehr nur standardisierte und variante Komponenten unterschieden, sondern zusätzlich individualisierbare Komponenten. Anstelle einer *1-zu-1-Zuordnung* sollen individualisierbare Produkteigenschaften in einer individualisierbaren Komponente gebündelt werden und damit eine *n-zu-1-Zuordnung* realisiert werden. *Reduzierung* und *Entkopplung* gelten unverändert auch für individualisierungsgerechte Strukturen. Neue Ideale für eine individualisierungsgerechte Prozessgestaltung beinhalten *Prozesskommunalität*, *Postponement* und *sinnvolle Ressourcennutzung*.

Für das ausgewählte, variantengerechte Produktstrukturkonzept der Produktfamilie werden im Rahmen der *Lebensphasen-Modularisierung* die Komponenten zu Modulen kombiniert, um eine modulare Produktstruktur abzuleiten. Bei der *Lebensphasen-Modularisierung* werden technisch-funktionale als auch produktstrategische Aspekte aller Lebensphasen berücksichtigt und schlussendlich mit der Harmonisierung im *Module Process Chart* (MPC) eine konsistente modulare Produktstruktur ermittelt (Bild 3.12) [Ble11].

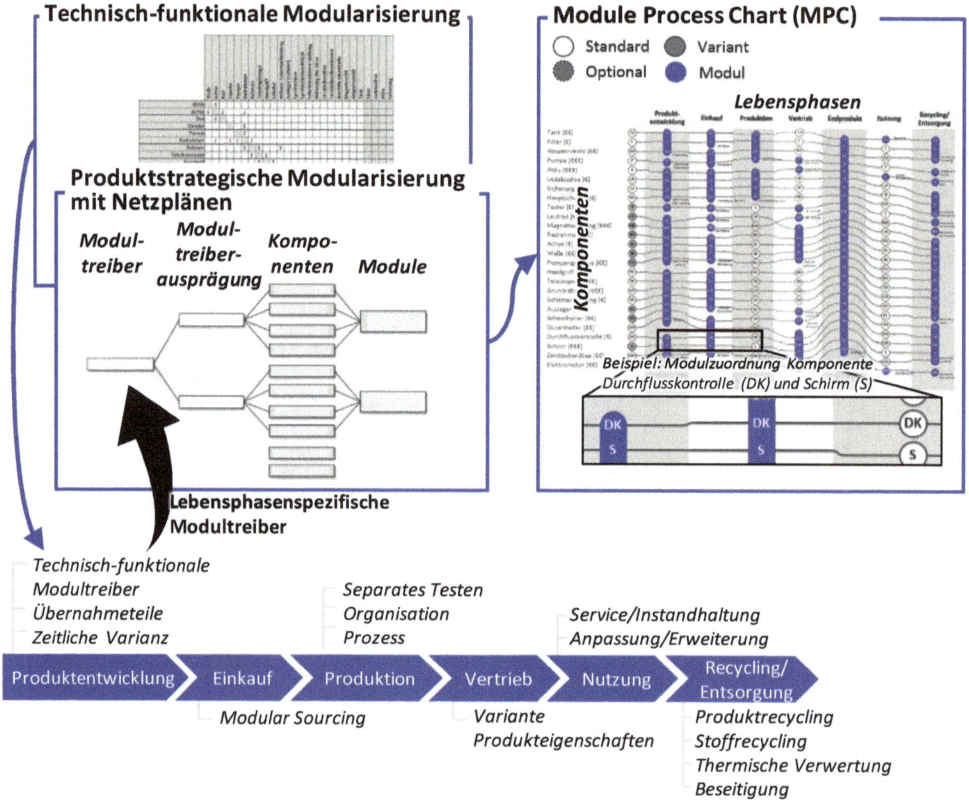

Bild 3.12: Werkzeuge der *Lebensphasen-Modularisierung* mit detaillierter Aufzählung lebensphasenspezifischer Modultreiber (nach [Ble11], [Kra18])

Unterschiedliche Produktstrukturkonzepte können kostenbasiert bewertet werden [Rip19]. Dabei wird die Betrachtung der Komplexitätskosten, also der durch Vielfalt entstehenden Kosten, in allen Lebensphasen eines Produktes und nicht ausschließlich die Herstellkosten fokussiert. Zunächst werden für das vorhandene Produktstrukturkonzept die Gesamtkosten prozentual auf die unterschiedlichen Lebensphasen verteilt, die dann wiederum auf die ermittelten Hauptprozesse der Lebensphasen aufgeteilt werden. Anschließend können die Gesamt-Prozesskosten über den prozentualen Anteil auf die Hauptprozesse umgelegt werden. Es werden Überlegungen angeschlossen, wie die Prozesse umgestaltet werden müssten, um das jeweilige neu entwickelte, variantengerechte Produktstrukturkonzept umzusetzen und zu fertigen. Dabei wird prozentual prognostiziert, ob es durch das neue Konzept zu einer Kosteneinsparung oder -erhöhung für die einzelnen Hauptprozesse kommt. Kosteneinsparungen und Kostenerhöhungen werden zu den Komplexitätskosten eines Produktstrukturkonzeptes addiert. Durch den Vergleich aller Komponenten im Baukasten, den Anteil an Standard- und varianten Komponenten sowie den Herstellungs- und Komplexitätskosten für jedes Produktstrukturkonzept kann eine Entscheidung für ein Produktstrukturkonzept getroffen werden.

Für einen übergeordneten Blick auf die Auswirkungen modularer Strukturen auf ein Unternehmen kann das *Wirkmodell modularer Produktfamilien* (IMF) herangezogen werden [Hac17], [Hac22], [Sch22]. Bild 3.13 zeigt einen beschrifteten Ausschnitt des IMF. Die Zusammenhänge zwischen den Modularisierungseigenschaften *Kommunalität* und *Kombinierbarkeit*, den daraus folgenden Effekten und Wirkketten in den Lebensphasen und die Auswirkungen auf die wirtschaftlichen Zielgrößen *Zeit*, *Kosten*, *Qualität* und *Flexibilität* werden generisch dargestellt. Entsprechend der Unternehmens- und Produktrandbedingungen werden die Wirkketten priorisiert. Weiterführende Forschungsarbeiten verknüpfen einzelne Modularisierungsmethoden mit den Effekten, um die Methodenauswahl mit der Zielsetzung eines Modularisierungsprojektes verknüpfen zu können [Sch22]. Zur Quantifizierung der Effekte im Wirkmodell wurden unterschiedliche Key Performance Indikatoren (KPI) zusammengestellt [Gre22].

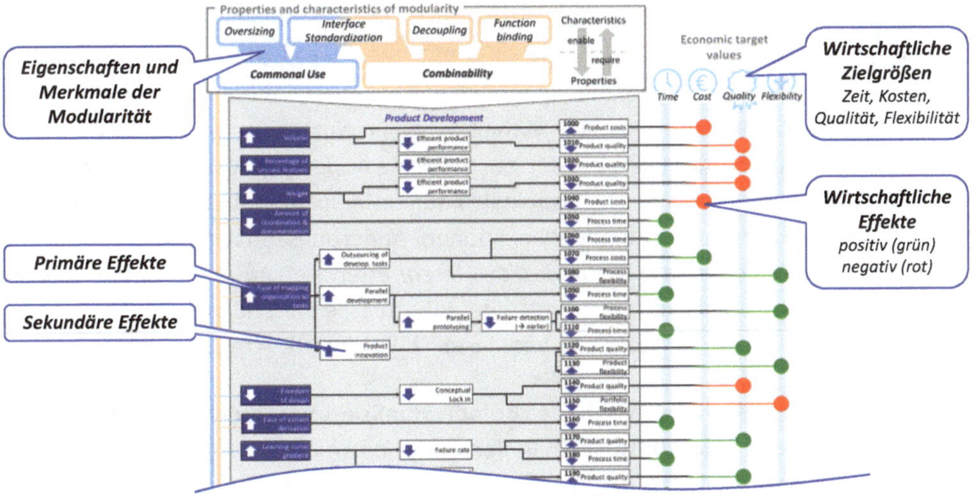

Bild 3.13 Wirkmodell modularer Produktfamilien (IMF) (in Anlehnung an [Sch22])

Um einen Transfer von Methoden in die Industrie zu ermöglichen, werden Methodenschritte bzw. -phasen nach der von Beckmann entwickelten Visualisierung übersichtlich dargestellt [Bec21]. Bild 3.14 zeigt das Schema zur Darstellung von Methodenschritte bzw. -phasen nach Beckmann. Ein- und Ausgangsgrößen jeder Phase werden vermerkt und das Ziel, benötigtes Methodenwissen, verwendete Werkzeuge sowie die Teilschritte und Hinweise zusammengetragen. Es wird gekennzeichnet, welche Unternehmensexperten eingebunden werden.

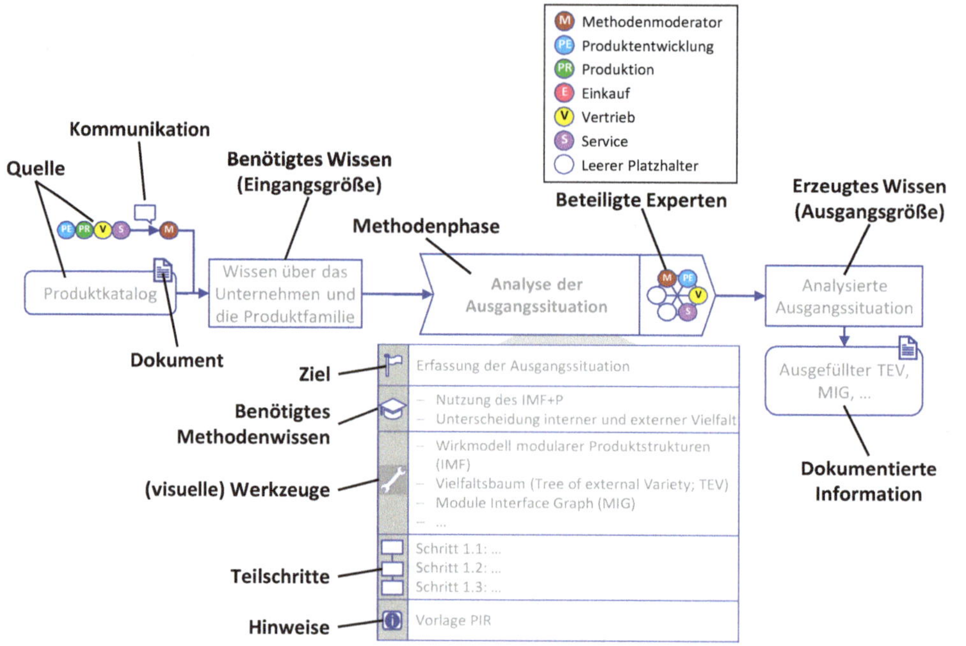

Bild 3.14 Darstellung einer Methodenphase entsprechend der Nomenklatur der Methoden- und Prozessvisualisierung (in Anlehnung an [Bec21])

Weitere Methodenbausteine des *Integrierten PKT-Ansatzes* bestehen beispielsweise in der Gestaltung zukunftsrobuster Produktfamilien [Gre23] oder der Entwicklung modularer Produkt-Service-Systeme [Ren20]. Mithilfe eines Produktionstrend-Portfolio und einer Szenario-Eigenschafts-Matrix werden bei GREVE die Änderungsauswirkungen aus Produktions- und Marktsicht auf die Produktstruktur untersucht. Durch eine zukunftsrobuste Umgestaltung der Produktfamilie können Änderungsabhängigkeiten reduziert werden. Da diese und weitere Methoden des *Integrierten PKT-Ansatzes* für die Zielstellung dieser Arbeit weniger relevant sind, wird auf umfassende Erklärungen zu weiteren Methodenbausteinen auf KRAUSE ET AL. verwiesen (z. B. [Kra18], [Kra20]).

3.5.2 Einordnung der neuen Methode zur individualisierungsgerechten Gestaltung modularer Produktfamilien in den *Integrierten PKT-Ansatz*

Der *Integrierte PKT-Ansatz* beinhaltet unterschiedliche produkt- und prozessbasierte Methoden, um die varianteninduzierte Komplexität zu beherrschen. Bislang wird die externe Vielfalt dabei unverändert beibehalten. Eine Aufweitung der externen Vielfalt unter Beachtung der internen Vielfalt ist bisher kein Bestandteil. Während der *Variantengerechten Gestaltung* und der Anwendung der Ideale nach KIPP im VAM kommt immer wieder die Frage auf, ob wirklich standardisiert werden sollte, oder ob die Standardisierung nicht viel teurer ist als die Pflege mehrere Varianten[1]. Ein Vergleich von Konzepten mit größerer oder geringerer, aber festgelegter Vielfalt, ist durch eine Komplexitätskostenbetrachtung entsprechend des *Integrierten PKT-Ansatz* bereits möglich. Eine kundenindividuelle Anpassung von Komponenten wird dabei bislang nicht als Lösung in Betracht gezogen.

Forschungsarbeiten zum *Design for Mass Adaptation* (vgl. [Spa24]) fokussieren insbesondere die Ausgestaltung eines standardisierten Individualisierungsprozesses für die Auftragsabwicklung. Ähnlich zum vorgestellten Stand der Wissenschaft bleibt hierbei jedoch die Gestaltung einer individualisierungsgerechten Produktstruktur für eine Produktfamilie zu wenig beschrieben. Die Identifikation individualisierungsrelevanter Produktkomponenten und -merkmale wird nicht unterstützt. Es wird davon ausgegangen, dass Individualisierungsrelevanz aus der Heterogenität der Kundenanforderungen herleitbar ist, ohne weiter darauf einzugehen. Auch die Bewertung der Konzeptalternativen wird im Rahmen dieses Methodenbausteins nicht in den Vordergrund gestellt. Eine Öffnung des Lösungsraums durch Produktindividualisierung findet bislang nicht statt.

An dieser Stelle gliedert sich die neue Methode ein. Auf einzelnen Methodenschritten des *Integrierten PKT-Ansatzes* kann aufgebaut werden. Dessen Grundidee bezüglich der workshopbasierten Arbeitsweise und der Unterstützung der Analysen und Ergebnisdokumentationen durch Visualisierungen wird beibehalten. Bei der Entwicklung einer neuen Methode zur individualisierungsgerechten Gestaltung der Produktstruktur einer Produktfamilie, wie sie im nächsten Kapitel ausführlich vorgestellt wird, werden insbesondere die Grundidee des standardisierten Individualisierungsprozesses mit einer vereinfachten Vorgehensweise zur Bewertung von Konzeptalternativen anhand der Komplexitätskosten verknüpft. Neue Aspekte bezüglich der Nutzenbewertung werden integriert, wobei zur Darstellung der Unternehmenssicht das Wirkmodell erweitert und einbezogen wird. Neu hinzu kommt zudem die Unterstützung in der Entwicklung von Konzepten, die Produktindividualisierung berücksichtigen. Zusammen mit Erkenntnissen und Vorgehensschritten aus den Methoden des Stands der Wissenschaft wird die neue *Methode zur individualisierungsgerechten Gestaltung modularer Produktfamilien* entwickelt und im folgenden Kapitel vorgestellt.

---

[1] Rückmeldungen und Erfahrungen aus den Modularisierungsworkshops für Industrievertreter, dessen Übung zur variantengerechten Produktgestaltung in den Jahren 2019 bis 2023 von der Autorin dieser Arbeit geleitet wurde

4 Vorstellung der Methode zur individualisierungsgerechten Gestaltung modularer Produktfamilien

In diesem Kapitel wird die neu entwickelte *Methode zur individualisierungsgerechten Gestaltung modularer Produktfamilien* vorgestellt, die *Personalization Mode and Effects Analysis* (PMEA). Die Methode ist im Rahmen der Forschungsprojekte BELUCCI[2] und Kivi[3] entstanden. In BELUCCI wurde die Individualisierung eines Flow Diverters erforscht [Kuh20], [Kuh21], [Kuh22], [Vog23]. Ein Flow Diverter ist ein geflochtener Stent, der zur Behandlung von Hirngefäßaneurysmen eingesetzt wird. Ein Aneurysma ist eine krankhafte Aufweitung eines Blutgefäßes, das durch die geschwächte Gefäßwand ein erhöhtes Risiko zur Ruptur (Riss) aufweist und dadurch gefährliche Hirnblutungen auslösen kann (vgl. Bild 4.1) [Hac10].

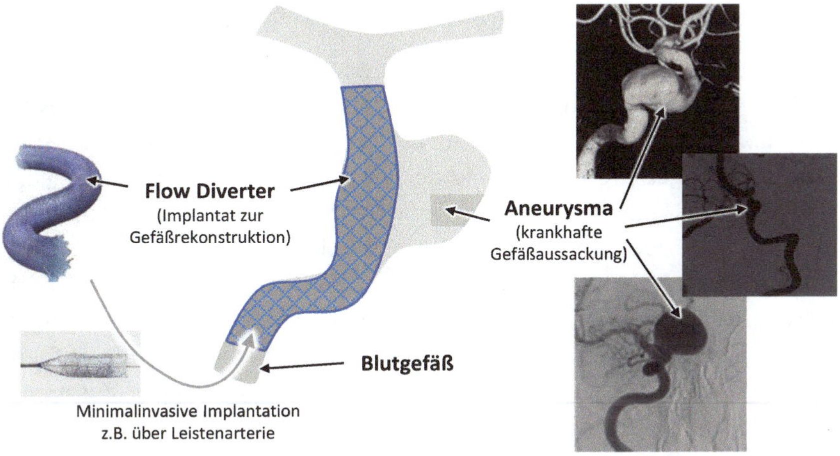

Bild 4.1 Schema eines Aneurysmas mit implantiertem Flow Diverter, sowie Beispiele für angiographische Aufnahmen erkrankter Gefäße

---

[2] BELUCCI - Brain arterial individually specific implants, in Kooperation mit Acandis GmbH & Co. KG, der Otto-von-Guericke-Universität Magdeburg und der Klinik und Poliklinik für Neuroradiologische Diagnostik und Intervention des Universitätsklinikum Hamburg-Eppendorf, gefördert durch das BMBF im Rahmen der Fördermaßnahme Individualisierte Medizintechnik 2, Förderkennzeichen 13GW0274D, 2018-2021.

[3] KIVI - Methode zur Entwicklung von kundenindividuell anpassbaren Produktfamilien auf Grundlage modularer Produktstrukturen, gefördert durch die Deutsche Forschungsgemeinschaft (DFG) im Rahmen der Sachbeihilfe, Förderkennzeichen KR3478/19-1, Projektnummer 455554958, 2021-2023.

J. Vogt, *Methode zur individualisierungsgerechten Gestaltung modularer Produktfamilien*, Produktentwicklung und Konstruktionstechnik 26, https://doi.org/10.1007/978-3-662-70533-9_4

Zur Behandlung eines Aneurysmas kann ein Flow Diverter minimalinvasiv implantiert werden. Dabei wird das Implantat durch einen kleinen Schnitt in der Leistenarterie durch das arterielle System bis zum erkrankten Gefäß vorgeschoben und dort entlassen [Dur11]. Auf diese Weise wird das Gefäß rekonstruiert und die Hämodynamik des Blutes positiv beeinflusst, sodass sich das Aneurysma zurückbilden bzw. okkludieren kann.

Das DFG-Projekt *Kivi* fokussierte insbesondere die Entwicklung einer Methode zur Integration kundenindividueller Module bei der Entwicklung von Modulbaukästen. Die Ergebnisse des Forschungsprojektes sind eng verknüpft mit den Ergebnissen dieser Dissertation.

Da sich nicht alle Effekte der neu entwickelten Methode am Flow Diverter erklären lassen, wird zusätzlich auf die fiktive Produktfamilie eines Fahrrads zurückgegriffen. Insbesondere in Methodenphasen, deren Erklärung eine umfangreichere Produktfamilie mit mehreren, varianten Komponenten erfordert, wird die Produktfamilie des Fahrrads genutzt. Um mit möglichst realistischen Daten zu arbeiten, wird eine kleine Marktstudie durchgeführt, in der unterschiedliche Fahrradanbieter untersucht und verglichen werden. Ein besonderer Fokus wird auf die im Verlauf der Methode relevanten Daten gelegt. Zur Erklärung der Methode werden die Produktbeispiele und Unternehmensrandbedingungen teilweise vereinfacht.

Die neue Methode bildet einen weiteren Methodenbaustein zum *Integrierten PKT-Ansatz*. Anders als die *Variantengerechte Produktgestaltung* zielt die *Individualisierungsgerechte Produktgestaltung* nicht nur darauf ab, interne Vielfalt zu reduzieren, sondern zusätzlich auch eine gezielte Erweiterung der externen Vielfalt zu ermöglichen. Bild 4.2 zeigt, wie die neue Methode im Vergleich zur ursprünglichen Basis des *Integrierten PKT-Ansatz* (Bild 3.9) einzuordnen ist. Blau hervorgehoben sind hierbei die neuen Prozessschritte, bekannte Methodenbausteine sind grau eingefärbt. Je nachdem, welcher Pfad verfolgt wird, werden variantengerechte Komponenten oder individualisierungsgerechte Komponenten, die hinsichtlich einer Produktindividualisierung geprüft wurden, entwickelt. Anschließend erfolgt in der *Lebensphasen-Modularisierung* das Zusammenfassen von Komponenten zu Modulen.

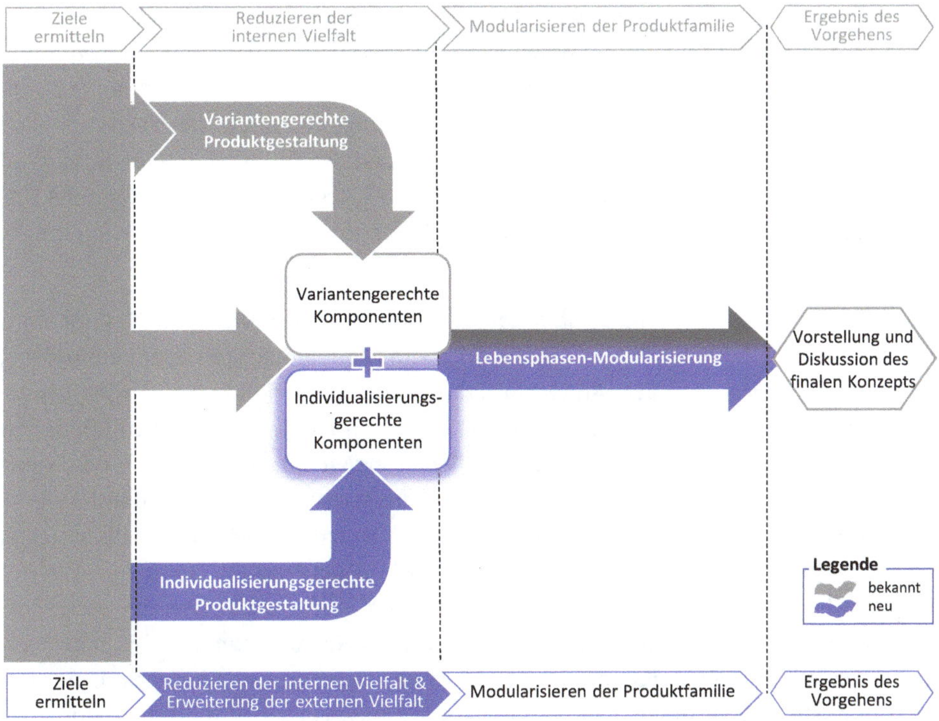

Bild 4.2: Einordnung der neuen *Methode zur individualisierungsgerechten Gestaltung modularer Produktfamilien* in den *Integrierten PKT-Ansatz*

4.1 Vorüberlegungen

In diesem Kapitel erfolgt die Vorstellung von Überlegungen, die zum späteren Verständnis der Methode wichtig sind. Zum einen wird der Fokus der Methode erläutert und herausgearbeitet, wann wie viel Vielfalt im Sinne einer Produktindividualisierung für ein Unternehmen zielführend ist. Außerdem wird aufgezeigt, wie sich unterschiedliche Produktkonzepte mit Individualisierung hinsichtlich ihres Individualisierungsgrades voneinander unterscheiden können. Abschließend wird die Weiterentwicklung des Wirkmodells modularer Produktfamilien vorgestellt, mithilfe dessen nun auch die Effekte von Individualisierbarkeit einer modularen Produktfamilie generisch abgebildet werden können.

4.1.1 Fokus der Methode

Eine individualisierungsgerechte Produktfamilie zeichnet sich dadurch aus, dass die externe Vielfalt kontrolliert und gezielt kundenindividuell erweitert wird, ohne dass die interne Vielfalt unkontrolliert steigt. Bei individualisierbaren Modulen bzw. Komponenten werden festgelegte Produktmerkmale kontinuierlich und kundenindividuell variiert. Die Ausprägung eines Produktmerkmals kann dabei unabhängig von anderen Produktmerkmalen verändert werden, oder es werden entsprechend einer Baureihe mehrere Merkmale abhängig voneinander vergrößert bzw. verkleinert. Bei der Individualisierung einer

Komponente, deren Varianten sich nicht nur in einzelnen Merkmalen unterscheiden, sondern bei denen beispielsweise individuelle Wirkprinzipien oder Funktionen zum Einsatz kommen, wäre individuelle Entwicklungsleistung notwendig. Diese Art der Individualisierung ist jedoch, abgesehen von der Bereitstellung standardisierter Schnittstellen, kaum vorzuplanen. Es sind Methoden der Trend- und Szenariotechnik notwendig, um zukünftige und kundenindividuelle Produktfunktionen zu erschließen (vgl. Kapitel 3.5.1). Diese Arbeit fokussiert die kundenindividuelle Beeinflussung bekannter Produktmerkmale.

Treiber für individuelle Produkte sind heterogene Kundenanforderungen. Diesen kommt das Unternehmen mit einer Vielzahl an Varianten im Modulbaukasten oder einem hohen Anteil an Sonderlösungen nach. Andernfalls riskiert das Unternehmen einen Verlust von Kunden und ggf. eine schlechtere Marktposition, wenn es die heterogenen Kundenanforderungen nicht bedient (vgl. Kapitel 2.2). Durch Individualisierung können die Wettbewerbsfähigkeit gesteigert und der Umsatz vergrößert werden. Individualisierung ist dann zielführend, wenn der Kunde einen größeren Nutzen in einem individualisierten Produkt sieht und bereit ist, mehr Geld für ein individuelles Produkt zu zahlen. Gleichzeitig kann Individualisierung nur dann zielführend sein, wenn die Kosten mit steigender Vielfalt kaum oder nur gering steigen. Je stärker die Nutzenzunahme und je schwächer die Kostenzunahme mit steigender Vielfalt, desto größer der Gewinn für ein Unternehmen und desto zielführender eine Produktindividualisierung (vgl. Bild 2.1). Durch die frühzeitige Einbindung des Kunden in den Produktentstehungsprozess und eine kundenspezifisch aber standardisiert ablaufende Auftragsabwicklung können Komplexitätskosten, die aufgrund einer hohen Komponentenvielfalt entstehen, potenziell reduziert werden. Dazu zählen indirekte Tätigkeiten, wie die Pflege aller Produktvarianten bei Komponentenanpassungen, die Suche nach dem richtigen Werkzeug oder Maschinenprogramm für eine spezifische Produktvariante, die Identifikation der richtigen Produktvariante für einen spezifischen Kunden oder das Kommissionieren von Komponenten aus einem Lager. Auch kann ein Kostenvorteil durch mögliche Materialkosteneinsparungen hervorgerufen werden, wenn Komponenten und Module nicht überdimensioniert sind. Schwer prognostizierbare Kosten, verursacht durch Sonderlösungen, können reduziert werden. Auch hier setzt Individualisierung an.

Aus diesen Überlegungen kann hergeleitet werden, dass im Rahmen der *Methode zur individualisierungsgerechten Gestaltung modularer Produktfamilien* Potenziale zur Abflachung der Kostenkurve identifiziert und Potenziale zur Erhöhung der Zahlungsbereitschaft des Kunden erschlossen werden. Bei der Bewertung von Produktstrukturkonzepten für eine Produktfamilie sind entsprechend der Nutzenzuwachs aus Kundensicht, aber auch aus Unternehmenssicht zu bewerten und den Kosten gegenüber zu stellen.

4.1.2 Einführung des Wirkmodells modularer Produktfamilien mit Individualisierbarkeit (IMF+P)

Für die Bewertung alternativer Produktstrukturkonzepte aus Unternehmenssicht zu unterstützen, wurde von HACKL und SCHWEDE (vgl. Kapitel 3.5.1) das IMF entwickelt. Mit diesem können die langfristigen Auswirkungen von Produktfamilien unterschiedlicher Modularität, d. h. stärkerer oder weniger starker Kommunalität oder Kombinierbarkeit, auf die Lebensphasen sowie die wirtschaftlichen Zielgrößen Zeit, Kosten, Qualität und Flexibilität abgeschätzt werden. Dabei wurden jedoch die Auswirkungen von modularen Produktfamilien mit individualisierbaren Modulen nicht explizit berücksichtigt. Daher wird eine neue Modularitätseigenschaft eingeführt, die eine ursachengerechte Zuweisung der Effekte einer Produktindividualisierung ermöglicht. Das IMF wird weiterentwickelt zum IMF+P [Vog23].

Einführung der neuen Modularitätseigenschaft *Individualisierbarkeit*

Da es bislang nicht möglich ist, den Grad der Individualisierbarkeit einer modularen Produktstruktur zu beschreiben, wird eine neue Modularitätseigenschaft entwickelt. Nach KUHL UND KRAUSE [Kuh22] und VOGT ET AL. [Vog23] steigt der Individualisierungsgrad eines Produktstrukturkonzeptes einer Produktfamilie mit steigender Anzahl an von Individualisierung betroffenen Komponenten. Außerdem vergrößert sich der Individualisierungsgrad abhängig von der Anzahl der individualisierbaren Merkmale innerhalb einer Komponente bzw. innerhalb eines Moduls. Hinzu kommt, dass der Lösungsraum, innerhalb dessen eine Individualisierung für ein Merkmal zugelassen wird, unterschiedlich groß sein kann. Zu den Modularitätseigenschaften der *Kommunalität* und *Kombinierbarkeit* wird *Individualisierbarkeit (engl. Personalizability)* neu ergänzt [Vog23]. *Individualisierbarkeit* wird durch die Modularitätsmerkmale *Entkopplung* sowie *Anpassungsfreiräume* konstituiert und durch *Schnittstellenstandardisierung* begünstigt (vgl. Bild 4.3).

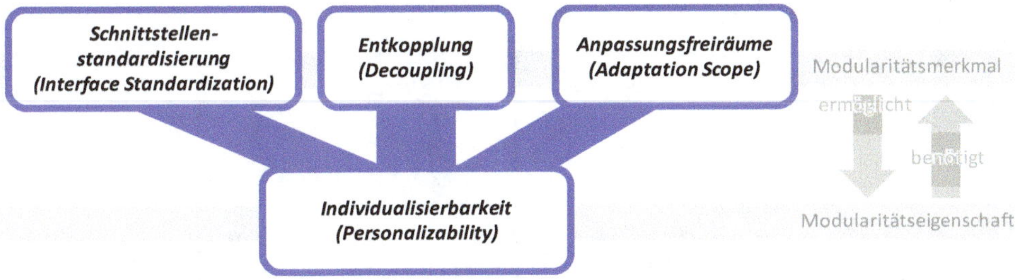

Bild 4.3 Einführung der neuen Modularitätseigenschaft der *Individualisierbarkeit* sowie Darstellung der konstituierenden Modularitätsmerkmale (angelehnt an [Vog23])

Um einen Vergleich der *Individualisierbarkeit* unterschiedlicher Produktstrukturen zu ermöglichen, wird der *Personalizability Degree* PD als neuer Index eingeführt (Formel (1)). Im Zähler der Formel wird für jedes Modul der Produktstruktur die Anzahl individualisierbarer Merkmale bestimmt und durch den Kopplungsfaktor geteilt. Der Kopplungsfaktor drückt aus, wie viele Merkmale anderer Module bei einer Individualisierung der Merkmale des betrachteten Moduls durch eine bestehende Abhängigkeit ebenfalls angepasst werden müssen. Anschließend wird die Summe über alle Quotienten gebildet und durch die Anzahl der Module in der Produktstruktur geteilt, sodass ein Durchschnitt über alle Module der Produktstruktur gebildet und der PD der Produktstruktur bestimmt wird.

$$\textit{Personalizability Degree}\ (\mathrm{PD}) = \frac{\frac{AS_{M1}}{1+c_{M1}}+\frac{AS_{M2}}{1+c_{M2}}+\frac{AS_{M3}}{1+c_{M3}}+\dots+\frac{AS_{Mn}}{1+c_{Mn}}}{n} \qquad (1)$$

AS	Anzahl individualisierbarer Merkmale in einem Modul
c	Kopplungsfaktor (abhängige Merkmale anderer Module)
M	Modul
n	Anzahl der Module in der Produktstruktur der Produktfamilie

Je mehr Module oder je mehr Merkmale eines Moduls einer Produktstruktur einer Produktfamilie individualisierbar sind und je größer der Grad der Entkopplung eines Moduls mit individualisierbaren Merkmalen ist, desto höher ist der *Personalizability Degree* [Vog23]. Für ein besseres Verständnis wird die Anwendung der Formel exemplarisch an den in Bild 4.4 dargestellten Produktstrukturen I bis V erläutert, die alle aus drei Modulen bestehen (n=3). Bei Produktstruktur I werden zwei Merkmale von Modul M1_I individualisiert ($AS_{M1\_I}=2$), weswegen das Modul visuell blau hervorgehoben ist. Es besteht keine Kopplung der beiden individualisierten Merkmale zu einem anderen Modul. Hier ist der Kopplungsfaktor null ($c_{M1\_I}=0$). Der Summand im Nenner von Formel (1) für das Modul 1 ergibt also zwei, da zwei geteilt durch eins plus null berechnet wird. Da Modul 2_I und Modul 3_I von Produktstruktur I keine individualisierten Merkmale aufweisen ($AS_{M2\_I}=0$, $AS_{M3\_I}=0$), entfallen diese als Summanden im Zähler von Formel (1). Es ergibt sich für Produktstruktur I $PD_I=\frac{\frac{2}{1+0}+0+0}{3}=0{,}67$.

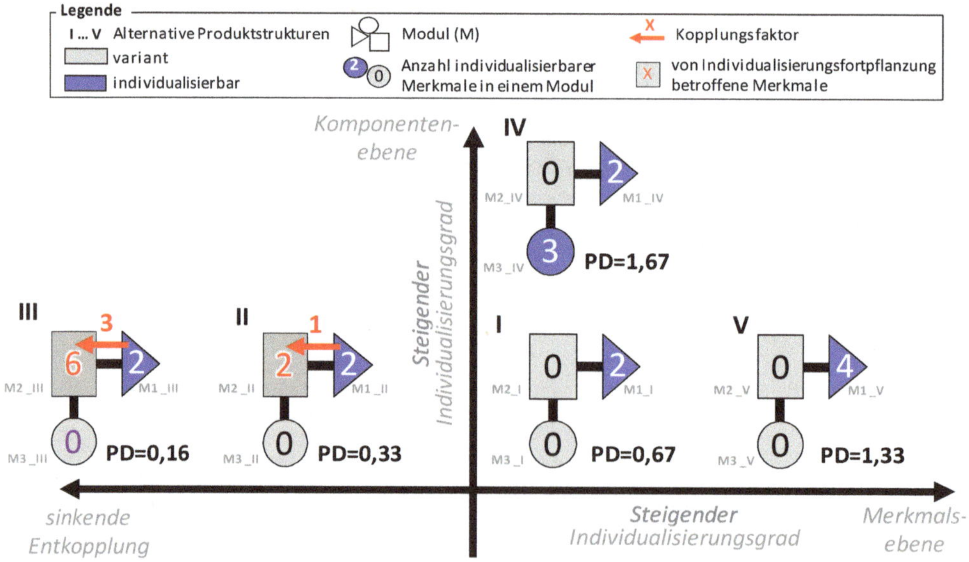

Bild 4.4 Beispiele zur Berechnung des *Personalizability Degree* (PD) zur Bestimmung der *Individualisierbarkeit* einer Produktstruktur einer Produktfamilie (übersetzt von [Vog23])

In Produktstruktur II und III aus Bild 4.4 besteht eine Abhängigkeit zwischen den individualisierbaren Merkmalen von Modul 1 und Merkmalen von Modul 2. Bei Produktstruktur II sind von den beiden individualisierbaren Merkmalen von Modul 1 ($AS_{M1\_II}=2$) zwei Merkmale von Modul 2 betroffen. Der Kopplungsfaktor beträgt eins ($c_{M1\_II}=1$). Bei Produktstruktur III sind durch die zwei individualisierbaren Merkmale von Modul 1 ($AS_{M1\_III}=2$) sechs Merkmale von Modul 2 angepasst werden. Der Kopplungsfaktor entspricht drei ($c_{M1\_III}=3$), da sechs abhängige Merkmale geteilt durch zwei verursachende Merkmale drei ergibt. Wie auch bei Produktstruktur I weisen Modul 2 und Modul 3 von Produktstruktur II und III keine durch den Kunden frei definierbaren individualisierten Merkmale auf und entfallen somit als Summanden im Zähler von Formel (1). Unter Berücksichtigung der Anzahl der Module in den Produktstrukturen ergibt sich für Produktstruktur II $PD_{II}=\frac{\frac{2}{1+1}+0+0}{3}=0{,}33$, für Produktstruktur III $PD_{III}=\frac{\frac{2}{1+3}+0+0}{3}=0{,}16$. Es wird deutlich, dass mit sinkender Entkopplung der Module der PD abnimmt.

Produktstruktur IV hat einen höheren PD als Produktstruktur I, da die Anzahl der Module mit individualisierbaren Merkmalen zunimmt und weiterhin keine Kopplung zwischen Merkmalen unterschiedlicher Module besteht. Somit ist der $PD_{IV}=\frac{\frac{2}{1+0}+0+\frac{3}{1+0}}{3}=1{,}67$. Im Vergleich zu Produktstruktur I weist Produktstruktur V einen höheren PD auf, da die Anzahl individualisierbarer Merkmale von Modul 1 zunimmt. Es ergibt sich für Produktstruktur V ein $PD_{V}=\frac{\frac{4}{1+0}+0+0}{3}=1{,}33$.

Auf diese Weise kann der *Personalizability Degree* PD berechnet werden, um die *Individualisierbarkeit* einer modularen Produktstruktur zu bestimmen. Mit der Ergänzung der neuen Modularitätseigenschaft stehen nun die Deskriptoren *Kommunalität*, *Kombinierbarkeit* und *Individualisierbarkeit* zur Verfügung, um die Modularität alternativer Produktstrukturen einer Produktfamilie zu beschreiben.

Wirkmodells modularer Produktfamilien mit Individualisierbarkeit (IMF+P)

Um die Auswirkungen von Produktstrukturen unterschiedlicher Modularität zu erfassen, wurde das IMF entwickelt. Da Produktindividualisierung und die neue Modularitätseigenschaft *Individualisierbarkeit* noch nicht explizit als Ursache im IMF berücksichtigt wurden (vgl. Kapitel 3.5.1), wird das IMF weiterentwickelt zum IMF+P [Vog23]. Das Vorgehen ist in Bild 4.5 exemplarisch für eine Wirkkette gezeigt. Die Literatur wird systematisch nach unterschiedlichen Auswirkungen und Effekten von Produktindividualisierung untersucht [Vog23]. Literaturstellen werden gesammelt (Punkt 1), mit den Effekten aus dem IMF verglichen und entweder als neuer Primäreffekte vermerkt oder mit dem bekannten Wortlaut aus dem IMF dargestellt. Die Primäreffekte werden den Lebensphasen Produktentwicklung, Beschaffung, Produktion, Vertrieb und Service/Wartung zugeordnet (Punkt 2). Der neue oder neu bewertete Primäreffekt wird mit der neuen Modularitätseigenschaft *Individualisierbarkeit* als Ursache verknüpft (Punkt 3). Es wird analog zum IMF vermerkt, wie eine stärker ausgeprägte *Individualisierbarkeit* sich im Allgemeinen auf einen

Effekt auswirken kann und die Wirkrichtung durch einen Pfeil gekennzeichnet, also ob es zu einer Verstärkung oder Reduktion eines Effektes kommt (Punkt 4). Mithilfe des impliziten Wissens werden Folgeeffekte verknüpft (Punkt 5) und abgeleitet, auf welche der ökonomischen Ziele Zeit, Kosten, Qualität und Flexibilität sich eine Wirkkette auswirkt und ob es eine positive oder negative Kopplung gibt (Punkt 6). Beispielsweise heben LINDEMANN ET AL. hervor, dass ohne Individualisierbarkeit *„die wenigen „erfolgreichen“ Varianten eine ausreichend hohe Rendite erwirtschaften müssen, um die Entwicklungs- und Produktionsaufwendungen nicht nachgefragter Varianten mit zu tragen“* [Lin06, Seite 8]. Im IMF gibt es bereits den Effekt der *Nicht nachgefragten Varianten (Unrequested developments)*, der mit dem Primäreffekt der *Ungenutzten Features (Percentage of unused features)* verknüpft ist. Durch eine Individualisierbarkeit kann es zu einer Abnahme beider Effekte kommen. Das wiederum kann sich positiv auf den Aufwand auswirken und Prozesszeiten verkürzen. Die wirtschaftliche Zielgröße der Zeit wird positiv beeinflusst (vgl. Bild 4.5).

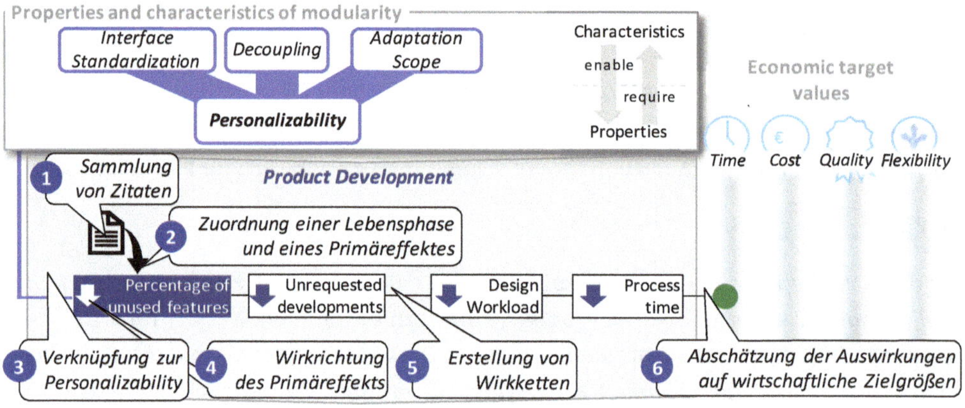

Bild 4.5 Vorgehen bei der Entwicklung neuer Wirkketten für das IMF+P

Ein anderes Beispiel für ein Zitat ist das von RAMESH ET AL., das besagt, dass jede Stückliste individuell ist (*„[...] Every product design and its BoM is unique. [...]“* [Ram20, Seite 2]). Daraus kann abgeleitet werden, dass mit steigender Individualisierbarkeit der Koordinationsaufwand in der Produktentwicklung ansteigen kann, was sich wiederum negativ auf die Prozesszeit und damit auf die wirtschaftliche Zielgröße der Zeit auswirken kann. Hier sind abhängig von der Individualisierbarkeit einer Produktstruktur gegebenenfalls geeignete Maßnahmen zu treffen. Auf diese Weise wurden alle gefundenen Literaturstellen ausgewertet und Effekte und Wirkketten gebildet [Vog23].

Je höher der Grad der *Individualisierbarkeit*, desto ausgeprägter sind die positiven und negativen Effekte in den verschiedenen Lebensphasen. Ist die Individualisierbarkeit geringer aufgrund einer Kopplung zwischen Modulen, werden die negativen Effekte verstärkt [Vog23]. Nach der Ableitung Wirkketten von *Individualisierbarkeit* werden die Ergebnisse mit den vorhandenen Wirkketten der *Kommunalität* und der *Kombinierbarkeit* des IMF kombiniert, um das ganzheitliche Wirkmodell IMF+P zu erhalten [Vog23]. Bild

4.6 zeigt einen Ausschnitt aus dem IMF+P, in dem neben der *Kommunalität* und *Kombinierbarkeit* nun auch die *Individualisierbarkeit* aufgenommen und als Ursache für Effekte in den Lebensphasen abgebildet ist.

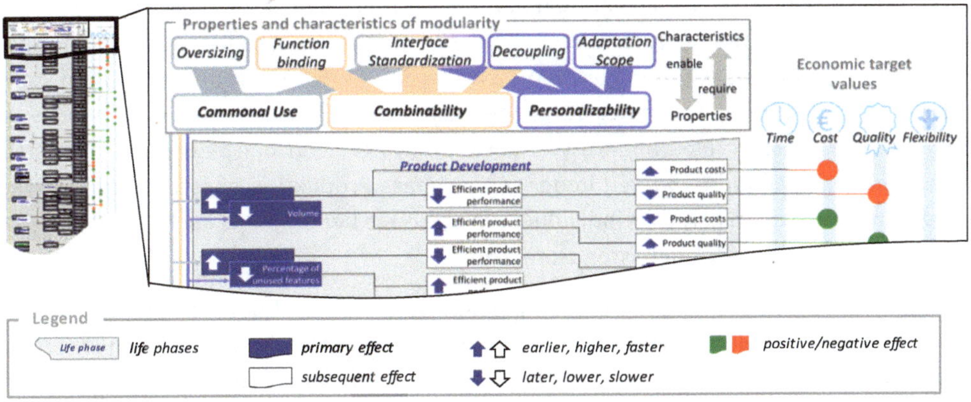

Bild 4.6 Ausschnitt aus dem erweiterten Wirkmodell IMF+P [Vog23]

Sowohl die aus dem IMF bereits bekannten Wirkkette mit *Kommunalität* und *Kombinierbarkeit* als Ursache als auch die neue Wirkkette mit *Individualisierbarkeit* als Ursache sind im Ausschnitt des IMF+P in Bild 4.6 dargestellt (Pfeilfarbe als Eingang in Primäreffekt abhängig von Modularitätseigenschaft), wobei die weißen Pfeile in den dunkelblauen Primäreffekten als auch die dunkelblauen Pfeile in den Folgeeffekten die Wirkrichtung des Effektes widerspiegeln. Aus dem vorhandenen IMF geht hervor, dass durch eine stärker ausgeprägte *Kommunalität* (*Commonal Use*, grau) ein Anstieg im Bauteilvolumen (*Volume mit weißem Pfeil nach oben*) zu erwarten ist, da Bauteilstrukturen überdimensioniert werden. Das wiederum kann die Produktperformance reduzieren und die Produktkosten steigen. Insgesamt ist ein negativer Effekt hinsichtlich der wirtschaftlichen Zielgrößen Kosten und Qualität zu erwarten (rote Punkte rechts). Im Gegensatz dazu bewirkt eine *Individualisierbarkeit* (*Personalizability*, blau) im Allgemeinen eine Reduktion des Bauteilvolumens (*Volume mit weißem Pfeil nach unten*), da Adaptionsfreiräume genutzt und die Bauteilstrukturen exakt auf die Bedürfnisse des individuellen Kunden angepasst werden können. Dies reduziert die Produktkosten und erhöht die Produktperformance, sodass die wirtschaftlichen Zielgrößen Kosten und Qualität positiv beeinflusst werden (grüne Punkte rechts). Das gesamte IMF+P ist im Anhang A3 (Seite 159 ff.) sowie bei Vogt et al. [Vog23] zu finden.

Kommunalität zielt darauf ab, ein Modul durch Überdimensionierung und Standardisierung möglichst umfangreich, das heißt in mehreren Produktvarianten bzw. in mehreren Produktfamilien zu nutzen. *Individualisierbarkeit* hingegen hat zur Folge, dass ein Modul in einer kundenspezifischen Ausführung nur für einen einzigen Kunden verwendet wird. Das Modul selbst kann mit den vorgesehenen Individualisierungsfreiräumen aber kommunal in der Produktfamilie eingesetzt werden. Die *Individualisierbarkeit* kann im Vergleich zur *Kommunalität* entgegengesetzte Effekte hervorrufen, aber auch Effekte mit gleicher Wirkrichtung, wenn die Individualisierung durch standardisierte Prozesse kontrolliert wird. Beispielsweise zeigt das IMF+P, dass eine größere *Individualisierbarkeit* bewirkt, dass sich die Anzahl unterschiedlicher Artikelnummern erhöht. Dennoch ist in der Produktentwicklung für den Folgeeffekt *Zeit für die Teilesuche* analog zur *Kommunalität* eine Abnahme des Effektes zu erwarten. Dies ist dadurch zu begründen, dass jeder Individualisierungsprozess mit dem gleichen Ausgangsdesign mit Adaptionsfreiräumen startet, unabhängig davon, was in der Vergangenheit bereits realisiert wurde. Teile müssen nicht gesucht werden. Eine andere Wirkkette im IMF+P zeigt beispielsweise, dass sich eine höhere *Individualisierbarkeit* in der Lebensphase Produktion negativ auf die Werkzeugkosten auswirken kann, da individuelle Werkzeuge benötigt werden. *Kommunalität* in der Lage ist, die Werkzeugkosten zu reduzieren.

Die Auswirkungen der *Kombinierbarkeit* bleiben weitestgehend unverändert und gelten ebenso für die Individualisierung. Dies lässt sich dadurch erklären, dass *Kombinierbarkeit* und *Individualisierbarkeit* beide das Ziel der Differenzierung verfolgen.

Das um die *Individualisierbarkeit* erweiterte IMF+P kann von Unternehmen genutzt werden, um über die Ausrichtung einer modularen Produktstruktur einer Produktfamilie zu entscheiden. Das IMF+P hilft dabei, auch die Wirkketten der Individualisierung für ein Unternehmen im Blick zu behalten. Es kann verdeutlicht werden, dass eine *Individualisierbarkeit* in der Produktstruktur einer Produktfamilie nicht nur für den Vertrieb positive Effekte hervorruft, sondern auch die anderen Lebensphasen profitieren können. Die *Individualisierbarkeit* im Allgemeinen beeinflusst das ökonomische Ziel der Qualität positiv. Gleichzeitig werden negative Auswirkungen aufgezeigt, die es gezielt zu kontrollieren gilt. Standardisierte, aber flexible Produkt- und Prozessstrukturen helfen, negative Effekte auf Zeit und Kosten zu kontrollieren. Die Gewichtung der Effekte muss unternehmens- und produktspezifisch vorgenommen werden.

Das IMF+P unterstützt die *Methode zur individualisierungsgerechten Gestaltung modularer Produktfamilien* bei der Prüfung der Zielsetzung. Es kann systematisch untersucht werden, ob Effekte, die als wichtig eingestuft werden, durch eine Individualisierung überhaupt adressiert werden können. Bei der Methodenanwendung ist darauf zu achten, dass bei der Entwicklung von Produktstrukturkonzepten mit Individualisierung sowohl die individualisierbare(n) Komponente(n) als auch die zugehörigen, zu individualisierenden Komponentenmerkmale festgelegt werden. Außerdem kann das IMF+P eingesetzt werden, um unternehmensinterne Effekte unterschiedlicher Produktstrukturkonzepte mit Individualisierung zu bewerten (Kapitel 4.5.3).

4.2 Zielgruppe und Methodenübersicht

Ziel der neu entwickelten Methode ist die Unterstützung der individualisierungsgerechten Produktfamiliengestaltung. Dabei sprechen unterschiedliche Randbedingungen für den Einsatz der Methode. Lassen sich die folgenden bzw. ähnliche Fragestellungen in den Herausforderungen eines Unternehmens wiederfinden, kann eine individualisierungsgerechte Gestaltung zielführend sein.

- Wie kann die Komplexität beherrschbar gestaltet werden, wenn eine hohe Komponentenvielfalt vorliegt, aber eine weitere Standardisierung nicht möglich ist?
- Wie können Sonderlösungen reduziert werden, ohne dass der Kunde in seiner Vielfalt eingeschränkt wird, aber gleichzeitig die Vielfalt unternehmensintern besser beherrscht werden kann?
- Wie kann mit besonders heterogenen Kundenanforderungen und einer dadurch bedingten hohen geometrischen Vielfalt der Komponenten umgegangen werden?
- Welche Maßnahme kann ergriffen werden, wenn die externe Vielfalt, insbesondere in Bezug auf ihre geometrische Ausgestaltung, nicht konkret mit allen Ausprägungen festgelegt werden kann?
- Wie kann eine innovative Produktgeneration für eine Produktfamilie entwickelt werden, die dem Trend der Individualisierung gerecht wird?

Einen Ausgangspunkt für die Durchführung der Methode in einem Unternehmen stellt unter anderem eine hohe varianteninduzierte Komplexität durch den Umgang mit einer hohen Anzahl unterschiedlicher Varianten dar, die ohne erhebliche Nutzeneinbuße kaum mehr reduziert werden können bzw. sollen. Es wird angenommen, dass Standardisierungspotenziale im Sinne der variantengerechten Produktgestaltung weitestgehend ausgeschöpft sind. Dennoch ist die Vielfalt der Komponenten hoch und die Teilevielfalt unübersichtlich. Auch kann die Methode zielführend sein, wenn eine Zunahme spezifischer Kundenanfragen im Unternehmen zu verzeichnen ist. Können diese nicht aus dem Baukasten bedient werden, nimmt die Anzahl an Sonderlösungen und damit die varianteninduzierte Komplexität zu. Neben diesen unternehmensinternen Motivationen eine individualisierungsgerechte Gestaltung zu prüfen, gibt es auch externe Motivationen. Lassen sich vermehrte Reklamationen und eine sinkende Anzahl an Aufträgen auf eine große, kundenseitige Unzufriedenheit mit der Nützlichkeit oder der Leistung der Produktvarianten aus dem Produktportfolio zurückführen, während gleichzeitig jedoch eine große Anzahl an unterschiedlichen Varianten angeboten wird, kann dies ein Indiz für eine gewünschte Produktindividualisierung sein. Stark heterogene Kundenanforderungen motivieren den Einsatz der neuen Methode.

Bild 4.7 fasst unterschiedliche Faktoren zusammen, die aus interner oder externer Sicht Untersuchungen zur individualisierungsgerechten Produktfamiliengestaltung motivieren.

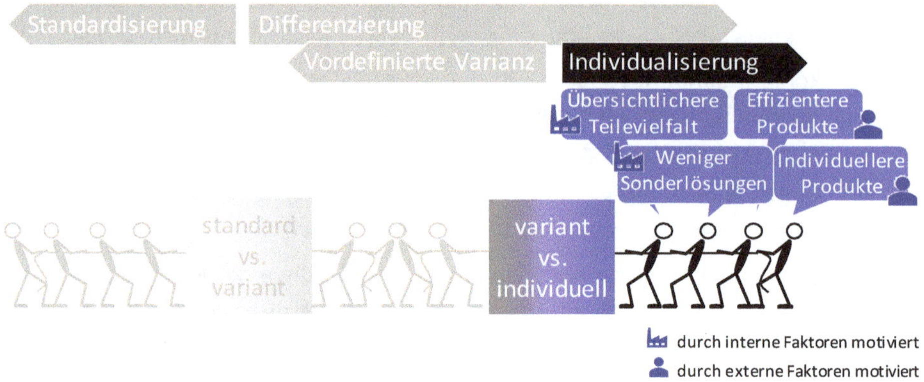

Bild 4.7 Beispiele interner und externer Faktoren, die für eine Untersuchung individualisierungsgerechter Produktfamilien sprechen

Die neue Methode setzt sich aus fünf Methodenphasen zusammen, wobei sich die erste und letzte Phase zu großen Teilen an den etablierten Vorgehen aus dem *Integrierten PKT-Ansatz* orientieren. Bild 4.8 zeigt die neu entwickelte Methode mit ihren Phasen im Detail.

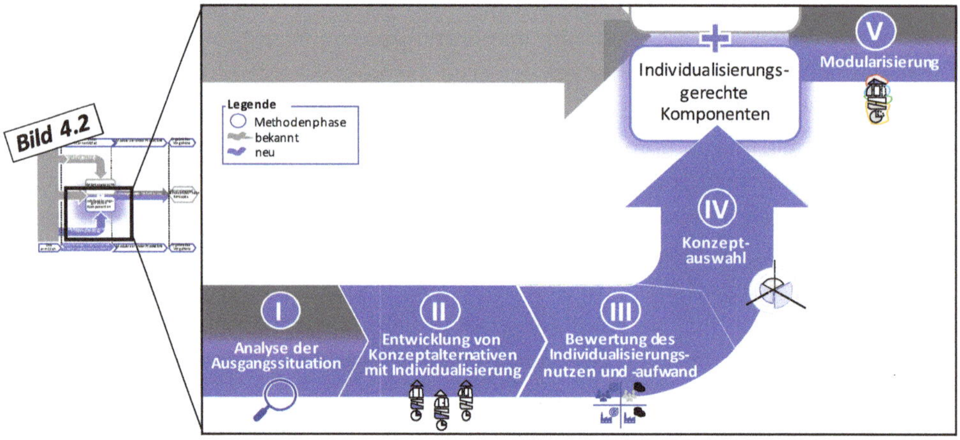

Bild 4.8: Phasen der *Methode zur individualisierungsgerechten Gestaltung modularer Produktfamilien*

Die einzelnen Phasen und Schritte der Methode werden nachfolgend detailliert vorgestellt. Jede Methodenphase wird durch die Visualisierung nach BECKMANN zusammengefasst (vgl. Kapitel 3.5.1). Zur Verdeutlichung des Vorgehens wird jeder Schritt beispielhaft an der Produktfamilie des Flow Diverters und des Fahrrades erläutert. Da sich die Effekte von Phase I, Phase II und Phase V besser an einer umfangreicheren Produktfamilie, die mehrere variante Komponenten vorweist, erklären lassen, wird hier primär das Fahrrad genutzt. Die Erkenntnisse bei der Anwendung am Flow Diverter werden bei Bedarf ergänzt und ansonsten lediglich die finalen Ergebnisse dargestellt. Da beim Flow Diverter auf umfangreiches Wissen und Bewertungen individualisierter Designs zurückgegriffen werden kann, werden Phase III und Phase IV hauptsächlich am Flow Diverter erläutert. Die Ergebnisse vom Fahrrad werden dort nur zusammengefasst.

4.3 Phase I: Analyse der Ausgangssituation

Zu Beginn der *Methode zur individualisierungsgerechten Gestaltung modularer Produktfamilien* gilt es, die Ausgangssituation zu analysieren. Nach der Prüfung der Kompatibilität der Zielsetzung der Methode mit der Herausforderung des Unternehmens erfolgt eine Aufnahme der internen und externen Vielfalt mit einer tiefergehenden Untersuchung zur Komponentenvielfalt. Bild 4.9 fasst die Methodenphase zusammen.

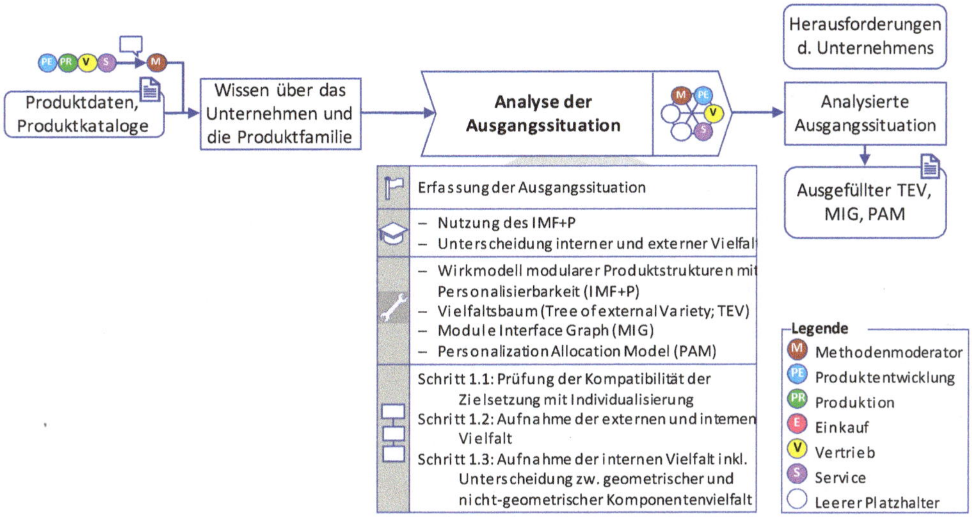

Bild 4.9 Übersicht über die erste Methodenphase

4.3.1 Schritt 1.1: Prüfung der Kompatibilität der Zielsetzung mit Individualisierung

Das Ergebnis dieses Methodenschrittes ist die Festlegung, ob die Herausforderungen eines Unternehmens durch eine individualisierungsgerechte Gestaltung der Produktfamilie gelöst werden können. Auch bei der Entwicklung innovativer Produktgenerationen mit individuellen Komponenten kann die PMEA-Methode unterstützen.

Zunächst gilt es, nach der Festlegung der zu betrachtenden Produktfamilie, die aktuell größten Herausforderungen des Unternehmens zu erfassen. Bild 4.10 zeigt beispielhaft mögliche Herausforderungen unterschiedlicher Lebensphasen. Diese werden gesammelt und die übergreifenden Ursachen identifiziert, die als Hauptherausforderungen dokumentiert werden. Wichtig ist die eindeutige Formulierung der größten Herausforderungen. Anschließend können diese Herausforderungen mit den in Kapitel 4.2 definierten Ausgangssituationen und der Zielgruppe der Methode abgeglichen werden, um zu entscheiden, ob eine Untersuchung der Individualisierungsgerechtheit zielführend ist.

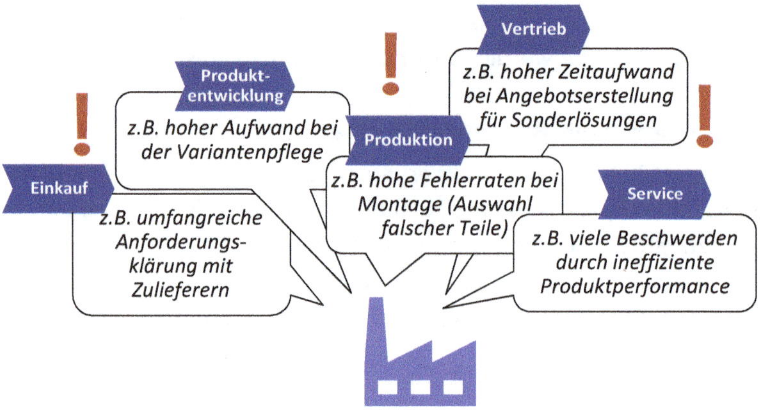

Bild 4.10 Sammlung beispielhafter Herausforderungen unterschiedlicher Lebensphasen

Die größte Herausforderung des Flow Diverters besteht darin, dass die definierten Produktvarianten die individuellen Gefäße nicht optimal rekonstruieren können, insbesondere bei komplizierteren Gefäßverläufen. Die Implantationszeit bei stark gekrümmten oder tordierten Gefäßpathologien kann sich erhöhen und der Behandlungserfolg ist möglicherweise nicht optimal gegeben. Produktindividualisierung kann hier eine Lösung zu sein, um diese Nachteile zu kompensieren und mit den heterogenen Patientenvoraussetzungen umzugehen.

Das fiktive, produzierende Unternehmen, das Fahrräder anbietet, hat eine zu hohe varianteninduzierten Komplexität. Jedoch sind die Potenziale von Standardisierung mittlerweile weitestgehend ausgeschöpft. Hinzu kommt, dass das Unternehmen Schwierigkeiten hat, im Wettbewerb zu bestehen. Wettbewerber sind bereits in der Lage, den individuellen Kunden stärker zu fokussieren. Durch eine Umgestaltung der Produktstruktur möchte das Unternehmen wieder konkurrenzfähig werden, indem innovative und gleichzeitig kostengünstige Produktvarianten angeboten werden. Diese Herausforderungen sprechen für eine Untersuchung einer individualisierungsgerechten Gestaltung der Produktfamilie.

Für eine strukturierte Vorgehensweise zur Erfassung der Herausforderungen kann das um *Individualisierbarkeit* erweiterte Wirkmodell IMF+P verwendet werden (vgl. Kapitel 4.1.2). Jede Lebensphase priorisiert die generischen Effekte oder auch ganze Wirkketten. Durch eine Priorisierung der Effekte im IMF+P kann abgeleitet werden, ob sich die als wichtig eingestuften Effekte und Wirkketten durch eine stärker ausgeprägte *Individualisierbarkeit* in der Produktstruktur beeinflussen lassen.

Bild 4.11 zeigt die priorisierten Wirkketten für den Flow Diverter. In der Produktentwicklung soll insbesondere ein größerer *Freedom of Design* erreicht werden (Bild 4.11, dunkelblauer Primäreffekt in oberem Vergrößerungsausschnitt). Dieser Effekt ist durch *Individualisierbarkeit* beeinflussbar. Hingegen sinkt die Stückzahl durch Individualisierung (Bild 4.11, dunkelblauer Primäreffekt in Vergrößerungsausschnitt). Dies wirkt sich negativ auf die Produktion und den Einkauf aus. Durch eine höhere *Individualisierbarkeit* hat der Vertrieb einen größeren Spielraum, um angemessen auf kundenindividuelle Anforderungen zu reagieren (Bild 4.11, dunkelblauer Primäreffekt in unterem Vergrößerungsausschnitt). Vor dem Hintergrund, dass eine weitere Optimierung der Behandlungsergebnisse auch bei komplizierten Geometrien eines der Kernziele des Unternehmens ist, ist der Effekt als sehr wichtig einzustufen. An dieser Stelle kann festgehalten werden, dass die als wichtig eingestuften Effekte durch *Individualisierbarkeit* beeinflusst werden.

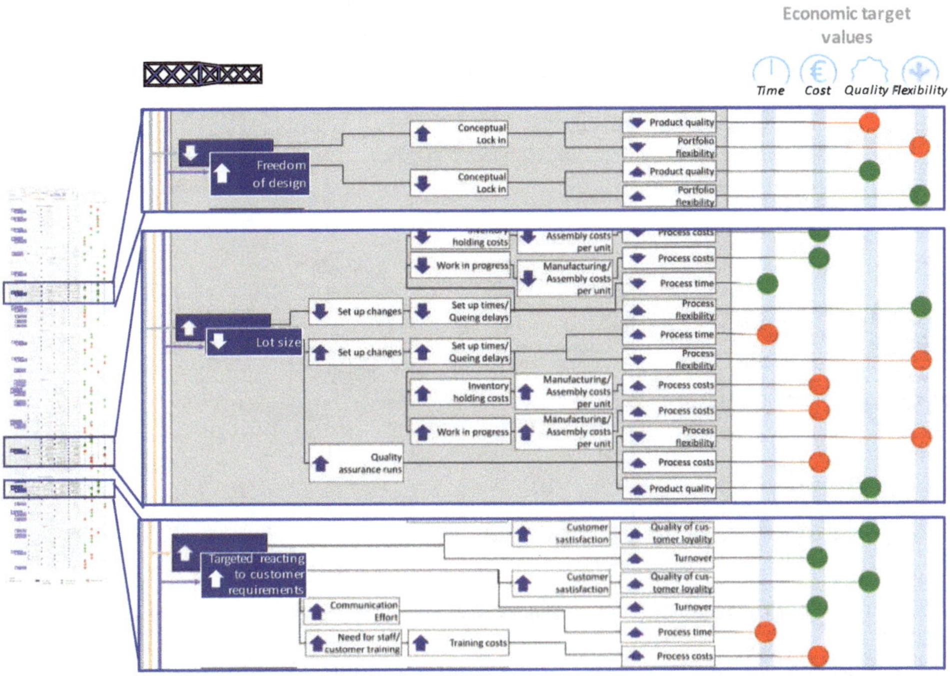

Bild 4.11 Priorisierung der Effekte und Wirkketten im IMF+P für die Produktfamilie des Flow Diverters

Nach der Durchführung des Methodenschrittes sind die größten Herausforderungen, die ein Unternehmen bezüglich der ausgewählten Produktfamilie beschäftigen, herausgearbeitet. Effekte von *Individualisierbarkeit* auf die Produktstruktur können grob eingeschätzt werden.

4.3.2 Schritt 1.2: Aufnahme der externen Vielfalt

Ziel dieses Methodenschrittes ist die Aufnahme der aktuellen externen Vielfalt. Zum Einsatz kommen die bekannte Vorgehensweise und das etablierte Visualisierungswerkzeug *Vielfaltbaum* aus dem *Intergierten PKT-Ansatz* (vgl. Kapitel 3.5.1). Zur Erstellung des TEV werden die kundenrelevanten Eigenschaften, durch die sich die Produktvarianten aus Kundensicht unterscheiden lassen, in enger Zusammenarbeit mit dem Vertrieb definiert. Zusätzlich werden die Ausprägungen der kundenrelevanten Eigenschaften aufgenommen.

Der TEV der Produktfamilie des Fahrrads, ohne Darstellung der gesamten Kombinatorik der Eigenschaftsausprägungen zu Produktvarianten, ist in Bild 4.12 dargestellt. Verschiedene Varianten des Fahrrads unterscheidet sich aus Kundensicht durch die Körpergröße (rote Umrandung), zu der das Fahrrad passt, aber auch durch die Wendigkeit (hellgrüne Umrandung), das Fahrradgewicht (hellblaue Umrandung), die Anzahl der Gänge (gelbe Umrandung), die Bremsenart (dunkelblaue Umrandung), die Federung (grüne Umrandung) sowie die Rahmenfarbe (lila Umrandung). Links wird die betrachtete Produktfamilie dokumentiert, auf der rechten Seite im TEV werden die sich aus der Kombinatorik ergebenen Produktvarianten der Produktfamilie aufgeführt.

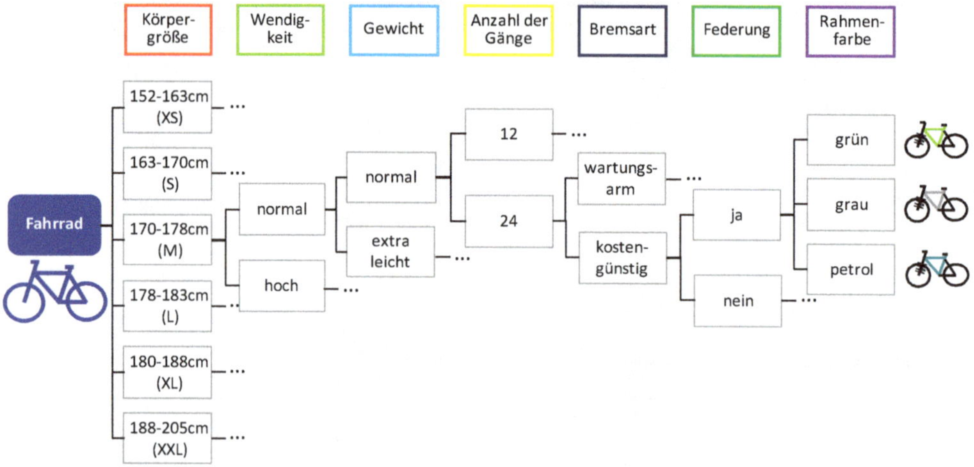

Bild 4.12: TEV eines Fahrrads (ohne Darstellung der gesamten Kombinatorik der Eigenschaftsausprägungen)

Das Ergebnis des Methodenschrittes ist die aufgenommene externe Vielfalt der betrachteten Produktfamilie.

4.3.3 Schritt 1.3: Aufnahme der internen Vielfalt einschließlich der Unterscheidung zwischen geometrischer und nicht-geometrischer Komponentenvielfalt

Nach der Aufnahme der externen Vielfalt erfolgt die Aufnahme der internen Vielfalt. Auch hier kann teilweise auf bekannte Werkzeuge aus dem *Integrierten PKT-Ansatz* zurückgegriffen werden. Es wird der Module Interface Graph (MIG) der Produktfamilie erstellt, indem die Komponenten definiert und dessen Vielfalt bestimmt werden. Standard-Komponenten werden weiß eingefärbt, variante Komponenten grau (vgl. Kapitel 3.5.1). Um eine Komponente mit hoher Varianz von einer Komponente mit geringer Varianz unterscheiden zu können, wird der Grauton der Komponente variiert: Je dunkler das Grau der Komponente, desto höher die Komponentenvielfalt.

Der MIG der Produktfamilie des Fahrrads ist in Bild 4.13 gezeigt. Die Produktfamilie besteht vereinfacht aus 13 Komponenten, von denen der Bremshebel (BH), die Federgabel (FG) und der Gepäckträger (GT) standardisiert sind. Der Dämpfer (D) sowie der Akku (A) und der E-Motor (M) sind optional und gleichzeitig standardisiert, wenn sie ausgewählt werden. Der Antriebssatz (AS) liegt in varianter Anzahl vor, d. h. es kann eine unterschiedliche Anzahl an Antriebssätzen bzw. Ritzeln verbaut sein. Alle anderen Komponenten, wie beispielsweise der Fahrradrahmen (FR), der Lenker (L) oder der Sattel (S), sind variant. Aus den unterschiedlichen Varianten für eine Komponente wird hier bei der Konfiguration einer Produktvariante eine Komponentenvariante ausgewählt. Für den Fahrradrahmen gibt es eine größere Anzahl unterschiedlicher Varianten als beispielsweise für den Lenker, weshalb die Komponente Fahrradrahmen im MIG dunkler eingefärbt ist als der Lenker. Zusätzlich werden die Wechselwirkungen zwischen den Komponenten, wie eine Strukturverbindung (gelb), ein Präparatfluss (blau) und ein elektrischer Fluss (rot), hinzugefügt, um diese bei der spätere Modulbildung berücksichtigen zu können.

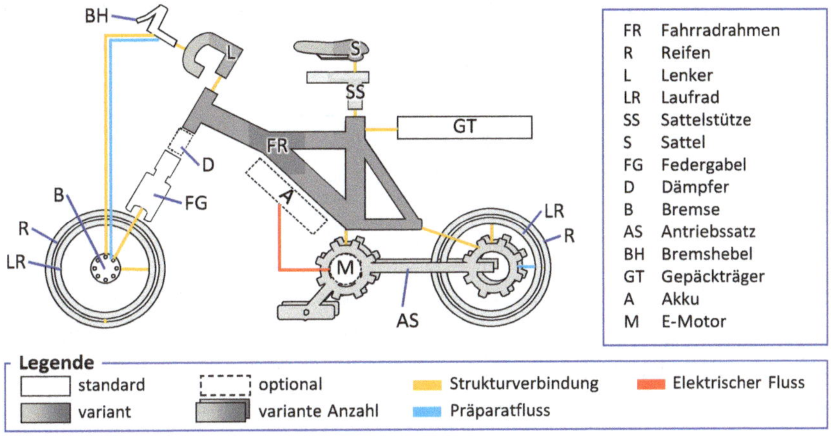

Bild 4.13 MIG der Produktfamilie des Fahrrads

Für eine individualisierungsgerechte Gestaltung ist es wichtig, die Ursachen der Vielfalt der Komponenten genauer zu verstehen. Es wird analysiert, wie viele und welche Varianten einer Komponente existieren und worin die Ursache für die Vielfalt einer Komponente liegt. Zwar eignet sich der 3-Ebenen-VAM in seiner ursprünglichen Form dazu, Ursachen interner Vielfalt mithilfe der varianten, technischen Merkmale zu visualisieren (vgl. Kapitel 3.5.1), jedoch wird hierbei nicht zwischen geometrischen und nicht-geometrischen (z. B. Material, Anzahl, Wirkprinzip) differenziert. Diese Unterscheidung zwischen varianten geometrischen oder nicht-geometrischen Merkmalen ist allerdings wichtig für eine spätere Untersuchung der Individualisierungsrelevanz einzelner Komponenten. Um diese Herausforderung des 3-Ebenen-VAM zu begegnen, wird die Darstellung angepasst. Diese Weiterentwicklung des 3-Ebenen-VAM wird als *Personalization Allocation Model*, kurz PAM, bezeichnet, da es im Verlauf der Methode zur Identifikation individualisierungsrelevanter Komponentenmerkmale zum Einsatz kommt und für diesen Anwendungszweck ausgelegt ist. Das PAM ist schematisch in Bild 4.14 dargestellt. Die Ebene zwischen Komponente und kundenrelevanter Eigenschaft differenziert nun zwischen geometrischen und nicht-geometrischen technischen Merkmalen als Ursache für die Komponentenvarianz.

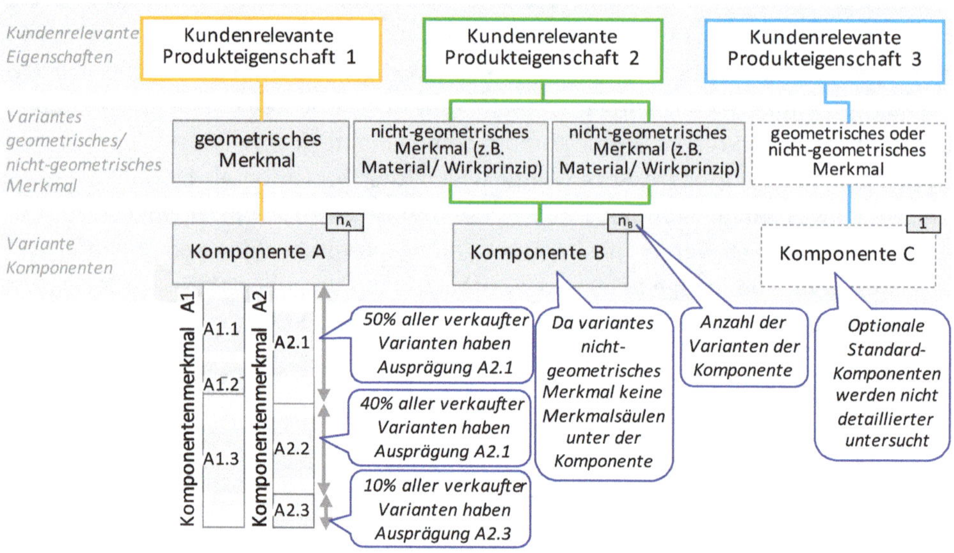

Bild 4.14: Schema des *Personalization Allocation Model* (PAM)

Die Anzahl der Varianten einer Komponente wird aus den unternehmensinternen Daten, z. B. Stücklisten, ausgelesen und im PAM vermerkt (z. B. Anzahl n_A für Komponente A in Bild 4.14). Die geometrischen Merkmale, die an einer Komponente variiert werden, werden unter der Komponente benannt. Dies sind in der schematischen Darstellung in Bild 4.14 die Komponentenmerkmal A1 und A2 bei Komponente A. Zusätzlich werden die Ausprägungen, die dieses Komponentenmerkmal annehmen kann, in der Merkmalssäule unter der Komponente vermerkt. Mithilfe der Höhe des Säulenabschnitts für eine Ausprägung kann eine quantitative Ausprägungsverteilung visualisiert werden. Dazu muss für die verkauften Produktvarianten in einem festgelegten Zeitraum ermittelt werden, welche Merkmalsausprägung wie häufig ausgewählt wurde. Komponentenmerkmal A2 hatte beispielsweise im ausgewählten Zeitraum zu 50% die Ausprägung A2.1, zu 40% die Ausprägung A2.2 und zu 10% die Ausprägung A2.3. Wenn eine Vergleichbarkeit einzelner Komponentenvarianten nicht über geometrische Merkmale möglich ist, werden keine Merkmalssäulen unter der Komponente ergänzt (Komponente B). Einen Sonderfall bilden Komponenten, bei denen zusätzlich zu nicht-geometrischen Merkmalen geometrische Vielfalt vorliegt. In diesem Fall sind nur die geometrischen Komponentenmerkmale in Abhängigkeit von den nicht-geometrischen Merkmalen aufzuführen. Für optionale Standard-Komponenten (Komponente C) werden keine Merkmalssäulen angelegt, da es keine Komponentenvarianz gibt. Für optionale, variante Komponenten wird wie für nicht-optionale variante Komponenten verfahren.

Der PAM des Fahrrads ist in Bild 4.15 gezeigt. Es ist zu erkennen, dass beispielsweise die Bremse variant ist, da die Reibung mechanisch oder hydraulisch erzeugt werden kann. Somit werden keine Komponentenmerkmale unter der Komponente vermerkt. Hingegen ist beim Fahrradrahmen oder dem Laufrad die Varianz auf ein oder mehrere geometrische Komponentenmerkmale zurückzuführen, deren Ausprägungen variiert werden. Der Fahrradrahmen liegt beispielsweise in 540 unterschiedlichen Varianten vor. Die varianten Komponentenmerkmale und ihre Ausprägungen, wie *Steuerrohrlänge* oder *Oberrohrlänge* beim Fahrradrahmen oder der *Durchmesser* beim Laufrad, sind unter der Komponente dargestellt. Der Fahrradrahmen kann beispielsweise allein 5 unterschiedliche Ausprägungen für das Merkmal der Steuerrohrlänge annehmen, wobei die Längen 163 mm und 185 mm am häufigsten vertreten sind.

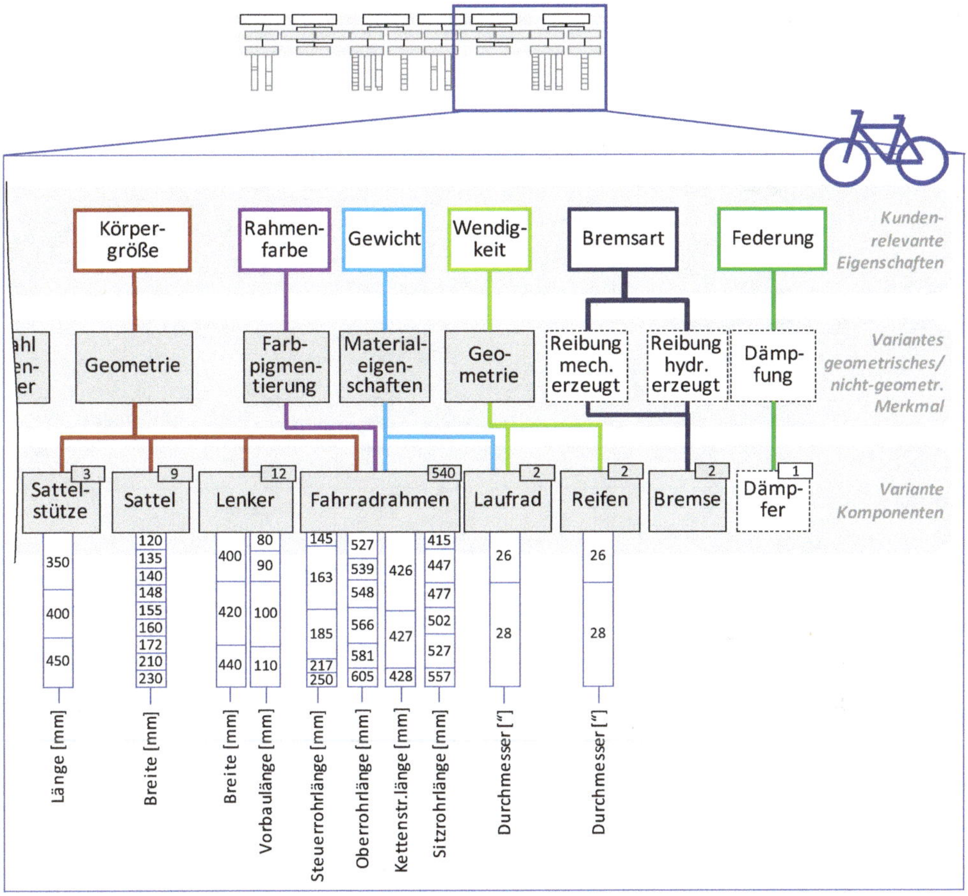

Bild 4.15: Ausschnitt des PAM des Fahrrads zur Verdeutlichung geometrischer und prinzipieller Varianz

Mit der Aufnahme der internen Vielfalt im PAM ist die Ausgangssituation aufgenommen, dokumentiert und die erste Phase der Methode abgeschlossen. Zeigt sich im PAM, dass sich eine kundenrelevante Eigenschaft auf eine Vielzahl unterschiedlicher Komponente auswirkt oder bestehen variante Komponenten, die keinen Bezug zu einer kundenrelevanten Eigenschaft haben, ist die vorliegende Produktfamilie womöglich nicht ausreichend variantengerecht gestaltet. Es wird eine Umgestaltung entsprechend der Ideale zur Gestaltung variantengerechter Produktstrukturen aus dem *Integrierten PKT-Ansatzes* eingeschoben.

Dies ist der Fall beim Flow Diverter. Nach der Erstellung des TEV, des MIG (Bild 4.16) und des PAM für den Flow Diverter können zunächst alle kundenrelevanten Eigenschaften auf die Komponente *Geflecht* zurückgeführt werden. Da die Gestaltung nicht variantengerecht ist, wird eine virtuelle Segmentierung durchgeführt, bei der das Geflecht für die Methode in ein distales Segment, ein Aneurysmasegment und ein proximales Segment unterteilt wird (vgl. Bild 4.16 im PAM Ebene der Komponenten) [Kuh21]. Eine Fertigung der Komponente Geflecht in einem Stück bleibt durch die rein virtuelle Segmentierung möglich.

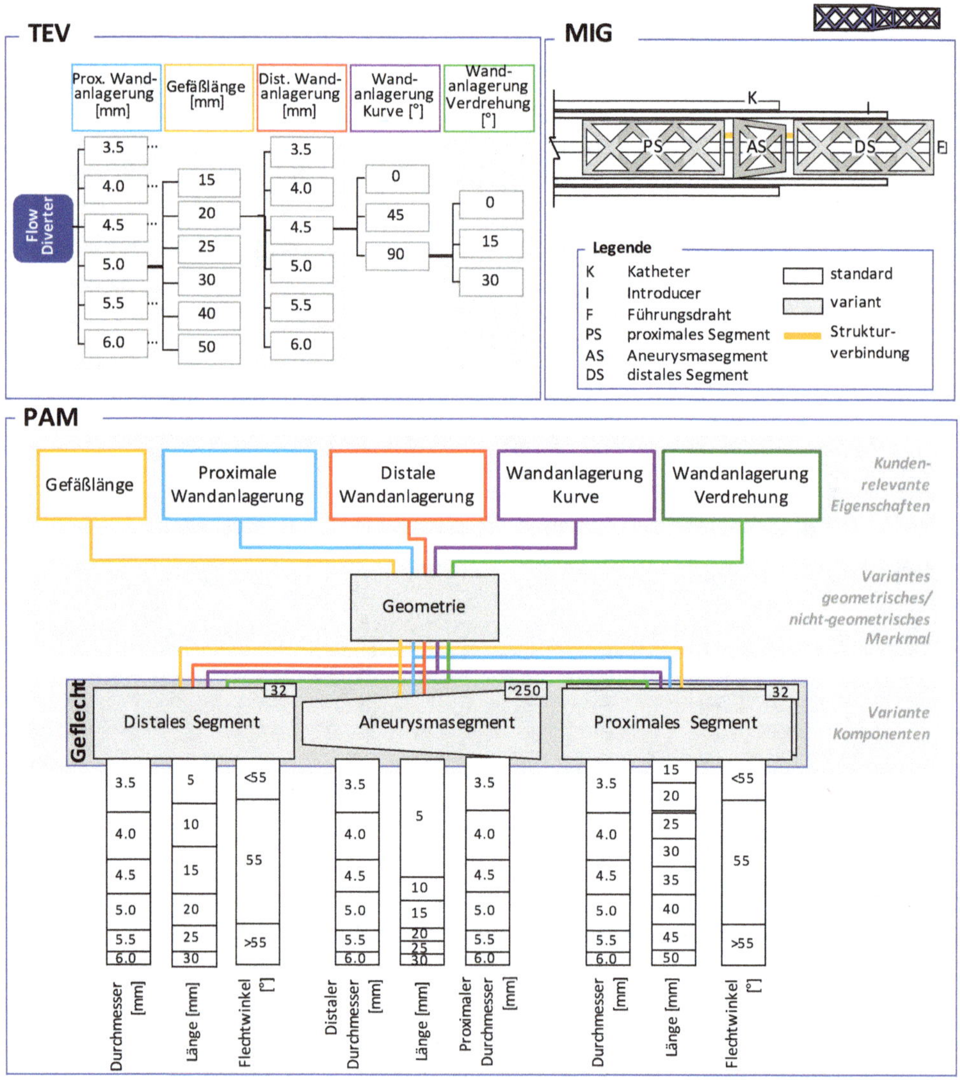

Bild 4.16 Ausgangssituation des Flow Diverters (TEV, MIG und PAM)

Im PAM des Flow Diverters in Bild 4.16 sind nun auf der untersten Ebene die definierten Segmente zu finden. Die Varianz ist bei allen Segmenten auf eine variante Geometrie zurückzuführen. Die Segmente zusammen bilden weiterhin die Komponente Geflecht [Kuh21]. Insgesamt gibt es, wie im PAM vermerkt, 32 unterschiedliche Varianten für das proximale und 32 unterschiedliche Varianten distale Segment. Dazu werden, wie in der Merkmalssäule unter den Segmenten im PAM vermerkt, der Durchmesser, die Länge und der Flechtwinkel variiert. Das Aneurysmasegment bildet den Übergang von proximalen zum distalen Segment. Die Segmentvarianten unterscheiden sich im Durchmesser sowie in der Länge. Eine kundenanonyme Definition und Fertigung aller möglichen Geflechtvarianten ist nicht möglich, da durch die Kombinatorik der Segmente eine sehr große Varianz entstehen würde. Daher wird eine Produktindividualisierung untersucht.

4.4 Phase II: Entwicklung von Konzeptalternativen mit Individualisierung

In der zweiten Phase der Methode erfolgt die Ermittlung von Individualisierungspotenzialen und die Entwicklung unterschiedlicher Konzeptalternativen für eine Produktfamilie mit Individualisierung. Die Konzepte unterscheiden sich dabei in den betroffenen Komponenten und/oder in den betroffenen Komponentenmerkmalen (vgl. Kapitel 4.1.2). Bild 4.17 gibt einen Überblick über die zweite Methodenphase, die sich in zwei Schritte unterteilen lässt.

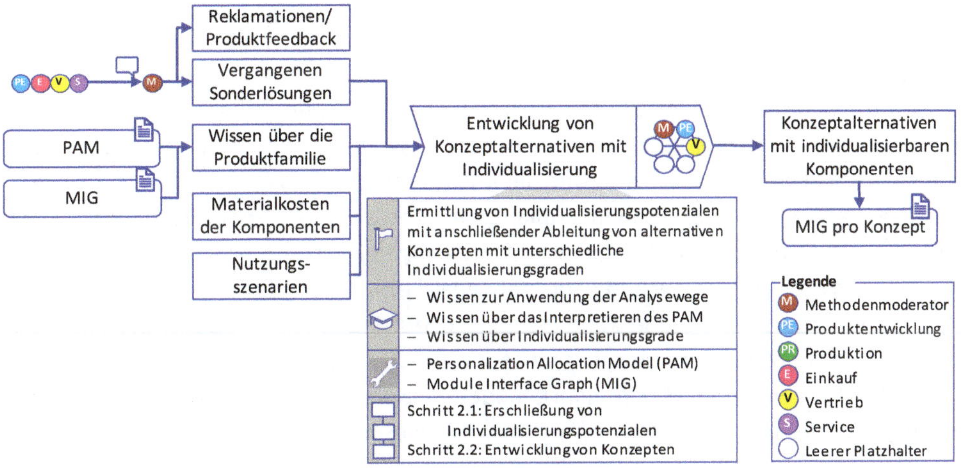

Bild 4.17 Übersicht über die zweite Methodenphase

4.4.1 Schritt 2.1: Erschließung von Individualisierungspotenzialen

Ziel des Methodenschrittes ist es, Komponenten und Komponentenmerkmale zu identifizieren, bei denen eine Individualisierung Vorteile bietet. Um zunächst den Lösungsraum für Individualisierung in der Produktfamilie zu öffnen, kann die Produktfamilie in der Ausgangssituation auf unterschiedliche Weise analysiert werden. Wie in Kapitel 4.1.1 hergeleitet, ist Individualisierung insbesondere dort einzusetzen, wo die Herstell-, Material und/oder Komplexitätskosten reduziert und der Gewinn durch einen Anstieg des Kundennutzens und die damit verbundene erhöhte Zahlungsbereitschaft des Kunden gesteigert werden kann. Wie von KUHL UND KRAUSE [Kuh22] herausgearbeitet, gibt es unterschiedliche Indikatoren, dessen Analyse auf Individualisierungspotenziale innerhalb der Produktfamilie schließen lässt. Im Rahmen dieser Methode werden vier unterschiedliche Analysewege erläutert, die unabhängig voneinander durchlaufen werden können. Bild 4.18 fasst die Analysewege zusammen.

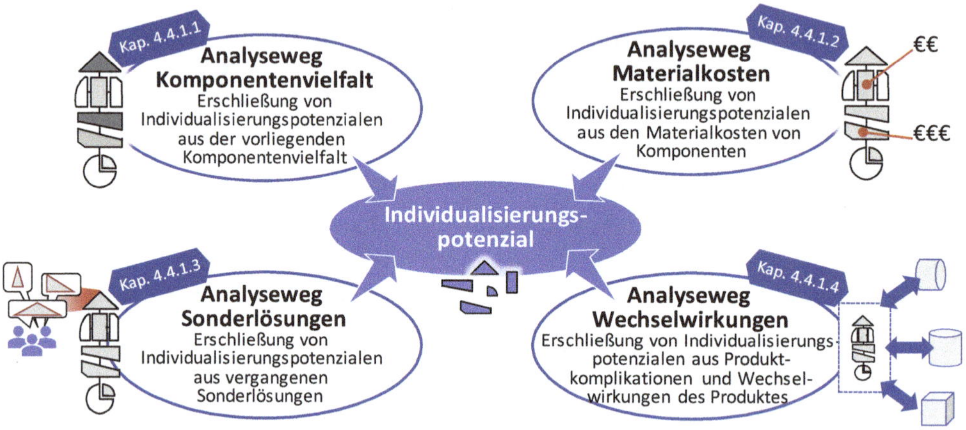

Bild 4.18 Übersicht über die Analysewege zur Erschließung von Individualisierungspotenzial

Ist beispielsweise die Untersuchung zur individualisierungsgerechten Produktfamiliengestaltung durch hohe Komplexitätskosten aufgrund einer hohen Teilevielfalt motiviert, ist insbesondere Analyseweg *Komponentenvielfalt* sinnvoll. Bei hohen Materialkosten kann eine kundenindividuelle Ausgestaltung die Kosten senken, was in Analyseweg *Materialkosten* adressiert wird. Bei hohen unplanbaren Kosten durch Sonderlösungen sollten diese genauer untersucht und Gemeinsamkeiten abgeleitet werden (Analyseweg *Sonderlösungen*). Wird die Untersuchung zur individualisierungsgerechten Produktfamiliengestaltung besonders durch eine kundenseitige Unzufriedenheit mit dem Produkt motiviert, also dass das Produkt beispielsweise ineffizient während der Nutzung ist, sollten Wechselwirkungen der Produktfamilie genauer analysiert werden (Analyseweg *Wechselwirkungen*). Die unterschiedlichen Analysewege werden nachfolgend detailliert erläutert.

Für jeden Analyseweg stellt das PAM die Grundlage zur Analyse und Dokumentation der Ergebnisse dar. In Kombination mit der Motivation und der unternehmensinternen Zielsetzung der Untersuchung können die Analysevorgehen gewichtet bzw. priorisiert werden. Unabhängig von der Motivation können alle Analysewege immer eingesetzt werden, wenn eine umfassende Entwicklung von Individualisierungspotenzialen erfolgen soll.

4.4.1.1 Analyseweg *Komponentenvielfalt*: Erschließung von Individualisierungspotenzialen aus der vorliegenden Komponentenvielfalt

Individualisierungspotenzial haben im Rahmen dieser Methode grundsätzlich Komponenten, deren Vielfalt durch geometrische Variation der Komponentenmerkmale hervorgerufen wird. Diese Komponenten können leicht im PAM identifiziert werden, denn unter diesen sind Merkmalssäulen dargestellt.

Bei der Produktfamilie des Fahrrads ist eine Individualisierung der Komponente *Bremse* nicht im Betrachtungsrahmen dieser Arbeit, da hier keine geometrischen Merkmale die Varianz der Komponente erzeugen. Vielmehr kommen unterschiedliche Wirkprinzipien zum Einsatz. Der Dämpfer an der Federgabel ist optional-Standard und daher auch nicht relevant für eine Individualisierung. Alle anderen Komponenten, die in Bild 4.19 auf der unteren Ebene dargestellt sind, eignen sich grundsätzlich für eine Individualisierung, da die Vielfalt auf variante geometrische Merkmale zurückzuführen ist.

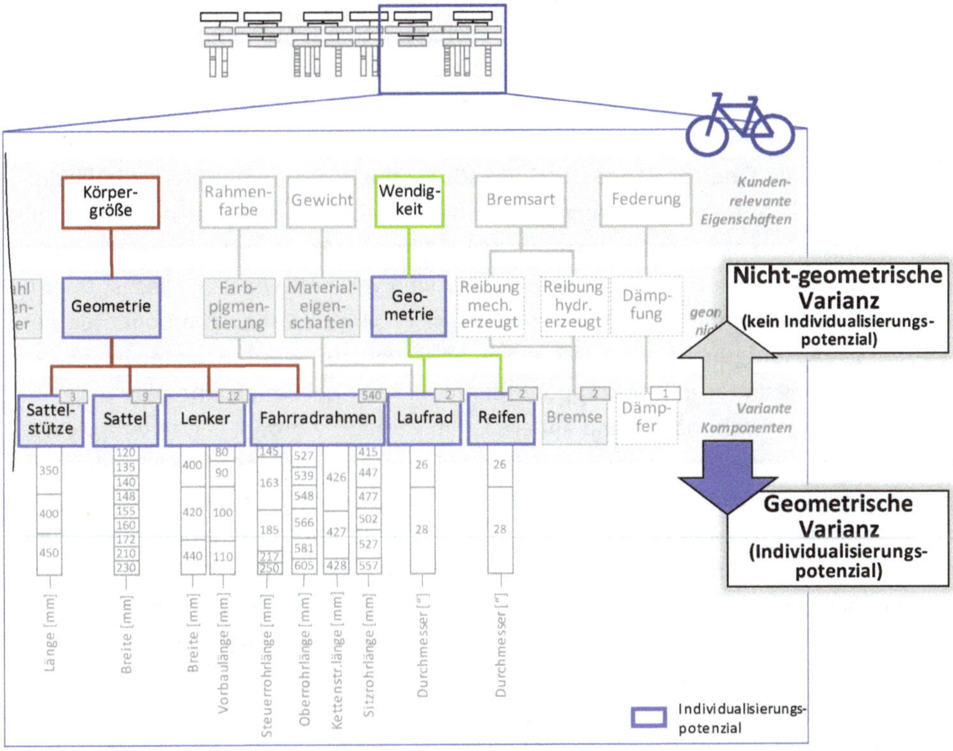

Bild 4.19 Unterscheidung zwischen prinzipieller und geometrischer Varianz zur Ermittlung individualisierungsrelevanter Komponenten im PAM der Produktfamilie des Fahrrads

Wenn eine Standardisierung und Variantenreduzierung von Komponenten zur Komplexitätsbeherrschung zu erheblichen Nutzeneinbußen führen, bietet Individualisierung eine Möglichkeit zur beherrschbaren Umsetzung hoher Komponentenvielfalt. Ziel des Analysewegs *Komponentenvielfalt* ist es, Komponenten zu identifizieren, bei denen durch eine standardisierte Individualisierung eine hohe Komponentenvielfalt kontrollierbarer gestaltet werden kann. So können ggf. Komplexitätskosten, die bei einer festgelegten, kundenanonym definierten Variantenvielfalt bestehen, eingespart werden.

Individualisierungspotenzial haben daher insbesondere Komponenten, welche in vielen unterschiedliche Varianten vorhanden sind. Beim Fahrrad fällt bei der Betrachtung des PAM besonders der Sattel und der Rahmen ins Auge. Die Komponenten mit hoher Vielfalt werden genauer betrachtet. Es wird analysiert, ob die Komponentenvielfalt auf ein Komponentenmerkmal zurückzuführen ist, das besonders viele unterschiedliche Ausprägungen annehmen kann, beispielsweise die Breite des Sattels beim Fahrrad. Die Komponentenvielfalt kann sich aber auch durch die Kombinatorik von Ausprägungen vieler unterschiedlicher Komponentenmerkmale ergeben, wie beispielsweise beim Rahmen des Fahrrads, der durch die Komponentenmerkmale *Oberrohrlänge*, *Steuerrohrlänge*, *Kettenstrebenlänge* und *Sitzrohrlänge* definiert wird. Während beim Sattel das Komponentenmerkmal mit Individualisierungspotenzial leicht zu identifizieren ist, benötigt es beim Fahrradrahmen eine weitere Abwägung, welches Komponentenmerkmal bzw. welche Komponentenmerkmale das größte Individualisierungspotenzial besitzen. Grundsätzlich gilt auch hier, wie bei den Komponenten, dass ein Komponentenmerkmal mit vielen unterschiedlichen Ausprägungen Individualisierungspotenzial besitzt. So weisen die Steuerrohrlänge oder die Oberrohrlänge des Fahrrads beispielsweise ein größeres Individualisierungspotenzial auf als die Kettenstrebenlänge, da es dort mehr Ausprägungen gibt, die die Komponentenvielfalt hervorrufen (vgl. Bild 4.20). Es ist jedoch zusätzlich zu unterscheiden, wie häufig die einzelnen Ausprägungen verkauft wurden. Dies ist über die Höhe des Säulenabschnitts jeder Ausprägung im PAM abzulesen. Komponentenmerkmale, dessen Ausprägungen alle relativ gleichmäßig verkauft werden, bieten ein höheres Individualisierungspotenzial als Komponentenmerkmale, bei denen eine oder einige wenige Ausprägungen sehr häufig und andere kaum verkauft wurden. Letzteres spricht dafür, dass die Kundenanforderungen in Bezug auf dieses Komponentenmerkmal nicht so heterogen sind, wie vom Unternehmen ursprünglich angenommen. Die Steuerrohrlänge des Fahrradrahmens kann beispielsweise 5 unterschiedliche Ausprägungen annehmen (vgl. Bild 4.20). Da jedoch nur zwei der Ausprägungen häufig verkauft werden, scheinen die Kundenanforderungen nicht so heterogen zu sein, wie vom Unternehmen angenommen. Eine Individualisierung scheint nicht sinnvoll. Wichtig an dieser Stelle ist darauf zu achten, dass die geringe Verkaufszahl der Ausprägungen nicht durch ungünstige Kombinatorik mit anderen Komponentenmerkmalen hervorgerufen wird, wenn keine vollständige Kombinatorik gegeben ist. Individualisierungspotenzial weisen die Oberrohrlänge und die Sitzrohrlänge auf.

Es bleibt zu berücksichtigen, ob eine genauere Fertigung unter Berücksichtigung der Fertigungstoleranzen überhaupt realisierbar ist. Es wird untersucht, wie groß die Sprünge zwischen zwei Ausprägungen für ein Komponentenmerkmal sind. Abgeglichen mit den Fertigungsgenauigkeiten, die in Rücksprache mit der Produktion erschlossen werden können, kann ermittelt werden, wie viel feiner die Ausprägungen überhaupt noch werden können. Bei einer Individualisierung nähert sich die Differenz zwischen zwei Ausprägungen dem Wert null an. Für Komponentenmerkmale, deren Differenz in den Ausprägungen bereits sehr klein ist und eine Vielzahl an Varianten vorliegen, sollte eine Individualisierung durch standardisierte Prozesse geprüft werden, um varianteninduzierte Komplexität zu reduzieren.

Die Differenz zwischen zwei Ausprägungen bei der Sattelbreite des Fahrrads beträgt mindestens 5 mm (z. B. 135 mm zu 140 mm). Bei der Fertigung des Kunststoffsattels wird ein Gel in eine Sattelform gespritzt und mit einem ausgestanzten Bezugsstoff bezogen. Eine Fertigung genauer als 5 mm ist für die Sattelbreite realisierbar. Daher bietet dieses Komponentenmerkmal ein hohes Individualisierungspotenzial. Ebenfalls ist bei der Oberrohrlänge eine Fertigung genauer als 18 mm (Differenz zwischen 145 mm und 163 mm) bzw. für die Sitzrohrlänge genauer als 13 mm (Differenz zwischen 502 mm und 477 mm bzw. 527 mm) möglich. Diese Komponentenmerkmale besitzen ein Potenzial für eine Individualisierung. Bei der Kettenstrebenlänge liegt die minimale Differenz in den Ausprägungen bei nur 1 mm, eine genauere Fertigung ist an dieser Stelle, bedingt durch die Fertigungsverfahren, kaum möglich. Es besteht also zusätzlich zu der Tatsache, dass es nicht viele Ausprägungen zu dem Komponentenmerkmal gibt, kein Individualisierungspotenzial für dieses Komponentenmerkmal. Die Komponenten und Komponentenmerkmale mit Individualisierungspotenzial werden im PAM markiert (vgl. Bild 4.20).

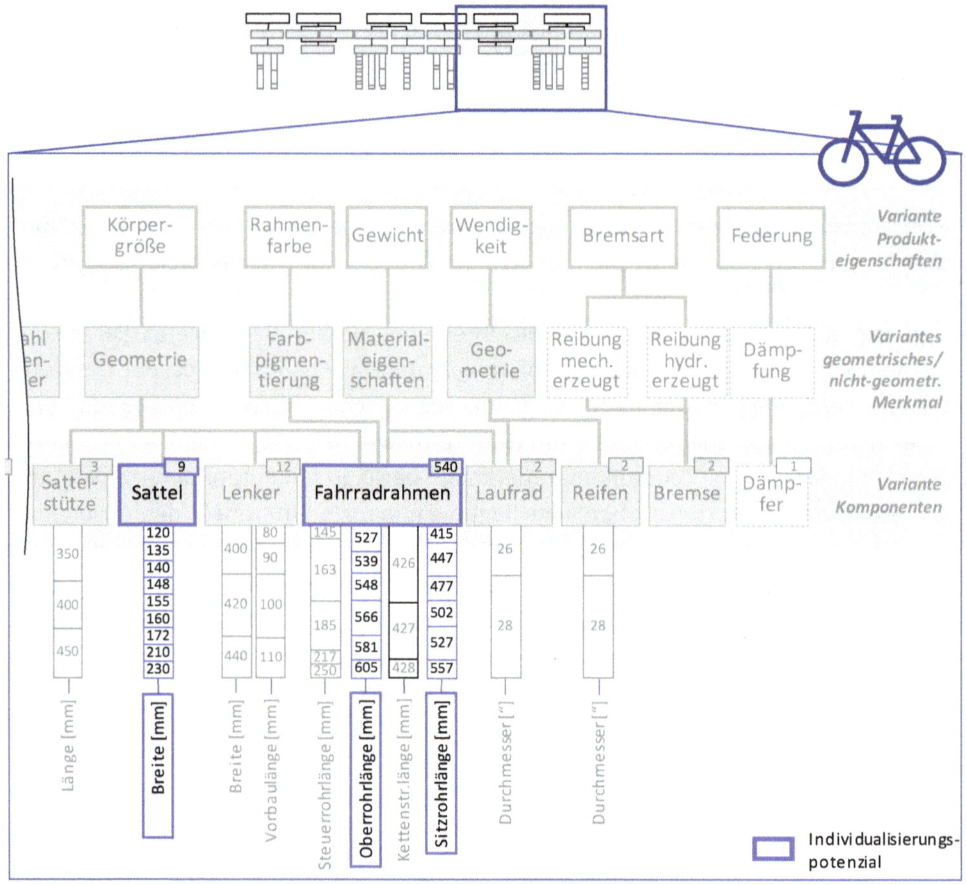

Bild 4.20 Identifikation und Dokumentation individualisierungsrelevanter Komponenten im PAM der Produktfamilie des Fahrrads anhand des Analysewegs *Komponentenvielfalt*

Bei der Produktfamilie des Flow Diverters weist jedes Segment aufgrund der Vielzahl an Varianten (vgl. Bild 4.16) Individualisierungspotenzial auf. Es werden sowohl der Durchmesser als auch die Länge variiert [Kuh21]. Für beide Komponentenmerkmale kann eine Individualisierung sinnvoll sein. Der Durchmesser variiert mindestens in 0,5 mm Schritten. Der Durchmesser wird während der Fertigung des Geflechtes durch den Flechtdorn bestimmt, um den die Nitinoldrähte geflochten werden [Kuh21]. Eine Fertigung des Flechtdorns genauer als 0,5 mm ist möglich. Die Segmentlänge variiert jeweils in mindestens 5 mm Schritten. Die Länge des Geflechtes wird durch das Trennen der Drähte nach einer bestimmten Fertigungszeit mit anschließender Nacharbeit bestimmt. Eine Fertigung genauer als 5 mm ist möglich. Für beide Komponentenmerkmale besteht also weiterhin Individualisierungspotenzial.

Zusammenfassend kann festgehalten werden, dass im Analyseweg *Komponentenvielfalt* der Fokus auf der Identifikation von Individualisierungspotenzialen aus der vorliegenden

Komponentenvielfalt liegt. Es werden sowohl die Komponenten mit Individualisierungspotenzial bestimmt als auch die zugehörigen Komponentenmerkmale mit Potenzial identifiziert und im PAM gekennzeichnet. Dabei werden die vergangenen Verkaufszahlen der Ausprägungen und die Fertigungsgenauigkeit berücksichtigt.

4.4.1.2 Analyseweg *Materialkosten*: Erschließung von Individualisierungspotenzialen aus den Materialkosten von Komponenten

Ziel von Analyseweg *Materialkosten* ist es, Komponenten zu identifizieren, bei denen hohe Materialkosten aufgrund einer Überdimensionierung bestehen können. Je geringer die Vielfalt, desto überdimensionierter sind die Bauteilstrukturen tendenziell ausgelegt, um eine große Bandbreite unterschiedlicher Anforderungen abzudecken. Durch eine standardisierte Individualisierung können diese Kosten reduziert werden, da die Bauteilstrukturen auf die individuellen Kundenbedürfnisse abgestimmt werden und Materialeinsparungen resultieren können.

Für die Erschließung von Individualisierungspotenzialen werden die Komponenten mit den höchsten Materialkosten identifiziert. Die Komponenten mit hohen Materialkosten werden im PAM markiert. Bei einer qualitativen Einschätzung werden durch ein bis drei Euro-Zeichen neben der Komponente auf der untersten Ebene im PAM die Kosten vermerkt. Kein Euro-Zeichen bedeutet, dass die Materialkosten im Vergleich zu den anderen Komponenten hier vernachlässigbar gering sind. Auch standardisierte Komponenten können hohe Materialkosten aufweisen. Da sich für diese Komponenten zunächst empfiehlt, Varianten zu entwickeln und den Einfluss auf die Materialkosten zu untersuchen, werden standardisierte Komponenten im Rahmen dieser Methode nicht tiefergehend untersucht. In den folgenden Methodenphasen wird abgewogen, ob sich die Materialkostenersparnis, die eine Individualisierung einer Komponente und damit exakte Anpassung auf die Kundenwünsche mit sich bringen würde, gegenüber dem Kostenanstieg durch unternehmensinterne Effekte der Individualisierung rechnen.

Im Falle des Fahrrads weist der Fahrradrahmen hohe Materialkosten auf. Insbesondere die Rahmen, die aus Halbzeugen aus Carbon gefertigt werden, sind teuer. Durch eine exakte Anpassung des Rahmens an den individuellen Kunden könnten an dieser Stelle Materialkosten eingespart werden. Auch der Sattel als Zukaufteil bringt hohe Materialkosten mit sich. Das Laufrad, das aus Aluminium oder Faser-Verbund-Werkstoffen gefertigt sein kann, hat vergleichsweise hohe Materialkosten. Der Rahmen, der Sattel und das Laufrad bieten Individualisierungspotenzial aufgrund ihrer Materialkosten. Sie werden im PAM markiert (Bild 4.21).

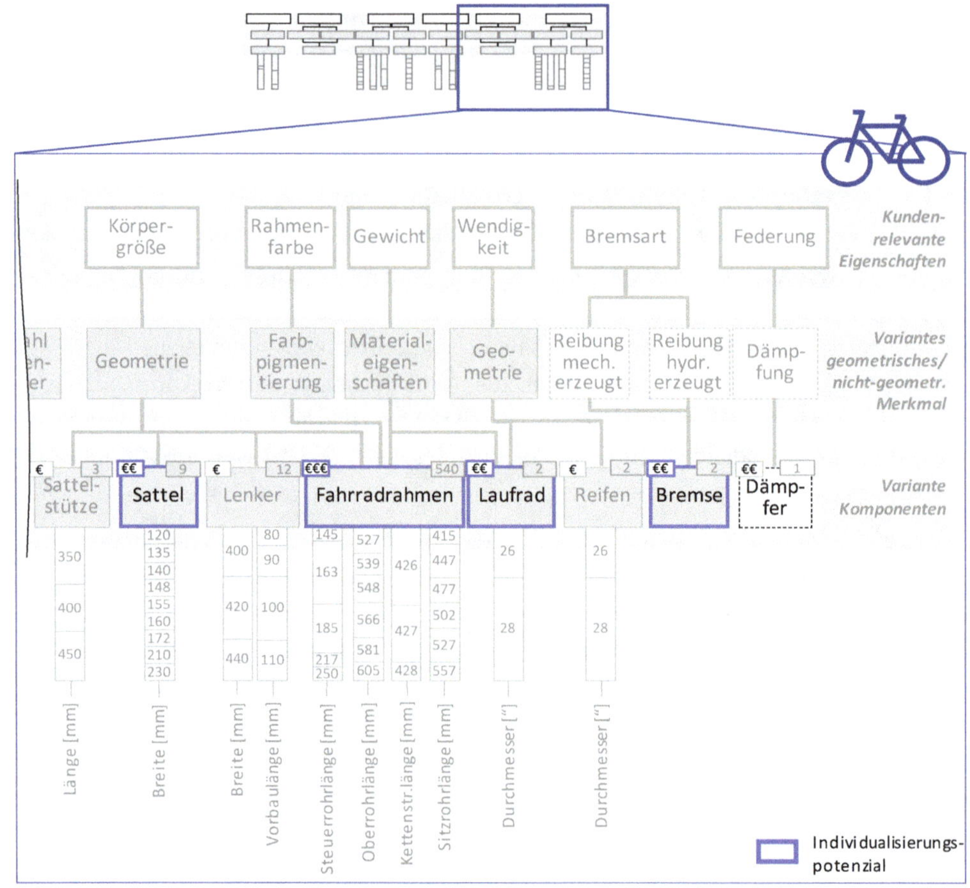

Bild 4.21 Identifikation und Dokumentation individualisierungsrelevanter Komponenten im PAM der Produktfamilie des Fahrrads anhand des Analysewegs *Materialkosten*

Beim Flow Diverter sind die Materialkosten für jedes Segment gleich. Potenzial aus den Materialkostenersparnissen lassen sich hier nicht identifizieren.

Ergebnis des Analyseweg *Materialkosten* ist das Wissen über Komponenten mit hohen Materialkosten, bei denen durch eine Individualisierung und die damit verbundene genaue Erfüllung statt Übererfüllung der Leistung der Komponenten potenziell Kosten gespart werden können.

4.4.1.3 Analyseweg *Sonderlösungen*: Erschließung von Individualisierungspotenzialen aus vergangenen Sonderlösungen

Ziel von Analyseweg *Sonderlösungen* ist es, Komponenten und Komponentenmerkmale zu identifizieren, bei denen durch eine Individualisierung Sonderlösungen und die damit einhergehenden unplanbaren Kosten reduziert werden können. Es ist notwendig, die wirklich umgesetzte bzw. vom Kunden angefragte externe Vielfalt zu erfassen. Dadurch kann verstanden und ermittelt werden, wo die Überdimensionierung und Standardisierung von Strukturen vom Kunden als störend wahrgenommen wird.

Individualisierungspotenzial haben Komponenten und Komponentenmerkmale, für die häufig Sonderausprägungen entwickelt wurden. Es werden geometrische bzw. strukturelle Sonderlösungen und Anfragen der letzten Jahre mit Bezug zur betrachteten Produktfamilie analysiert. Der Anteil an verkauften Produktvarianten mit strukturellen und geometrischen Sonderlösungen wird der Anzahl der Lösungen aus dem Standard-Baukasten in einem Tortendiagramm gegenübergestellt (Bild 4.22, links). Sonderkonstruktionen, die aufgrund neuer Funktionalitäten angefertigt wurden, werden außer Acht gelassen. Diese sind nur schwer vorzuplanen und bedürfen Methoden der zukunftsrobusten Produktarchitekturgestaltung, da zukünftige funktionale Veränderungen Szenarien- und Trendanalysen erfordert (vgl. Kapitel 4.1.1). Unternehmen, die in der Vergangenheit keine oder kaum Sonderlösungen anbieten konnten oder wollten, beispielsweise aufgrund der Zertifizierung der Produkte, können Analyseweg *Sonderlösungen* nicht durchführen. Stattdessen sollte ein größerer Fokus auf Analyseweg *Wechselwirkungen* gelegt werden. Dies ist der Fall beim Flow Diverter, bei dem aufgrund der Zertifizierungsprozesse bei Medizinprodukten keine spontanen, kundenindividuellen Anpassungen ermöglicht werden können.

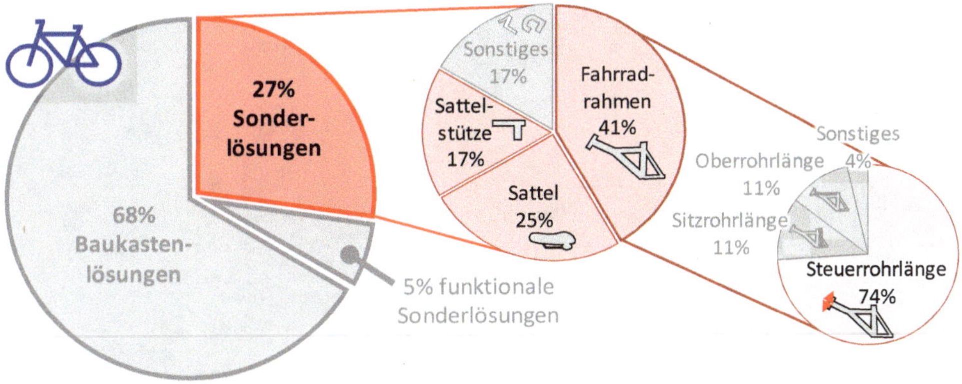

Bild 4.22 Tortendiagramme zur Analyse von Sonderkonstruktionen am Beispiel des Fahrradrahmens

Die Ursachen der Sonderlösungen werden genauer untersucht. Dazu wird analysiert, was genau im Kontext der Sonderlösung angepasst wurde, also welche Komponenten betroffen waren. Eine Visualisierung der Häufigkeit aller Sonderlösungen bezogen auf die Komponenten kann in einem Tortendiagramm erfolgen. Die einzelnen Tortenstücke stellen den Anteil der Komponenten betroffen von einer Anpassung dar (vgl. Bild 4.22, Mitte). Neben der Bestimmung der Anteile der Komponenten sollte festgehalten werden, was genau an der Komponente verändert wurde, also welches Merkmal der Komponente in einer auftragsspezifischen Gestaltung verändert wurde.

Bei Komponenten, deren Sonderlösungen immer auf die gleiche Ausprägung für ein Komponentenmerkmal hinausläuft, sollte der Baukasten um diese eine Ausprägung erweitert werden. Komponenten, deren Sonderlösungen zwar das gleiche Komponentenmerkmal bzw. die gleichen Komponentenmerkmale betreffen, die genaue Ausprägung aber immer unterschiedliche ist, bieten Individualisierungspotenzial. Hier kann eine vorgesehene *Individualisierbarkeit* zu einer Reduktion der Sonderlösungen und der dadurch hervorgerufenen Kosten beitragen.

Die betroffenen Komponenten werden im PAM gekennzeichnet, indem bei der Variantenanzahl der betroffenen Komponenten ein rotes *+X* ergänzt wird (vgl. Bild 4.23). Zusätzlich werden unter der Komponente die Merkmalsausprägungen ergänzt, die im Rahmen der Sonderlösungen verkauft wurden.

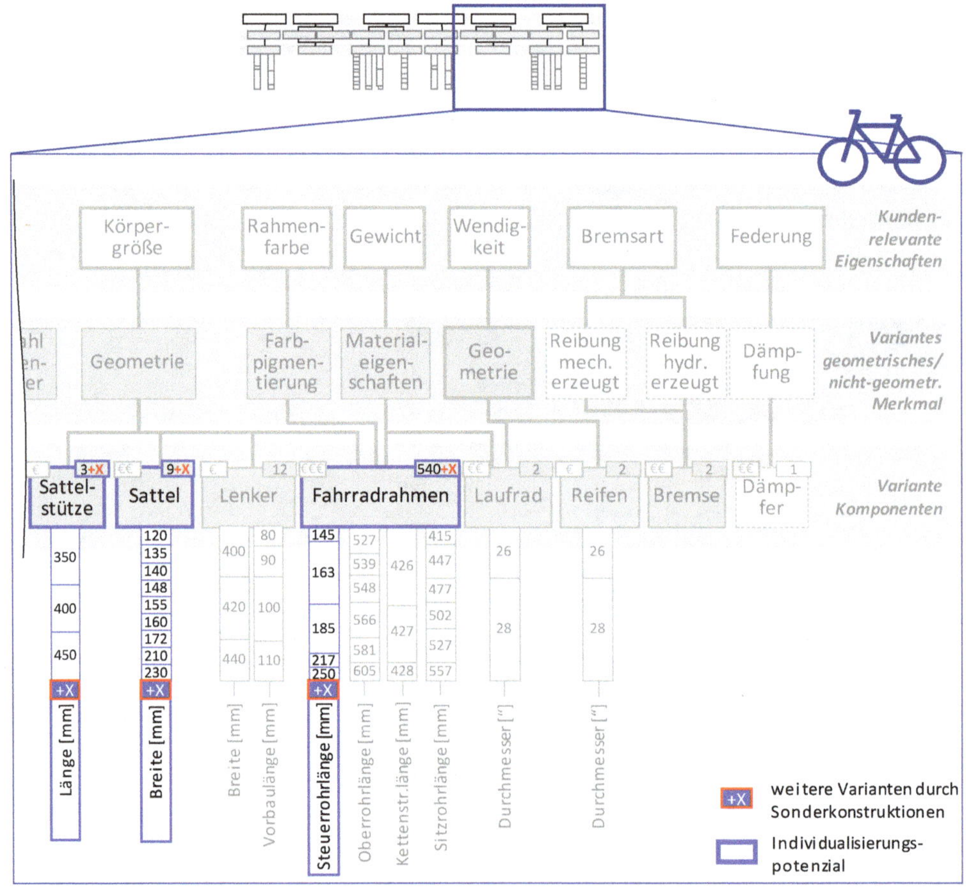

Bild 4.23 Identifikation und Dokumentation individualisierungsrelevanter Komponenten im PAM der Produktfamilie des Fahrrads anhand des Analysewegs *Sonderlösungen*

Für das Fahrradbeispiel in dieser Arbeit wird angenommen, dass das Unternehmen individuelle Breiten für den Sattel (9+X), individuelle Längen für die Sattelstütze (3+X) und individuelle Steuerrohrlängen für den Fahrradrahmen (540+X) als Sonderlösungen realisiert hat. Diese Komponentenmerkmale werden im PAM hervorgehoben und weisen Individualisierungspotenzial auf (Bild 4.23).

Analyseweg *Sonderlösungen* ist damit abgeschlossen. Individualisierungspotenziale, die durch Analyseweg *Sonderlösungen* hergeleitet wurden, fokussieren Sonderlösungen. Durch eine Individualisierung können bislang unplanbare Kosten besser kontrolliert werden.

4.4.1.4 Analyseweg *Wechselwirkungen*: Erschließung von Individualisierungspotenzialen aus Produktkomplikationen und Wechselwirkungen innerhalb des Produktes

Ziel dieses Analysewegs ist es, Komponenten und Komponentenmerkmale zu identifizieren, bei denen durch eine Individualisierung insbesondere der Kundennutzen erhöht werden kann. Durch den gesteigerten Nutzen für den Kunden kann die Bereitschaft, einen höheren Preis zu bezahlen, steigen und die Marge kann erhöht werden.

Beschwerden, Reklamationen sowie dokumentierte Fehlfunktionen und Komplikationen können ein Indiz dafür sein, dass der Kunde mit den vorhandenen Produktvarianten nicht zufriedengestellt werden kann. In Austausch mit dem Vertrieb werden Beschwerden, Komplikationen etc. aufgelistet. Dabei sind Fehlfunktionen aufgrund von Produktionsfehlern sowie durch einen nicht bestimmungsgemäßen Gebrauch des Produktes als Ursache für eine Beschwerde außer Acht zu lassen. Auch Produktbewertungen und Rückmeldungen aus Marktstudien können Aufschluss darüber geben, an welchen Stellen ein Produkt nicht optimal für den individuellen Kunden gestaltet ist. Lässt sich dies durch eine kundenindividuelle, geometrische Anpassung des Produktes beheben, kann Individualisierung relevant sein. Dieser Zusammenhang zwischen Komplikation und Produktmerkmal wird von Produktexperten, ggf. unter Zuhilfenahme von Tests, erschlossen.

Für das Fahrrad werden keine Komplikationen oder Beschwerden angenommen. Beim Flow Diverter hingegen konnten in intensiven Gesprächen zwischen Medizinern und Produktverantwortlichen Schwachstellen des Produktes aufgedeckt werden. Eine Schwierigkeit bei der Verwendung des Flow Diverters besteht in der Wandanlagerung des Implantates im individuellen Gefäß des Patienten [Kuh21]. Es wird die Produktvariante mit dem nächst größeren Durchmesser gewählt, jedoch ist dadurch das Verhalten des Implantates in der Gefäßkurve nicht mehr ideal. Der Geflechtdurchmesser bietet Potenzial zur Verringerung von Komplikationen durch Individualisierung. Auch die Länge des erkrankten Gefäßes und der Gefäßverlauf sind sehr individuell. Durch die Implantate mit vordefinierten Längen kommt es dazu, dass das Implantat nicht optimal liegt und beispielsweise in einer Gefäßkurve beginnen oder enden muss oder aber eine zu geringe Verankerung vor oder hinter dem Aneurysma besteht. Daher bietet auch die Länge aufgrund der Komplikationen Potenzial für eine Individualisierung.

Neben der Berücksichtigung von Komplikationen kann ein Mehrwert für den Kunden auch anhand von Individualisierungsindikatoren identifiziert werden. Durch eine individuellere Passform eines Produktes wird die Funktionserfüllung verbessert, was die Zufriedenheit, Effektivität und Effizienz eines Produktes steigern kann. *Passform* ist einer der von Kuhl und Krause [Kuh22] identifizierten Individualisierungsindikatoren. Dabei ist Passform übergreifend zu interpretieren und beschreibt nicht nur die Passform zu körperlichen Anatomien, sondern auch zu Anlagenlayouts, zur Einsatzumgebung oder dergleichen [Kuh22]. Um für die Passform relevante Komponenten zu identifizieren, werden die Wechselwirkungen des betrachteten Produktes mit den Objekten in der Umgebung während der Nutzung näher betrachtet. Zur visuellen Unterstützung dieser Untersuchung wird die Produktfamilie zentral notiert und die Umgebungsobjekte, die sich in der Peripherie des Produktes befinden, sowie dessen Vielfalt vermerkt. Die Umgebungsobjekte lassen sich beispielsweise in Fotographien oder Dokumentationen der Produktvarianten während der Nutzung bzw. im Betrieb ableiten. Außerdem kann der Vertrieb, Installationsmonteure oder das Service- und Wartungspersonal befragt werden. Diese Personen kennen oftmals die unterschiedlichen Nutzungsszenarien der Produktfamilie und können einschätzen, wie unterschiedlich die Umgebungsobjekte sind. Mit dem Wissen, welche Umgebungsobjekte mit dem Produkt in Beziehung stehen, können die Komponenten identifiziert werden, zu denen eine physische oder kontaktlose Beziehung besteht. Hierbei kann der MIG erweitert werden. Der Betrachtungsrahmen geht nun über die eigentliche Produktfamiliengrenze hinaus.

Je größer die Vielfalt des Objektes, das mit dem Produkt in Beziehung steht, von Kunde zu Kunde bzw. von Auftrag zu Auftrag ist, desto größer das Individualisierungspotenzial. Verändern sich die Umgebungsobjekte innerhalb der Nutzung bei einem Kunden, so ist eine Selbstindividualisierung im Sinne der kundenindividuellen Anpassung des Produktes zielführender (vgl. Kapitel 2.3). Es wird erörtert, wie eine individuelle Anpassung von Komponentenmerkmalen die Wechselwirkung verbessern kann. Eine besondere Form der Wechselwirkung eines Produktes ist die Wechselwirkung der Komponenten mit den menschlichen Sinnen. Eine Individualisierung kann den emotionalen Wert eines Produktes erhöhen. Dies gilt insbesondere für B2C Produkte, bei denen der Nutzer das Produkt nicht nur wegen seiner Funktionalität einsetzt, sondern möglicherweise auch, um damit seine Persönlichkeit auszudrücken. Es wird ermittelt, welche Komponenten vom Nutzer gesehen, gefühlt, gehört, geschmeckt oder gerochen werden können. Spielt beispielsweise das Aussehen oder die Haptik bei der Nutzung des Produktes eine zentrale Rolle, kann so Individualisierungspotenzial aufgedeckt werden. Die Analyseergebnisse werden in den PAM übertragen, in denen die Komponenten und die Komponentenmerkmale markiert werden, die von den Wechselwirkungen betroffen sind.

Die Analyse der Umgebungsobjekte und der Wechselwirkungen des Fahrrads sind in Bild 4.24 zusammengefasst. Die Umgebungsobjekte werden außerhalb der Systemgrenze Fahrrad (gestrichelte Linie) gesammelt (z. B. Gepäck, Untergrund, Fahrradständer). Das

Umgebungsobjekt *Mensch* kann anhand der unterschiedlichen Körperteile, die in direktem (lila Verbindungslinie) oder indirektem Kontakt (grüne Verbindungslinie) mit Komponenten des Fahrrads stehen, weiter unterteilt werden. Die Anatomie des Gesäßes, genauer gesagt die individuellen Gesäßbreite bzw. der Sitzknochenabstand, steht beispielsweise in direkter Wechselwirkung mit dem Sattel, genauer gesagt der Sattelbreite (lila Verbindungslinie). Dieser Kontakt hat einen erheblichen Einfluss auf das Komfortgefühl während der Nutzung des Fahrrads. Gleichzeitig ist die Anatomie von Kunde zu Kunde unterschiedlich (Doppelpfeil mit der Bewertung der Gesäßanatomie von 2), weswegen eine Individualisierung der Sattelbreite relevant sein kann. Ähnliches gilt auch für die individuelle Griffstärke der Hände der Fahrradnutzer, die in direktem Zusammenhang mit den Handgriffen am Lenker stehen und ebenfalls das Komfortgefühl, insbesondere bei längeren Fahrten, beeinflussen. Der bislang standardisierter Griffdurchmesser weist Individualisierungspotenzial auf. Die Lenkerbreite hat einen Bezug zur individuellen Schulterbreite. Der Fahrradrahmen hat ebenfalls Abhängigkeiten zu anatomischen Körpermerkmalen. So hängt die Sitzrohrlänge mit der Schrittlänge zusammen oder die Oberrohrlänge mit der Länge des Oberkörpers des Fahrradfahrers. Die individuelle, anatomische Form des menschlichen Fußes beeinflusst den Antriebssatz kaum (Doppelpfeil mit der Bewertung der Vielfalt der Fußanatomie von 1), weswegen hier eine Individualisierung als nicht relevant eingestuft wird.

Der Untergrund, auf dem mit dem Fahrrad gefahren wird, ist bereits bei der Nutzung des Fahrrads bei einem Kunden unterschiedlich (Kreispfeil mit einer Bewertung der Vielfalt von 2). Eine Individualisierung des Reifens ist hier nicht zielführend. Ähnliches gilt für den Kontakt des Laufrades mit einem Mehrfach-Fahrradständer, in den das Fahrrad zum Parken mit dem vorderen Laufrad eingeschoben wird. Auch hier ist eine Individualisierung nicht sinnvoll. Der Gepäckträger soll flexibel einsetzbar sein, sodass ein Kunde diesen für unterschiedliche Zwecke nutzen kann. Daher ist hier eine Produktindividualisierung des Gepäckträgers durch das Unternehmen und damit die Festlegung auf eine Anwendungssituation wenig zielführend. Ein flexibler Gepäckträger mit einer Einstellbarkeit im Sinne einer Selbstindividualisierung durch den Kunden erscheint hier geeigneter.

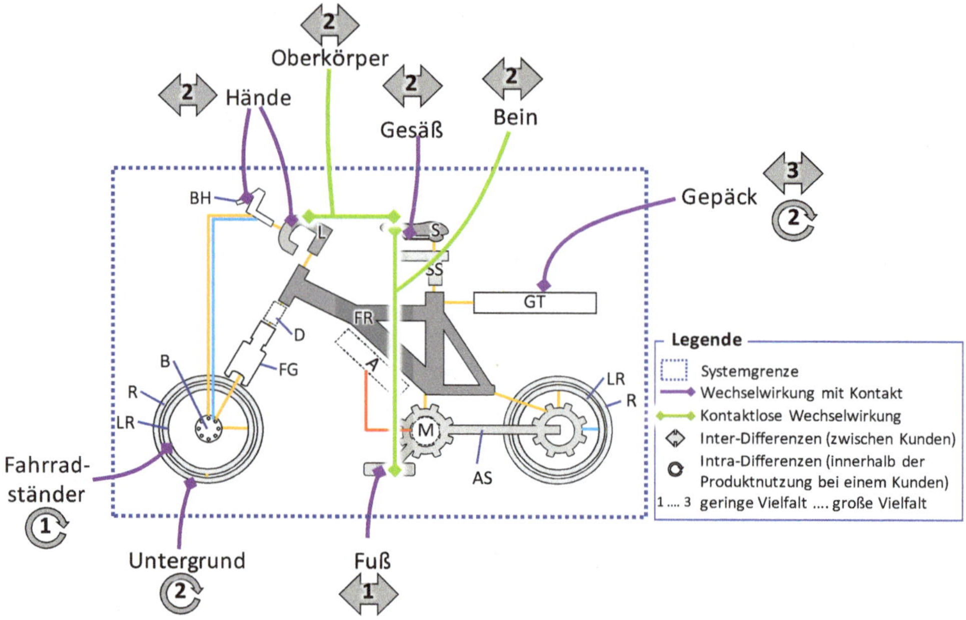

Bild 4.24 Analyse der Umgebungsobjekte (links) und Darstellung der Wechselwirkungen mit Umgebungsobjekten und menschlichen Sinnen im MIG (rechts)

Durch individuelle Gestaltungsmöglichkeiten am Fahrrad kann der emotionale Bezug des Besitzers zum Produkt erhöht werden. Dazu können die nicht-geometrischen Merkmal der Farbe und auch die Form der sichtbaren Komponenten beitragen. Für die farbliche Gestaltung des Fahrradrahmens stehen derzeit unterschiedliche Varianten zur Verfügung. Hier wäre eine Individualisierung der Farbpigmentierung denkbar. Auch ist eine individuelle Farbpigmentierung der großen, sichtbaren Komponenten Laufrad und Lenker eine Möglichkeit, den emotionalen Wert des Fahrrads für den individuellen Kunden zu erhöhen.

Die Analyseergebnisse werden in den PAM übertragen (Bild 4.25). Blau hervorgehoben werden die Komponentenmerkmale, die Individualisierungspotenzial besitzen (z. B. die Sattelbreite oder die Lenkerbreite). Zuvor standardisierte Merkmale, für die aufgrund der Wechselwirkungen zu Umgebungsobjekten eine größere Vielfalt durchaus relevant werden kann, werden hinzugefügt (hier beispielsweise der Griffdurchmesser beim Lenker). Die Farbe als nicht-geometrisches Merkmal, jedoch mit Bezug zu den emotionalen Werten, wird auf der mittleren Ebene des VAM hervorgehoben. Der PAM zeigt, dass der Sattel, der Lenker sowie der Fahrradrahmen und das Laufrad Individualisierungspotenzial bieten.

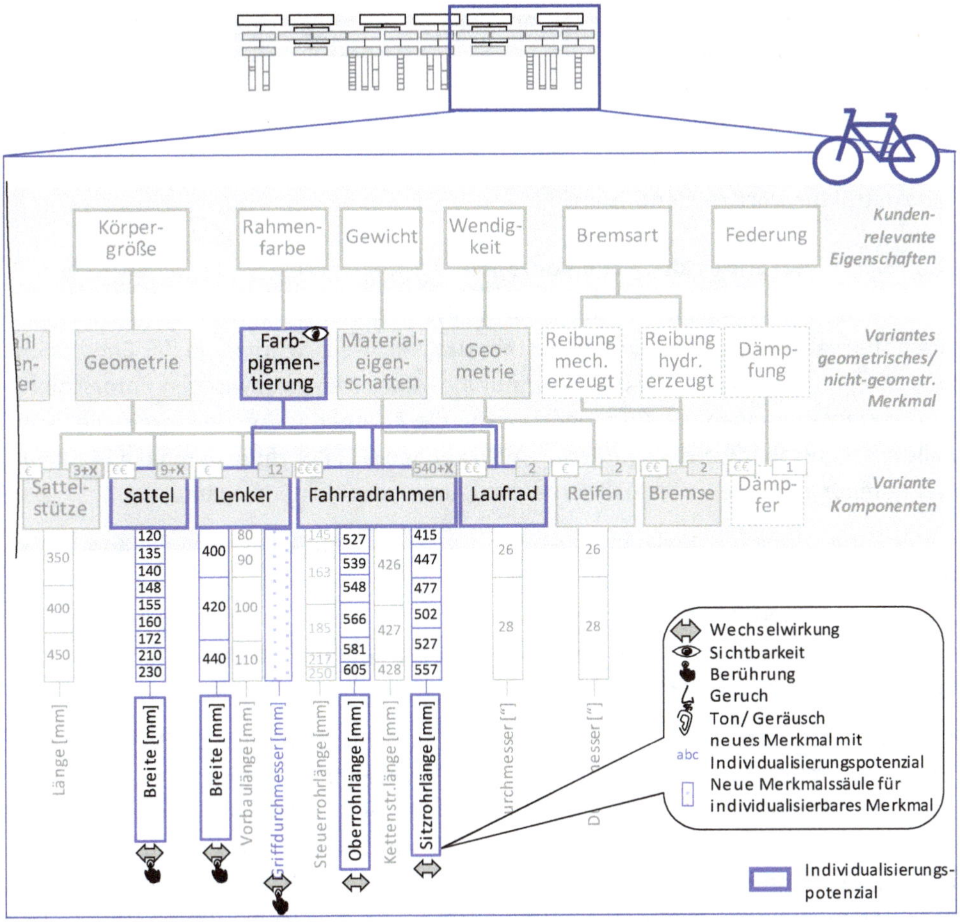

Bild 4.25 Identifikation und Dokumentation individualisierungsrelevanter Komponenten im PAM der Produktfamilie des Fahrrads anhand des Analysewegs *Wechselwirkungen*

Beim Flow Diverter stehen die Gefäßwand und das Blut mit dem Flow Diverter im implantierten Zustand in Wechselwirkung. Eine Analyse der Nutzungsszenarien (vgl. Bild 4.1) zeigt, dass die Gefäße in ihrem Verlauf und ihrer Größe von Kunde zu Kunde bzw. von Patient zu Patient sehr unterschiedlich sind [Kuh21]. Damit weist der Durchmesser des proximalen und distalen Segments Individualisierungspotenzial auf. Hier besteht eine direkte Berührung. Da der Flow Diverter nicht direkt mit anderen menschlichen Sinnen agiert und nicht für den emotionalen Ausdruck des Kunden benötigt wird, ist eine Untersuchung weiterer Wechselwirkung mit den menschlichen Sinnen hier nicht zweckmäßig.

Der Analyseweg *Wechselwirkungen* zeigt Potenzial auf, wie der Wert eines Produktes für den Kunden erhöht werden kann. Dadurch kann die Bereitschaft, einen höheren Preis für das Produkt zu bezahlen, steigen, was wiederum zu einer Gewinnerhöhung für das Unternehmen führt.

Die Ergebnisse dieser Analyse bildet zusammen mit den übrigen Ergebnissen aus Methodenschritt 2.1 die Grundlage für die Entwicklung von Produktstrukturkonzepten mit Individualisierung, die im Folgenden beschrieben wird. Die Analyseergebnisse der unterschiedlichen Analysewege werden in einem PAM zusammengetragen. Damit ist Methodenschritt 2.1 abgeschlossen und unterschiedliche Individualisierungspotenziale in der Produktstruktur wurden identifiziert.

4.4.2 Schritt 2.2: Entwicklung von Konzepten

Nachdem auf Grundlage unterschiedlicher Analysewege unterschiedliche Individualisierungspotenziale hergeleitet wurden, besteht das Ziel dieses Schrittes in der Entwicklung von Konzepten für eine Produktstruktur mit Individualisierung. Zwischen unterschiedlichen Konzepten können die Komponente oder die Anzahl der Komponenten, die individualisierbar gestaltet werden, variieren. Auch können sich Konzepte durch die Merkmale einer Komponente, die individualisierbar sind, unterscheiden (vgl. Kapitel 4.1.2).

Bei der Entwicklung von Konzepten werden zunächst mithilfe des PAM die Komponentenmerkmale mit dem größten Individualisierungspotenzial identifiziert, also die Komponenten bzw. Komponentenmerkmale, für die mehrere der Indikatoren zutreffen. Es wird untersucht, inwiefern sich eine Individualisierung des Komponentenmerkmals auf andere Komponenten auswirkt.

Das Vorgehen bei der individualisierungsgerechten Produktgestaltung mithilfe des PAM ist für das Fahrrad in Bild 4.26 zusammengefasst. Vom Fahrradrahmen gibt es viele mögliche Varianten (540+X). Außerdem weist der Rahmen hohe Materialkosten auf (€€€) und es handelt sich um eine Komponente, die häufig von Sonderlösungen betroffen ist (+X bei Komponentenmerkmal Steuerrohrlänge). Hier ist demnach viel Potenzial für eine Individualisierung. Insbesondere für die Steuerrohrlänge, die Oberrohrlänge und die Sitzrohrlänge sind potenzielle Kandidaten für eine Individualisierung, da sie aktuell eine Vielzahl an Ausprägungen annehmen können bzw. Sonderausprägungen entwickelt werden.

Die identifizierten Komponentenmerkmale als Startpunkt nehmend wird im PAM zurückverfolgt, wie sich eine Individualisierung des identifizierten Komponentenmerkmals auf andere Komponenten auswirkt. Dazu wird herausgearbeitet, mit welcher kundenrelevanten Eigenschaft das Komponentenmerkmal in Verbindung steht. Es wird überprüft, mit welchen weiteren Komponenten die kundenrelevante Eigenschaft in Beziehung steht und inwiefern eine Individualisierung abhängiger Komponentenmerkmale notwendig ist. Bei kundenrelevanten Eigenschaften, die viele Komponenten betreffen, kann die Abspaltung einer neuen individualisierungsrelevanten Eigenschaft geprüft werden, die dann mit den entsprechenden Komponenten verbunden wird. Beim Fahrrad wird beispielsweise eine Individualisierung der Sitzrohrlänge des Rahmens in Betracht gezogen (Bild 4.26, Punkt 1). Wird der Pfad im PAM verfolgt (Punkt 2, roter Pfeil), besteht eine Verbindung zur kundenrelevanten Eigenschaft der Körpergröße (rote Umrandung). Die Körpergröße an sich drückt jedoch die Gründe für eine individualisierte Sitzrohrlänge nicht präzise genug aus. Daher wird aus der Körpergröße die kundenrelevante Eigenschaft der Schrittlänge abgespalten und auf oberster Ebene im PAM neu hinzugefügt (Punkt 3, neue kundenrelevante Eigenschaft mit rosa Umrandung). Alle Verbindungen der ursprünglichen kundenrelevanten Eigenschaft der *Körpergröße* werden nun dahingehend überprüft, ob ein Zusammenhang zur Schrittlänge besteht (Punkt 4, rosa Pfeil von oben nach unten). Beispielsweise beeinflusste die Körpergröße die Sattelstütze. Die neue Eigenschaft der Schrittlänge kann diesen Zusammenhang jedoch deutlich präziser wiedergeben, weswegen eine Verbindung ergänzt (rosa Pfeil zu Sattelstütze) und die ehemalige Verbindung von der Körpergröße entfernt wird (X auf ehemaliger Linie über Sattelstütze).

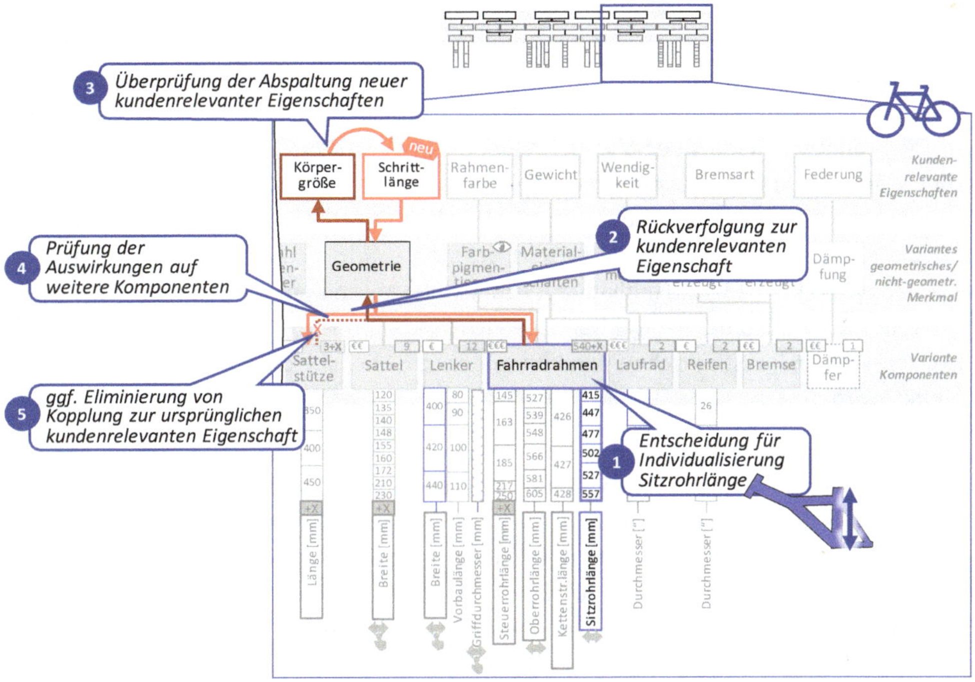

Bild 4.26 Vorgehen bei der individualisierungsgerechten Produktgestaltung mithilfe des PAM

Analog kann für die anderen Merkmale mit Individualisierungspotenzial verfahren werden. Für die Steuerrohrlänge und die Oberrohrlänge des Fahrradrahmens wird beispielsweise die individualisierungsrelevante Eigenschaft Oberkörperlänge neu definiert. Ausgehend vom Individualisierungspotenzial der Sattelbreite wird die individualisierungsrelevante Eigenschaft des Sitzknochenabstandes neu definiert. Schulterbreite kann bei einem Konzept zur Individualisierung der Lenkerbreite hinzugefügt werden. Individuelle Griffdurchmesser am Lenker können auf die individualisierungsrelevante Eigenschaft der Griffstärke zurückgeführt werden. Je nachdem, welches Konzept verfolgt wird, sind die individualisierungsrelevante Eigenschaft hinzuzufügen.

Entsprechend der Ideale der variantengerechten Produktgestaltung aus dem *Integrierten PKT-Ansatz* (vgl. Kapitel 3.5.1) wird durch die Definition neuer kundenrelevanter Eigenschaften eine 1-zu-1-Zuordnung zwischen kundenrelevanter Eigenschaft und Komponente wieder möglich. Durch die individualisierungsgerechte Gestaltung werden die definierten, kundenrelevanten Eigenschaften überprüft und gezielt erweitert. Bezüglich des Ideals der Reduzierung ist die Abspaltung des individualisierungsrelevanten Merkmals aus der Komponente zu überprüfen. Zusätzlich wird untersucht, inwiefern sich eine Individualisierung eines Komponentenmerkmals auf die standardisierten Schnittstellen der Komponente auswirkt. Wird beispielsweise eine Länge verändert, muss diese Längenänderung von allen parallel verlaufenden Komponenten mitgetragen werden. Wird beim Fahrrad beispielsweise die Oberrohrlänge verändert, wird im MIG untersucht, welche Komponenten parallel verlaufen. In diesem Fall gibt es keine parallel verlaufenen Komponenten, was eine Individualisierung ohne Auswirkung auf andere Komponenten ermöglicht. Würde die Steuerrohrlänge individualisiert werden, müsste die Bremsleitung auch individualisiert werden – oder durch eine Überdimensionierung der Bremsleitung die Längenunterschiede über Varianten abgebildet werden. Zur Differenzierung zwischen standardisierter, varianter und individualisierbarer Komponente in der Produktfamilienstruktur und zur Darstellung der priorisierten Konzepte wird der MIG aufgestellt und die Komponente, die individualisiert werden soll, blau hervorgehoben (vgl. Bild 4.27). Zusätzlich werden die individualisierungsrelevanten Komponentenmerkmale vermerkt. Es ist möglich, dass von unterschiedlichen Komponentenmerkmalen ausgehend, durch die Abhängigkeit zwischen den Komponenten, ähnliche oder gleiche Konzepte abgeleitet werden.

Bild 4.27 zeigt übersichtlich mögliche Konzepte zur Individualisierung des Fahrrads, die aus dem PAM ausgelesen werden können (Konzepte teilweise ausgegraut). Mit den Ergebnissen aus der Methodenphase werden in Diskussionen unter Produktexperten drei Konzepte ausgewählt, im MIG dargestellt und zugehörige individualisierungsrelevante Eigenschaften definiert. Ausgewählt werden das Konzept *Reach-Faktor* mit einer individualisierbaren Oberrohrlänge und der neuen individualisierungsrelevanten Eigenschaft *Oberkörperlänge*, das Konzept *Sattelergonomie* mit einer individualisierbaren Sattelbreite aufgrund individueller Sitzknochenabstände, sowie das Konzept *Stack-Faktor* mit einer individualisierten Sitzrohrlänge auf Grundlage individueller Schrittlängen, mit der gleichzeitig eine individualisierte Steuerrohrlänge einhergeht.

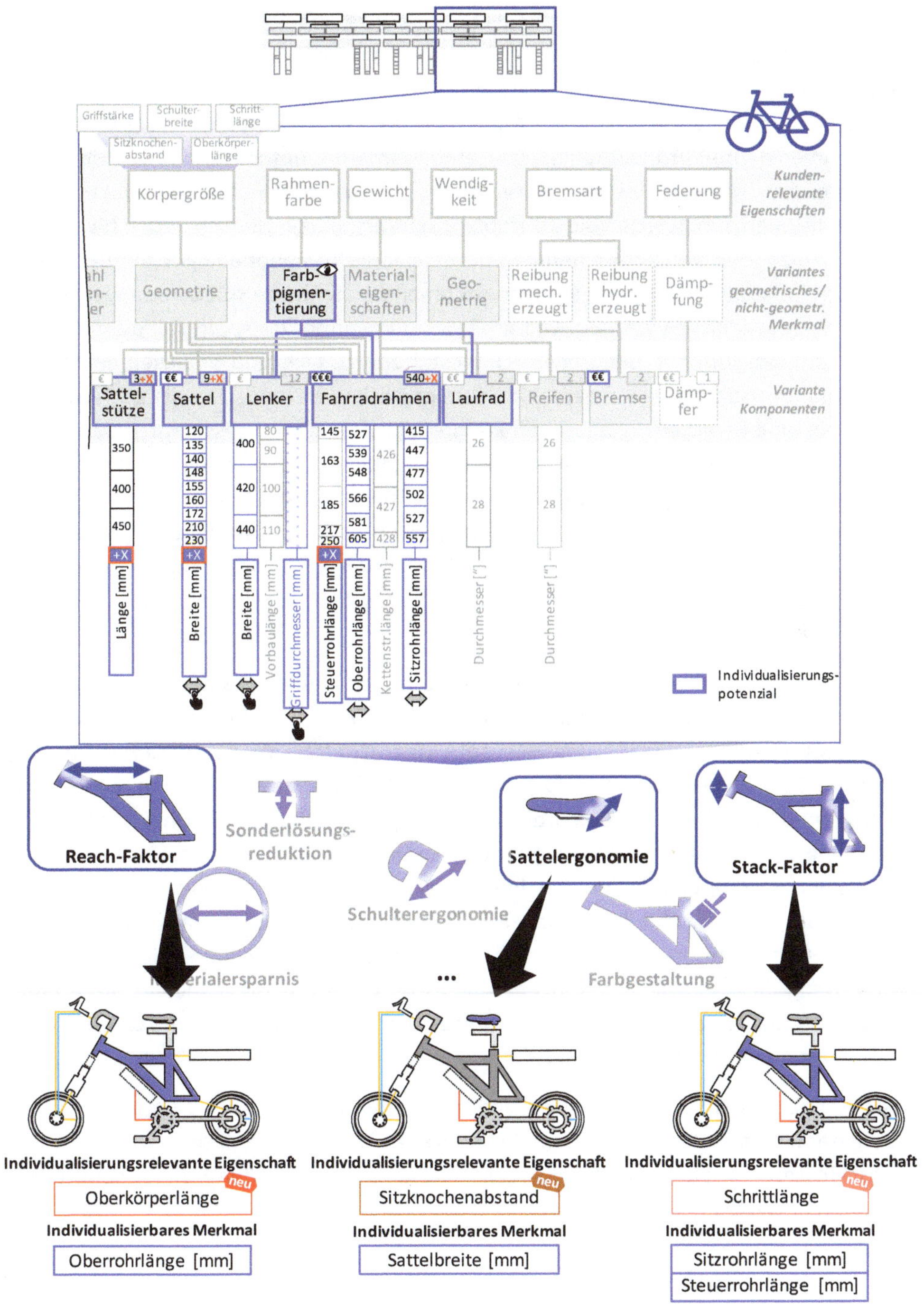

Bild 4.27 Entwicklung von Konzepten für die Produktfamilie des Fahrrads

Insgesamt sollten mehrere unterschiedliche Konzepte abgeleitet werden. Bei einer zu großen Anzahl an Konzepten wird der in Methodenphase III anfallende Bewertungsaufwand sehr groß. Bei einer zu kleinen Anzahl an Konzepten kann der Nutzen der Konzepte nicht gegenübergestellt werden. Die Argumente für oder gegen ein Konzept sind stark unternehmens- und produktabhängig. Gemeinsam mit unterschiedlichen Unternehmensbereichen, darunter insbesondere das Produktmanagement, die Produktentwicklung und der Vertrieb, werden die Konzepte diskutiert. Bei der Entscheidung für die weiter zu verfolgenden Konzepten nehmen unterschiedliche Randbedingungen des Unternehmens Einfluss. Abhängig von der Unternehmensstrategie, beispielsweise welche Umgestaltungen zugelassen werden, wie groß der Innovationsgrad sein soll oder welchen Umfang die individualisierungerechte Umgestaltung zeitlich und finanziell einnehmen darf, können verschiedene Konzepte im Team priorisiert werden. Dazu ist auch zu diskutieren, wie eine Realisierung aussehen könnte bzw. wie die Prozesse entsprechend gestaltet werden müssten und ob das unter den gegebenen Randbedingungen umsetzbar ist. Der mögliche Lösungsraum für die Individualisierung eines Komponentenmerkmals wird durch unterschiedliche Aspekte begrenzt, darunter beispielsweise die Zertifizierung, die Einsatzsituation, Fertigungs- und Materialparameter, die Montierbarkeit oder strategische Unternehmensentscheidungen. Diese gilt es in den Diskussionen zu berücksichtigen.

Für den Flow Diverter sind die entwickelten Konzepte in Bild 4.28 dargestellt. Die Konzeptentwicklung gestaltet sich analog zum Fahrrad. Während der Konzeptentwicklung werden als neue individualisierungsrelevante Eigenschaften die *distale Gefäßlänge*, die *proximale Gefäßlänge* und der *Aneurysmahals* identifiziert. In Diskussionen mit Produktexperten und Medizinern werden drei Konzepte für eine detailliertere Untersuchung und Bewertung ausgewählt: *Verankerung distal* mit einem individualisierbaren Durchmesser des distalen Segments aufgrund der individualisierungsrelevanten Eigenschaft *Distaler Durchmesser*, das Konzept *Individueller Endpunkt* mit einer individualisierbaren Länge des proximalen Segments und der neuen individualisierungsrelevanten Eigenschaft *Proximale Gefäßlänge* sowie das Konzept *Aneurysmazone* mit einer individualisierbaren Länge des Aneurysmasegmentes auf Grundlage der neuen individualisierungsrelevanten Eigenschaft *Aneurysmahals* (vgl. Bild 4.28).

Das Ergebnis des Methodenschrittes sind alternative Produktstrukturkonzepte für die Produktfamilie. Mit der Entwicklung der Konzepte ist die Phase II der PMEA-Methode abgeschlossen. Die ausgewählten Konzepte werden im Folgenden tiefergehend untersucht und bewertet.

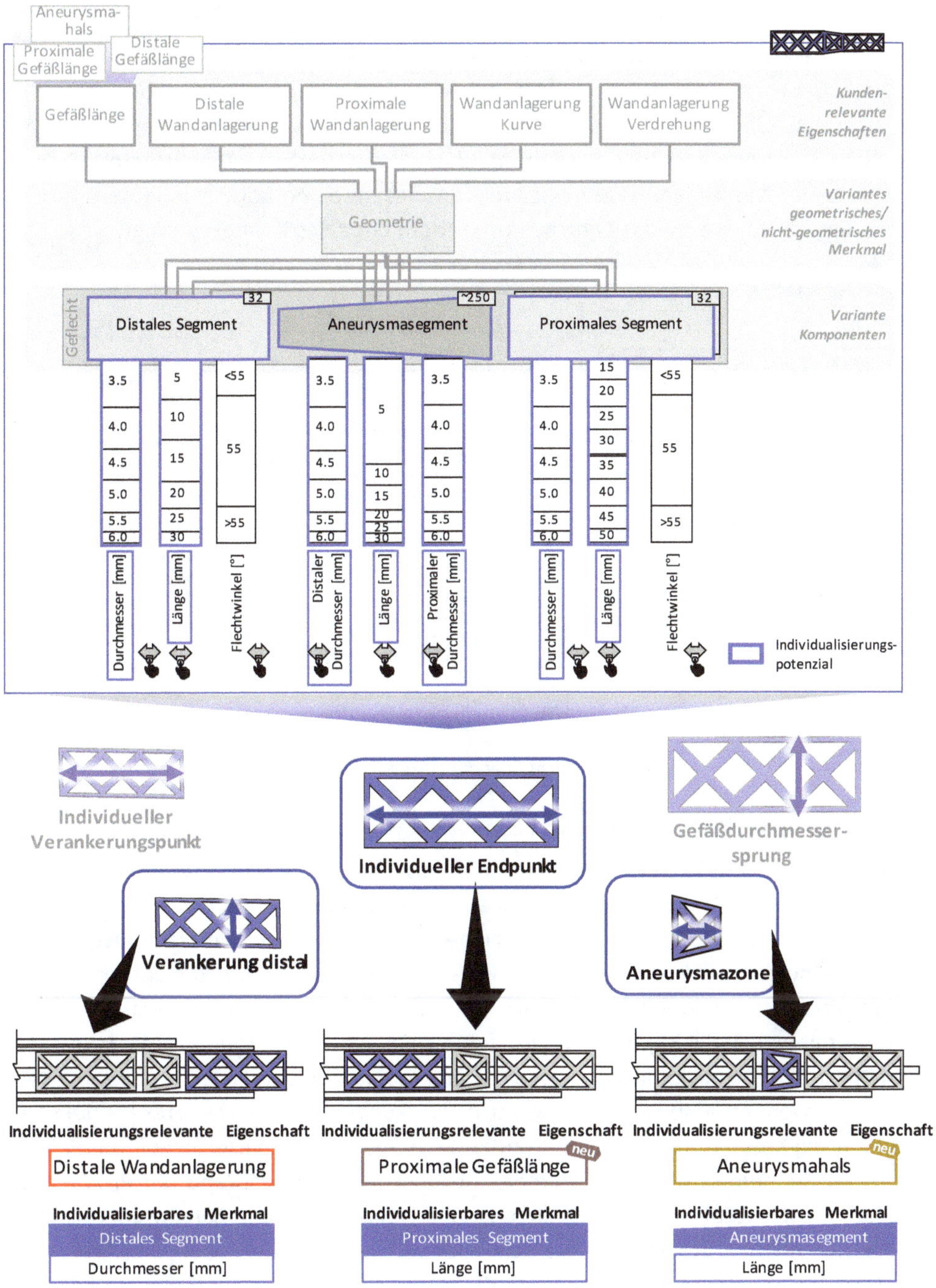

Bild 4.28 Ausgewählte Konzepte für die Produktfamilie des Flow Diverters

4.5 Phase III: Bewertung von Individualisierungsnutzen und -auswirkungen

In Phase III werden die entwickelten Konzepte hinsichtlich des Individualisierungsnutzens, der Unternehmenseffekte und der Individualisierungsauswirkungen bewertet. Bild 4.29 zeigt eine Übersicht über die dritte Methodenphase. Die Schritte der Methodenphase und deren Anwendung werden anhand des Flow Diverters näher erläutert. Da sich die Effekte der Methodenphase vollständig an diesem einen Beispiel erläutern lassen, werden die Ergebnisse für das Fahrrad nur kurz am Ende des Kapitels gezeigt.

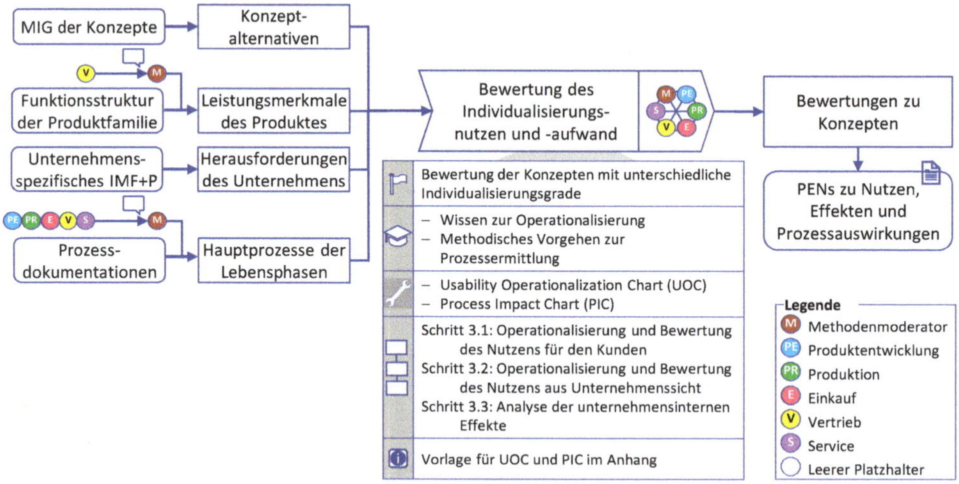

Bild 4.29 Übersicht über die dritte Methodenphase

4.5.1 Einführung der Personalization Evaluation Numbers

Zur Bestimmung des Nutzens, der unternehmensinternen Effekte und der Prozessauswirkungen werden für die in Phase II final ausgewählten Konzepte unterschiedliche *Personalization Evaluation Numbers*, kurz PEN, bestimmt. Je Konzept wird die $PEN_{K\text{-}Nutzen}$ für den Kundennutzen, die $PEN_{U\text{-}Effekte}$ für den Unternehmensnutzen bzw. die unternehmensinternen Effekte sowie die $PEN_{U\text{-}Prozesse}$ für die unternehmensinternen Prozessauswirkungen ermittelt (vgl. Bild 4.30). Mithilfe der unterschiedlichen PEN können dann in der späteren Phase IV die Individualisierungskonzepte miteinander verglichen und ein Konzept ausgewählt werden. Eine Betrachtung der Auswirkungen individualisierter Produktvarianten auf die Produktnutzung beim Kunden wird im Rahmen dieser Arbeit außer Acht gelassen. Durch eine Untersuchung möglicher Einsparungen während der Produktnutzung können Rückschlüsse auf die sich möglicherweise ändernden Zahlungsbereitschaft bei der Anschaffung geschlossen werden. Hier wird auf die Methoden der Zielkostenrechnung (*Target Costing*) verwiesen, mithilfe derer die Zahlungsbereitschaft bzw. ein angemessener Produktpreis für individualisierte Produkte bestimmt werden kann (z. B. [Gah04], [Lin06]).

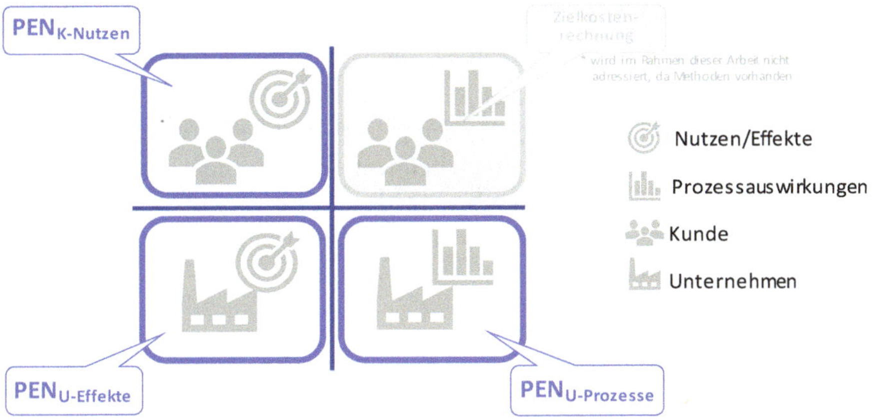

Bild 4.30 PEN-Matrix für die Bewertung der Konzepte mit individualisierbaren Komponenten

Die Herleitung der unterschiedlichen PEN kann aufgrund quantitativer und qualitativer Bewertungen erfolgen. Ist das Ziel der Methode, konkrete Kosten(-ersparnisse) einer Individualisierung darstellen zu können, muss eine quantitative Bewertung genutzt werden. Diese benötigt viele Input-Daten, für die umfangreiche Datenanalysen und -auswertungen notwendig sind. Der Vorteil ist eine genaue Aussage über die Kosten und Einsparungen. Bei einer qualitativen Bewertung ist der Aufwand zur Datenanalyse geringer, das Ergebnis jedoch nur eine qualitative Aussage. Es wird empfohlen, zunächst eine qualitative Untersuchung durchzuführen. Sind die Ergebnisse zufriedenstellend und vielversprechend, können die qualitativen Bewertungen durch quantitative Aussagen untermauert und detailliert werden. Hierbei ist der Zeitaufwand zur doppelten bzw. iterativen Durchführung der Methodenphase zu bedenken.

Zur Bestimmung der unterschiedliche PEN werden Variablen hergeleitet, dessen Veränderung im Vergleich zum Ausgangskonzept beurteilt und ein Durchschnitt der Veränderungen für ein Konzept gebildet. Bei der qualitativen Bewertung erfolgt die Bewertung einer Variablen über linguistische Kriterien, also *starke/ moderate/ geringe Verbesserung, gleichbleibend* oder *geringe/ moderate/ starke Verschlechterung*. Da eine lineare Verteilung hier angenommen werden kann, werden diesen Begriffen Werte von -5 (starke Verschlechterung) bis +5 (starke Verbesserung) zugeordnet. Dies erfolgt in einem Workshop mit Experten, die einen guten Überblick über das Produkt, dessen Nutzung und die strategische Ausrichtung des Unternehmens haben. Bei einer quantitativen Bewertung wird die Veränderung der Variablen prozentual angegeben. Dafür ist der Ausgangszustand mit Werten zu belegen.

Die Bestimmung und Dokumentation der Variablen zur Bestimmung der $PEN_{K\text{-}Nutzen}$, der $PEN_{U\text{-}Effekte}$ und der $PEN_{U\text{-}Prozesse}$ wird nachfolgend erläutert.

4.5.2 Schritt 3.1: Operationalisierung und Bewertung des Nutzens für den Kunden

Zur Ermittlung der $PEN_{K\text{-}Nutzen}$, die den Nutzen eines Konzeptes mit Individualisierung aus Kundensicht ausdrückt, wird die *Usability Operationalization Chart*, kurz UOC, genutzt. Eine unausgefüllte UOC und das grobe Vorgehen zum Ausfüllen des Tools ist in Bild 4.31 zu sehen. Die Blanko-Vorlage für eine UOC befindet sich außerdem groß im Anhang A4, Seite 162. Zunächst werden die Konzepte in die UOC übertragen (Bild 4.31, Punkt 1). Da die UOC im weiteren Verlauf auch zur Bewertung der Konzepte aus Unternehmenssicht genutzt werden kann, muss die Sichtweise der Untersuchung vermerkt werden (Bild 4.31, Punkt 2).

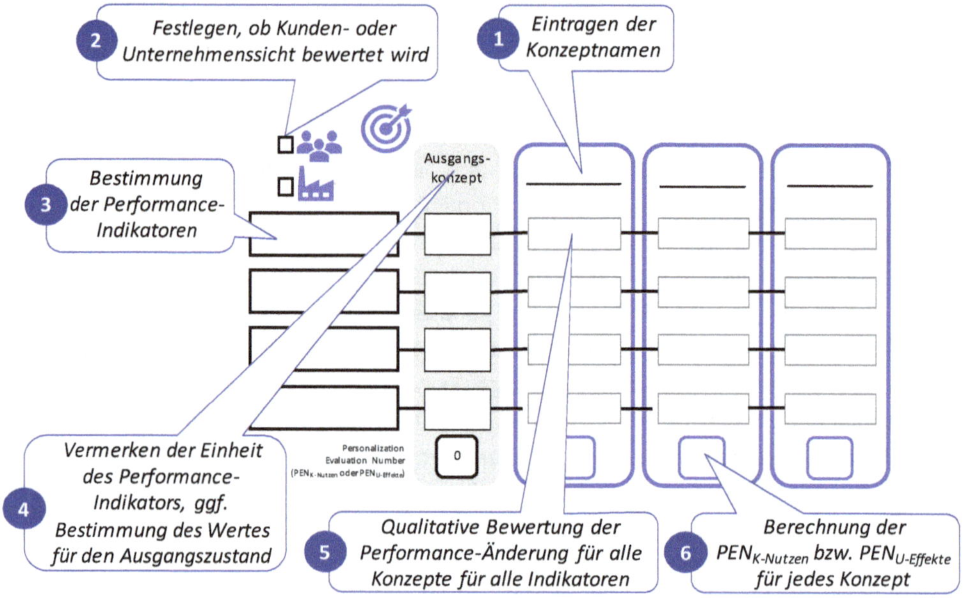

Bild 4.31 Vorgehen zum Ausfüllen der UOC zur Bestimmung der PEN_{Nutzen} der Konzepte mit Individualisierung

Zur Bewertung des Konzeptnutzens aus Kundensicht und zur Bestimmung der $PEN_{K\text{-}Nutzen}$ werden Performance-Indikatoren definiert (Bild 4.31, Punkt 3).

Diese beschreiben, wodurch ein Produkt effizient, effektiv und zufriedenstellend für Kunden wird. Idealerweise ist es möglich, Indikatoren zu definieren, mit denen die Leistung bzw. die Performance eines Produktes objektiv messbar ist, sodass Produkttest durchgeführt werden können. Zur Definition der Performance-Indikatoren ist zu hinterfragen, welche Aufgaben das Produkt bei Kunden erfüllt. Gegebenenfalls sind Performance-Indikatoren in der Anforderungsliste bzw. dem Lastenheft definiert oder werden bei Kundenaufträgen festgelegt. Auch kann es hilfreich sein, eine Analyse der Funktionsstruktur eines Produktes durchzuführen und aus den Haupt- oder Teilfunktionen Performance-Indikatoren abzuleiten. Dafür wird die hierarchische Funktionsstruktur aufgestellt und in Diskussionen Indikatoren für die unterschiedlichen Haupt- oder Teilfunktionen festgelegt. Bei dieser Operationalisierung des Kundennutzens ist darauf zu achten, nicht zu viele Indikatoren zu definieren, sondern sich auf die wichtigsten und aussagekräftigsten Indikatoren zu beschränken. Bei zu wenigen Indikatoren werden die Unterschiede zwischen Konzepten jedoch nicht deutlich. In der grau hinterlegten Spalte der UOC (vgl. Bild 4.31, Punkt 4) wird eine Einheit eingetragen, in der der Performance Indikator gemessen wird, beispielsweise Prozent, Stunden, Millimeter oder Anzahl. Bei einer quantitativen Bewertung des Indikators ist zudem die durchschnittliche Größe des Indikators im Ausgangskonzept zu vermerken.

Die Funktionsstruktur des Flow Diverters ist in Bild 4.32 gezeigt. Aus den Teilfunktionen lassen sich Performance-Indikatoren ableiten. Wie gut der Flusswiderstand ausgebildet wird, kann durch die Verwirbelung des Blutflusses im Aneurysma bewertet und gemessen werden. Die Leitung des Blutflusses ist durch den Volumenstrom bzw. die Flussgeschwindigkeit im Aneurysma im Vergleich zur Flussgeschwindigkeit im Gefäß bewertbar. Aus der Funktion *Position einnehmen* lässt sich die messbare Variable der Implantationszeit ableiten. Wie gut die implantierte Position beibehalten werden kann, wird durch den maximalen Abstand zwischen Gefäßwand und Stent definiert. Je kleiner der Abstand zwischen der Gefäßwand und dem Flow Diverter, desto geringer die Gefahr von gefährlichen Blutgerinnseln.

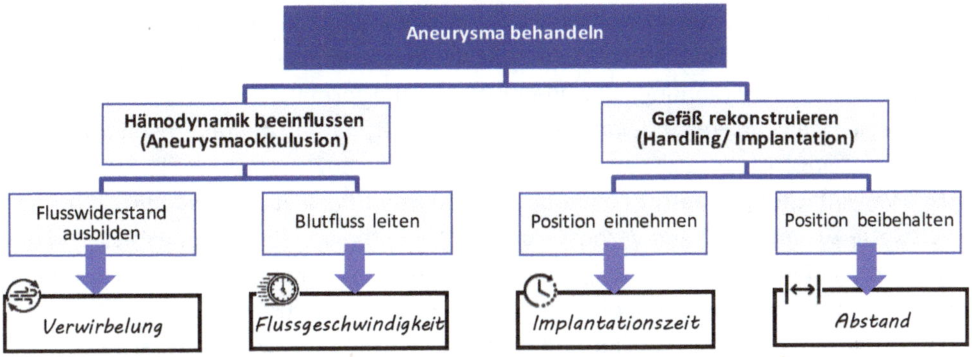

Bild 4.32 Herleitung der Performance-Indikatoren für die Produktfamilie des Flow Diverters

Nach der Definition der Performance-Indikatoren, die im UOC eingetragen werden (vgl. Bild 4.31, Punkt 3 und 4), werden kundenindividuelle Nutzungsszenarien analysiert. Nutzungsszenarien können durch Beobachtungen oder sonstige Dokumentationen des Einsatzes des Produktes bei unterschiedlichen Kunden abgeleitet werden und sollten repräsentativ für den Produkteinsatz sein. Für die unterschiedlichen Szenarien wird bewertet, wie sich die Performance-Indikatoren verändern, wenn anstelle einer nicht-individualisierten Produktvariante eine entsprechend des in Phase II abgeleiteten Konzeptes und auf das Nutzungsszenario abgestimmte, individualisierte Produktvariante zum Einsatz kommt (Bild 4.31, Punkt 5). Hilfreich kann es sein, neben der UOC zu vermerken, welche Argumente zu dieser Einschätzung geführt haben. Bei einer qualitativen Bewertung wird die zuvor erläuterte Skala von -5 bis +5 genutzt, bei einer quantitativen Bewertung werden Tests durchgeführt, in denen Prototypen in den unterschiedlichen Nutzungsszenarien eingesetzt werden und die Indikatoren gemessen werden. Zur Bestimmung der

$PEN_{K\text{-}Nutzen}$ pro Konzept wird über alle Bewertungen der Durchschnitt gebildet (Bild 4.31, Punkt 6). Während bei der qualitativen Bewertung die $PEN_{K\text{-}Nutzen}$ zwischen -5 und +5 liegt, wird sie bei einer quantitativen Bewertung konkret in Prozent angeben.

Nutzungsszenarien für Flow Diverter lassen sich mithilfe von Bildaufnahmen unterschiedlicher Patientenaneurysmen ableiten, die durch eine enge Kooperation mit einer Klinik anonymisiert vorliegen (vgl. Bild 4.1 auf Seite 47). Entsprechend der in Phase II abgeleiteten Konzepte werden unterschiedliche Prototypen für den Flow Diverter entwickelt. Sie weisen einen individuell angepassten Endpunkt durch eine individuelle Länge des proximalen Segments, eine individuelle Verankerung durch einen individuellen distalen Durchmesser oder eine individuelle Aneurysmazone durch eine individuelle Länge auf [Kuh21]. Jedes Konzept wird für jedes zuvor definierte Nutzungsszenario untersucht. Die individualisierten Flow Diverter Varianten und die herkömmlichen Standard-Varianten werden in die patientenindividuellen Gefäßmodelle des neurointerventionellen Trainingsmodells HANNES implantiert [Kuh21]. HANNES wurde in enger Kooperation zwischen Ingenieuren und Medizinern im Rahmen unterschiedlicher Forschungsprojekte[4,5] neu- und weiterentwickelt, sodass eine realitätsnahe Umgebung zur Bewertung der individualisierten Flow Diverter möglich ist [Spa19], [Naw20], [Kuh20], [Kuh22].

Die ausgefüllte UOC für den Flow Diverter ist in Bild 4.33 zu sehen. Die Konzepte *Individueller Endpunkt*, *Verankerung distal* sowie *Aneurysmazone* sind dargestellt (Spaltenüberschrift blaue Umrandung). Die identifizierten Performance-Indikatoren *Verwirbelung*, *Flussgeschwindigkeit*, *Implantationszeit* und *Abstand* sind mit den zugehörigen Einheiten links eingetragen. Es ist anzumerken, dass für die Bewertungen im Rahmen dieser Arbeit Vereinfachungen getroffen wurden. Das Konzept *Individueller Endpunkt* führt beispielsweise zu einer geringen Verbesserung der Verwirbelung (Bewertung mit 2), da das Implantat nicht in einer stark kurvigen oder verdrehten Gefäßstelle enden muss. Gleichzeitig wird auch die Flussgeschwindigkeit positiv beeinflusst (Bewertung mit 1). Es hat sich gezeigt, dass ein individueller Endpunkt den maximalen Abstand zwischen Gefäßwand und Stent reduzieren kann (Bewertung 4). Ein individueller Durchmesser im Konzept *Verankerung distal* ändert im Vergleich zum Standard-Device kaum etwas an der Flussgeschwindigkeit (Bewertung mit 0) im Aneurysma und auch die Wandanlagerung bessert sich nur geringfügig (Bewertung mit 1). Ein anderes Beispiel aus der UOC ist die moderate Verbesserung der Flussgeschwindigkeit durch das Konzept *Aneurysmazone*

---

[4] ELBE-NTM – Development and Evaluation of a Patient-Based Neurointerventional Training Model, in Kooperation mit dem Institut für Mikrosystemtechnik (TUHH) und der Klinik und Poliklinik für Neuroradiologische Diagnostik und Intervention des Universitätsklinikum Hamburg-Eppendorf, gefördert vom BMBF im Rahmen der Fördermaßnahme „Alternativmethoden zum Tierversuch" (031L0068A), 2016-2020.

[5] BELUCCI - Brain arterial individually specific implants, in Kooperation mit Acandis GmbH & Co. KG, der Otto-von-Guericke-Universität Magdeburg und der Klinik und Poliklinik für Neuroradiologische Diagnostik und Intervention des Universitätsklinikum Hamburg-Eppendorf, gefördert vom BMBF im Rahmen der Fördermaßnahme Individualisierte Medizintechnik 2 (13GW0274D), 2018-2021.

(Bewertung 3). Bei einer individuellen Aneurysmazone kann die Aussackung ideal abgedeckt werden, was zu einer positiven Beeinflussung der Flussgeschwindigkeit und auch der Verwirbelung im Aneurysma führt (Bewertung 3).

Für das Konzept *Verankerung distal* ist aus Kundensicht insgesamt nur ein sehr geringfügiger Nutzenzuwachs im Vergleich zum Flow Diverter mit varianten Ausprägungen zu verzeichnen.

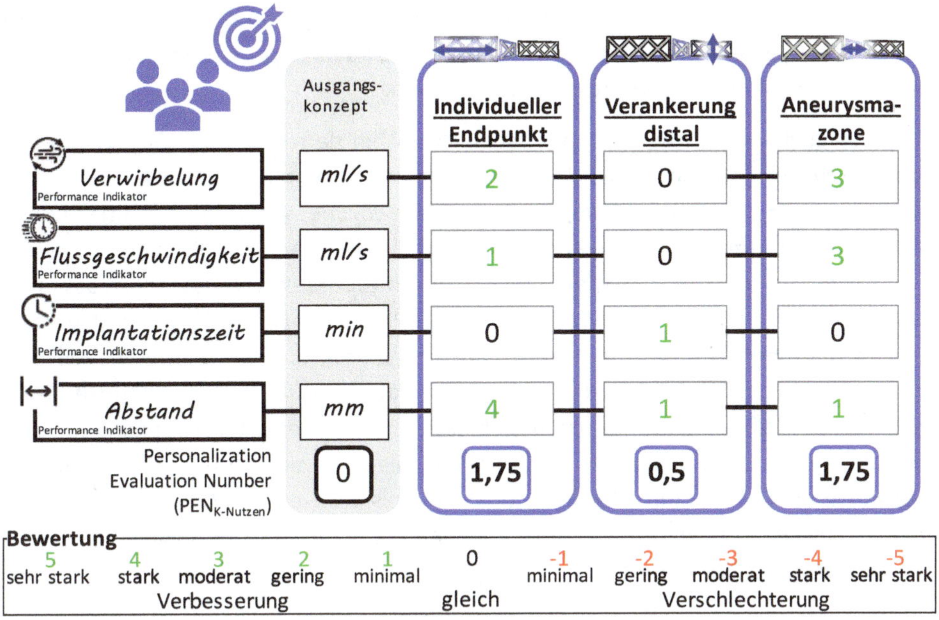

Bild 4.33 Ausgefüllte UOC mit Performance Indikatoren zur Bestimmung des PEN$_{K\text{-}Nutzen}$ für die Konzepte des den Flow Diverters

Das Ergebnis des Methodenschritts ist die PEN$_{K\text{-}Nutzen}$ für jedes Konzept, das den Nutzen eines Konzeptes aus Kundensicht widerspiegelt. An dieser Stelle ist anzumerken, dass ein Konzept einzelne Indikatoren nicht zwangsläufig beeinflussen muss. Auch wenn überall eine Null für *gleichbleibend* eingetragen wird, kann ein Konzept aus anderen Perspektiven Vorteile bieten und sollte weiter untersucht werden. Ein Konzept muss nicht ausscheiden, nur weil es aus Kundensicht keine Änderung hervorruft.

4.5.3 Schritt 3.2: Operationalisierung und Bewertung unternehmensinterner Effekte

Zur Bewertung der Konzepteffekte aus Unternehmenssicht und zur Bestimmung der PEN$_{U\text{-}Effekte}$ für jedes Konzept wird ebenfalls die UOC verwendet. Da insbesondere die Effekte auf die wirtschaftlichen Zielgrößen Zeit, Kosten, Qualität und Flexibilität zu bewerten sind, wird das IMF+P herangezogen. In Methodenschritt 1.1 wurden die Wirkketten des Wirkmodells bereits unternehmensspezifisch priorisiert und überprüft, ob diese Effekte durch eine stärker ausgeprägte *Individualisierbarkeit* in der Produktstruktur adressiert werden können. Jetzt gilt es, die priorisierten Effekte oder Wirkketten zu operationalisieren. Als wichtig eingestufte Effekte unterschiedlicher Lebensphasen lassen sich ggf. in einer operationalisierten Größe zusammenfassen. Für viele der Wirkketten kann sich zudem an den für das IMF definierten KPI orientiert werden (vgl. Kapitel 3.5.1). Es ist darauf zu achten, dass die final ausgewählten, operationalisierten Größen die in Phase I ohne das IMF+P identifizierten Hauptherausforderungen widerspiegeln. Besteht die Herausforderung beispielsweise darin, dass es im Unternehmen zu langwierigen Pflegeprozessen kommt oder zu häufig Sonderlösungen realisiert werden müssen, so können diese Herausforderungen durch die Indikatoren *monatliche Stunden für Pflege* bzw. *Anzahl der Sonderlösungen im letzten Jahr* beschrieben werden.

Bild 4.34 zeigt das unternehmensspezifische IMF+P, in dem nur noch die priorisierten Wirkketten für die Produktfamilie des Flow Diverters enthalten sind. Aktuell werden in einem unternehmenseigenen Sizing-Tool unterschiedliche Varianten im individuellen Gefäß dargestellt, um dann die bestpassende Variante auswählen zu können und gleichzeitig den Anfangs- und Endpunkt dem Arzt zu kommunizieren. Dies ist jedoch sehr zeitaufwendig. Der Effekt *Freedom of Design* soll in der Produktentwicklung gestärkt werden. Co-Design soll zunehmen und die Anzahl nicht-nachgefragter Konfigurationen soll minimiert werden. Diese Effekte lassen sich in der Variable *Zeit für die Produktauswahl* zusammenfassen. Ähnlich ist der Effekt, angemessen auf Kundenanforderungen reagieren zu können, ein zentraler Effekt für den Vertrieb. Die Angemessenheit der Produktauswahl kann über die Komplikationsrate operationalisiert werden. Außerdem wird der Schulungsaufwand als weiterer Performance-Indikator aus den priorisierten Effekten und Wirkketten des IMF+P hergeleitet.

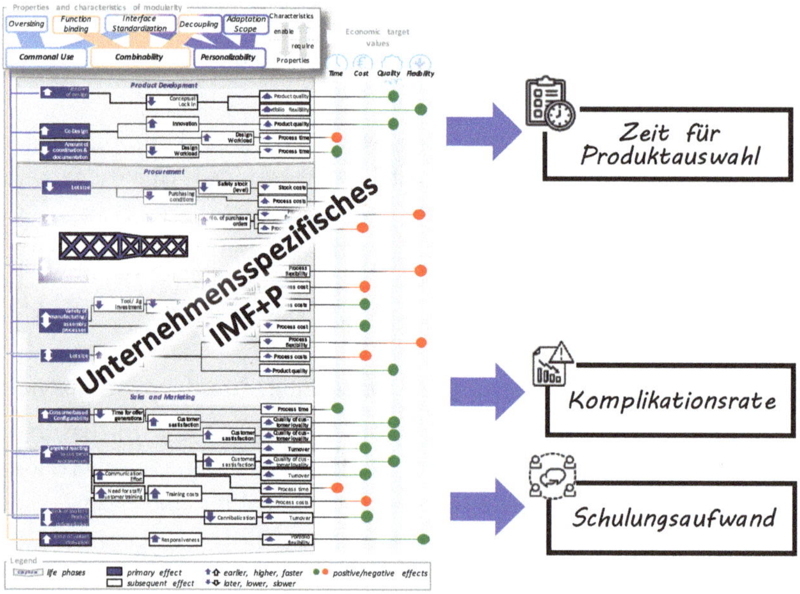

Bild 4.34 Ableitung von Performance Indikatoren des Flow Diverters zur Operationalisierung der Unternehmenseffekte mithilfe des IMF+P

Die operationalisierten Größen werden als Performance-Indikatoren in das UOC übertragen und die zugehörige Einheit vermerkt. In Bezug auf den Flow Diverter kann die Zeit für die Produktauswahl in Stunden, die Komplikationsrate in Prozent und der Schulungsaufwand in h/Monat gemessen werden. Analog zu Methodenschritt 3.1 werden für jedes in Phase II entwickelte Konzept die Performance-Indikatoren qualitativ oder quantitativ bewertet. Die $PEN_{U\text{-}Effekte}$ berechnet sich analog zur Berechnung der $PEN_{K\text{-}Nutzen}$ über den Durchschnitt der Veränderung der Variablen.

Bild 4.35 zeigt die ausgefüllte UOC für den Flow Diverter, in der eine qualitative Bewertung dargestellt ist. Die UOC zeigt, dass die *Zeit für die Produktauswahl* und die *Komplikationsrate* durch alle Konzepte verbessert werden kann. Es müssen nicht mehr unterschiedliche Varianten im Sizing-Tool dargestellt und diskutiert werden. Stattdessen kann eine individuelle Länge, angepasst auf das individuelle Gefäß, gemeinsam mit dem Arzt definiert werden. Der Schulungsaufwand wird durch keines der Konzepte beeinflusst (Bewertung 0). Da bislang die vordefinierten Varianten des Flow Diverters komplizierte Gefäßverläufe nicht immer durch ein einfaches Entlassen im Gefäß während der Implantation rekonstruieren können, wird bereits ein hoher Schulungsaufwand betrieben, um dem Arzt die richtige Bearbeitung und Formung des Implantates beizubringen. Anstelle dieses Aufwandes könnte der Arzt zukünftig für die richtige Positionierung des Implantates sensibilisiert werden. Insgesamt ergibt sich eine $PEN_{U\text{-}Effekte}$ von zwei für das Konzept *Individueller Endpunkt* sowie das Konzept *Aneurysmazone* und eine $PEN_{U\text{-}Effekte}$ von eins für das Konzept *Verankerung distal*.

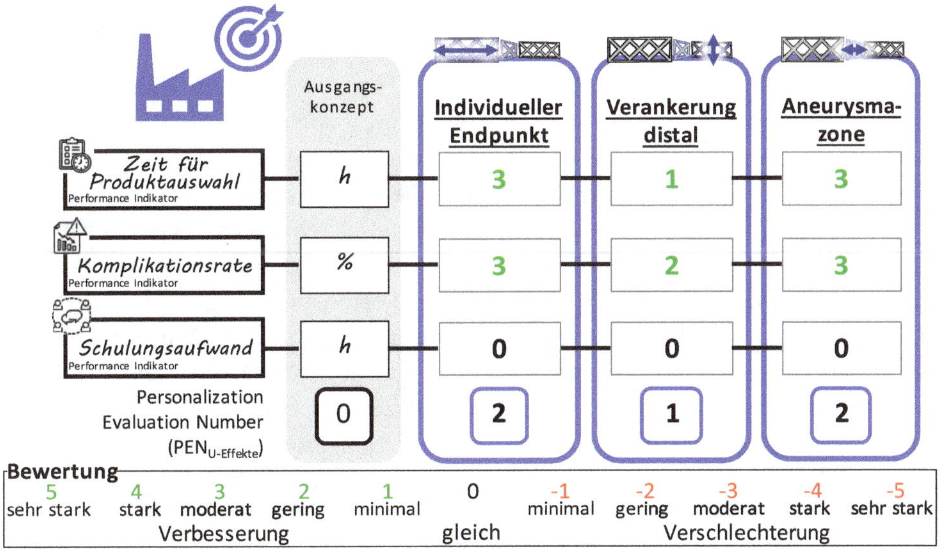

Bild 4.35 Usability Operationalization Chart (UOC) mit qualitativer Bestimmung der $PEN_{U\text{-}Effekte}$ der Konzepte mit Individualisierung des Flow Diverters

Nach der Durchführung des Methodenschrittes sind die Konzepte hinsichtlich der im Unternehmen zu erwartenden größten Effekte bewertet und eine $PEN_{U\text{-}Effekte}$ für jedes Konzept bestimmt.

4.5.4 Schritt 3.3: Analyse der Prozessauswirkungen

Eine Produktindividualisierung soll nicht nur den bestehenden Hauptherausforderungen im Unternehmen begegnen können, sondern muss auch wiederholt für jeden Kunden umsetzbar sein, ohne die varianteninduzierte Komplexität steigen zu lassen. Daher wird untersucht, welche unternehmensinternen Prozessauswirkungen durch die wiederholten, kundenindividuellen Produktanpassungen zu erwarten sind. Hierbei ist das Ziel, eine Aussage darüber treffen zu können, ob positive oder negative Prozessauswirkungen bei einem Konzept mit Individualisierung im Vergleich zur Ausgangssituation mit Varianten überwiegen und dieses Ergebnis als $PEN_{U\text{-}Prozesse}$ darzustellen. Wichtig ist dabei, dass die Ausgangssituation in ihrer Gesamtheit, also nicht nur bezogen auf die Standard- bzw. Baukastenlösungen, sondern inklusive der Sonderlösungen, Fehlerkorrekturen etc., als Vergleich herangezogen wird.

Bei der Bewertung der unternehmensinternen Prozessauswirkungen pro Lebensphase ist eine reine Betrachtung des Produktentstehungs- bzw. Auftragsabwicklungsprozesses nicht ausreichend. Prozesse, die nicht direkt an der Produktwertschöpfung beteiligt sind, aber Komplexitätskosten hervorrufen, würden nicht berücksichtigt werden. Daher empfiehlt sich hier ein Verfahren, bei dem, angelehnt an Ripperda (vgl. Kapitel 3.5.1), die Hauptprozesse und kostenintensiven Positionen der Lebensphasen identifiziert und bewertet werden. Für jede Lebensphase (LP) wird pro Konzept eine PEN_{LP} bestimmt, dessen Mittelwert die $PEN_{U\text{-}Prozesse}$ darstellt.

Für jede Lebensphase im Unternehmen wird ein Workshop durchgeführt, um die Daten zu erheben. Dazu werden in einem ersten Schritt die unternehmensspezifischen Lebensphasen bestimmt. Für jede Lebensphase werden die kosten- und zeitintensivsten Hauptprozesse und -positionen definiert. Dies beinhaltet beispielsweise Prozesse, die aufgrund der Dauer oder der Häufigkeit bzw. der personellen Ressourcen, die notwendig sind, einen großen Anteil der in der Abteilung anfallenden Kosten ausmachen. Neben personellen Ressourcen kann ein kostenintensiver Prozess auch kostenintensiv in Bezug auf die notwendigen materiellen Ressourcen, wie Werkzeuge oder Maschinenstunden, oder logistischen Ressourcen, wie Lagerhaltung oder Platzbedarf, sein. Wichtig ist, dass hier nicht nur Prozesse und Kostenpositionen erfasst werden, die für die Produktentstehung relevant sind, sondern auch andere Aktivitäten, die kostenintensiv für die Lebensphase sind, aber nicht in erster Linie der Wertschöpfung dienen, z. B. Pflege- oder Wartungsprozesse.

Es folgt eine kostenmäßige Gegenüberstellung der Hauptprozesse innerhalb einer Lebensphase. Für eine qualitative Aussage können die Experten der Lebensphasen eine Einschätzung über den prozentualen Anteil der einzelnen Hauptprozesse abgeben, ggf. unterstützt durch vorhandene Prozessdokumentationen. Eine quantitative Aussage kann mithilfe des Controllings erfolgen, wenn hier Prozesskosten vorliegen oder die Zeitanteile des jeweiligen Hauptprozesses mit einem Kostensatz eines zuständigen Bearbeiters multipliziert werden können.

Für die aufgenommenen Prozesse und Positionen wird untersucht und dokumentiert, inwiefern sich die Konzepte auf diese auswirken. Dazu ist zu analysieren und konkretisieren, in welchem Maße die individualisierten Komponentenmerkmale eines Konzeptes Einfluss auf die Prozesse nehmen. Es wird prognostiziert, ob die Kosten der Prozesse durch zusätzlichen Ressourcenaufwand zu- oder abnehmen, beispielsweise durch einen Anstieg in der Prozessdauer, -häufigkeit oder den Hilfsmitteln. Auch können auftragsspezifische Prozessschritte neu hinzukommen, wo zuvor kundenanonym gefertigt wurde [Kuh21]. Fällt eine Einschätzung auf der Ebene der Hauptprozesse an dieser Stelle schwer, empfiehlt es sich, den Prozess weiter zu detaillieren und analog für die Teilprozesse vor zu gehen. Gleichzeitig können Maßnahmen zur Minimierung eines Kostenanstiegs bei der wiederholten Umsetzung kundenindividueller Produktanpassungen erschlossen werden, um sich einem standardisierten Individualisierungsprozess anzunähern. Maßnahmen sind beispielsweise die Einführung von parametrisierten CAD-Modellen oder einer Automatisierung der Zeichnungsableitung direkt aus der Anforderungsliste des Kunden. Auch können Potenziale der additiven Fertigung genutzt werden, beispielsweise für die Bereitstellung von Betriebsmitteln und Werkzeugen, oder zur direkten Fertigung einzelner Bau- und Ersatzteile. Auch kann die Einführung eines Konfigurators zur Angebotserstellung und ggf. direkter Verknüpfung zur Produktion unterstützen und langfristig Kosten minimieren [Sei20].

Für jeden Hauptprozess wird bestimmt, wie sich die Prozesse im Vergleich zur Ausgangssituation bei einer implementierten Individualisierung verändern. Initialer Aufwand zur Realisierung des standardisierten Individualisierungsprozesses für die Auftragsabwicklung fließt nicht mit in die Bewertung ein, kann aber vermerkt werden und bei der finalen Konzeptauswahl herangezogen werden. Das bedeutet, es wird die gesamte Ausgangssituation mit einer Situation mit implementierter Individualisierung verglichen. Bei einer quantitativen Bewertung werden Kosten bzw. Kostenersparnisse vermerkt, die im Vergleich zur Ausgangssituation zu erwarten sind. Hierbei können zusätzliche oder entfallende Zeiten mit einem Kostensatz für den Bearbeiter multipliziert werden. Kosten für individualisierte Werkzeuge oder dergleichen können vermerkt werden.

Aufbauend auf der Analyse wird die PEN_{LP} für jede Lebensphase für jedes Konzept bestimmt, indem die Bewertungen der Hauptprozesse addiert und gemittelt werden. Bei der quantitativen Bewertung werden die Kosten(-ersparnisse) aufsummiert. Die PEN_{LP} entspricht dann den Kosten.

Um eine $PEN_{U\text{-}Prozesse}$ für ein Konzept zu bestimmen, werden die PEN_{LP} der einzelnen Lebensphasen addiert und gemittelt. Hierbei kann eine Gewichtung der Lebensphasen erfolgen. Diese orientiert sich an den Kosten, die eine Lebensphase hinsichtlich der anfallenden Prozesskosten (keine Materialkosten) verursacht. Eine Lebensphase, die einen hohen Kostenanteil hat, hat auch einen hohen Anteil an den Auswirkungen einer Individualisierung und sollte entsprechend stärker ins Gewicht fallen als eine Lebensphase, die kaum Kosten verursacht. Bei der Bestimmung der Kostenanteile der Lebensphasen kann das Controlling unterstützen.

Es wird die neu entwickelte Vorlage, die *Process Impact Chart*, kurz PIC, genutzt, um die Untersuchungsergebnisse zu dokumentieren. Eine unausgefüllte PIC steht als Vorlage in Anhang A5, Seite 163, bereit. Die betrachtete Lebensphase, der Kostenanteil dieser Lebensphase sowie die Hauptprozesse und deren prozentualen Zeit- bzw. Kostenanteile werden eingetragen. Notwendige Anpassungen, die ein Konzept hervorrufen würde, werden notiert. Maßnahmen zur Vereinfachung und Unterstützung der wiederholten Anpassungen zur Realisierung eines standardisierten Individualisierungsprozesses können vermerkt werden. Bild 4.36 zeigt beispielhaft eine PIC und die Bestimmung der $PEN_{Entw.}$ für die Lebensphase Produktentwicklung. Die Produktentwicklung hat in diesem Beispiel einen Kostenanteil von 20% im Vergleich zu den anderen Lebensphasen. 30% der Kosten werden in der Produktentwicklung durch die Pflege von Varianten verursacht. Durch ein Konzept mit Produktindividualisierung entfällt die Notwendigkeit, bei Änderungen alle betroffenen Varianten anzupassen. Es kommt zu einer moderaten Verbesserung des Prozesses (Bewertung 3). Unter Berücksichtigung aller Hauptprozesse der Lebensphase ergibt sich eine PEN_{Entw} von 2,4. Zusammen mit den Bewertungen aus den anderen Lebensphasen kann anhand Formel (2) die $PEN_{U\text{-}Prozesse}$ berechnet werden, die die durchschnittlichen Prozessauswirkungen über alle Lebensphasen unter Berücksichtigung der Kostenanteile darstellt.

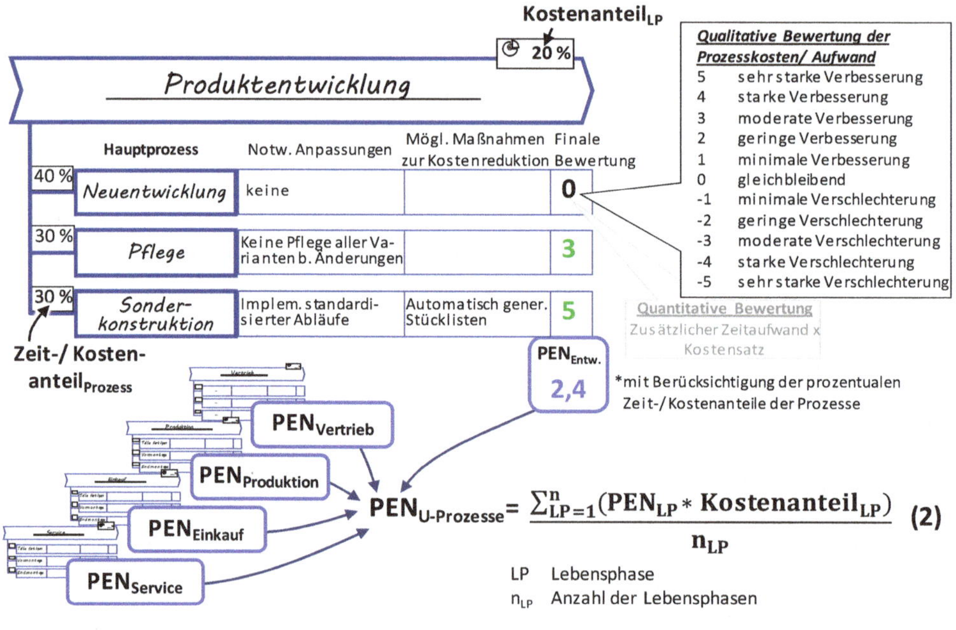

Bild 4.36 PIC zur Dokumentation der identifizierten, kostenintensiven Positionen der Lebensphasen

Für den Flow Diverter wird die PIC für jede Lebensphase erarbeitet und eine $PEN_{U\text{-}Prozesse}$ für jedes der drei Konzepte bestimmt. Bild 4.37 zeigt beispielhaft die einzelnen PEN_{LP} für das erste Konzept. Die finalen $PEN_{U\text{-}Prozesse}$ für alle Konzepte des Flow Diverters sind ebenfalls in Bild 4.37 gezeigt. Während eine individuelle Länge des proximalen Segments sich positiv auf die meisten Lebensphasen auswirkt und eine positive $PEN_{U\text{-}Prozesse}$ von eins bestimmt wird, bestehen bei einem individuellen distalen Durchmesser erhebliche Kostennachteile ($PEN_{U\text{-}Prozesse}$= -2). Dies ist insbesondere dadurch zu begründen, dass individuelle Flechtdorne benötigt werden, die die Kosten extrem erhöhen. Die Prozesse in der Produktion und im Einkauf verschlechtern sich. Hinzu kommt, dass aufgrund des unstetigen Gefäßverlaufes die Bestimmung des genauen, individuell benötigten Durchmessers Aufwand und Abstimmung für die Produktentwicklung bzw. den Vertrieb verursacht. Für den Service entsteht bei allen Konzepten ein erhöhter Aufwand, da die Ärzte intensiv darin geschult werden müssen, eine exakt richtige Position des Implantates im Gefäß zu erreichen ($PEN_{Service}$ = -1). Mit einem einheitlichen und standardisierten Durchmesser für das gesamte Implantat (proximales bis distales Segment), wie es in der Ausgangssituation genutzt wird, kann eine kleinere Verschiebung des Implantates entlang des Gefäßverlaufes akzeptiert werden. Auf diese Weise werden die Auswirkungen jedes Konzeptes von jeder Lebensphase bewertet.

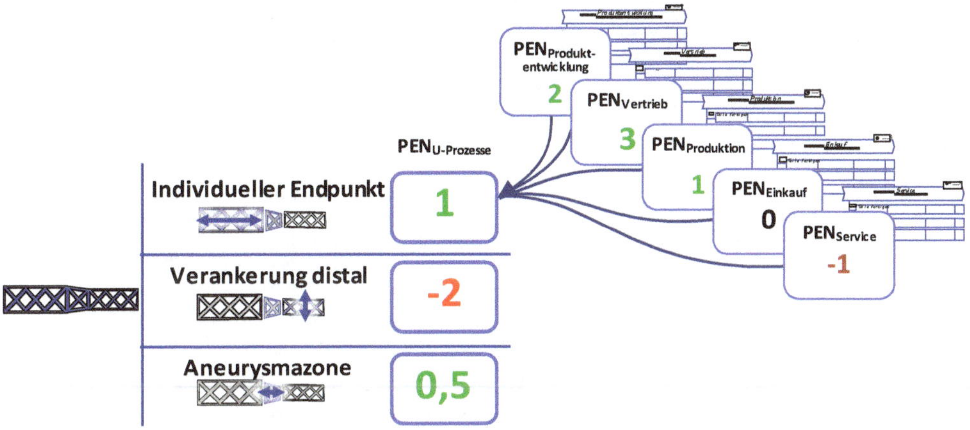

Bild 4.37 $PEN_{U\text{-}Prozesse}$ der unterschiedlichen Konzepte des Flow Diverters

In Methodenschritt 3.3 wird eine $PEN_{U\text{-}Prozesse}$ für jedes Konzept erzeugt, die zur ganzheitlichen Einschätzung der unternehmensinternen Prozessauswirkungen bei der Umsetzung individualisierter Komponentenmerkmale beiträgt. Damit ist Methodenphase III abgeschlossen. Zusammen mit den zuvor bestimmten $PEN_{K\text{-}Nutzen}$ und der $PEN_{U\text{-}Effekte}$ wird die ermittelten $PEN_{U\text{-}Prozesse}$ in der nächsten Methodenphase genutzt, um die Konzeptauswahl zu unterstützen. Bild 4.38 fasst die in Methodenphase III ermittelten Kennzahlen für die unterschiedlichen Konzepte zur Individualisierung des Flow Diverters zusammen.

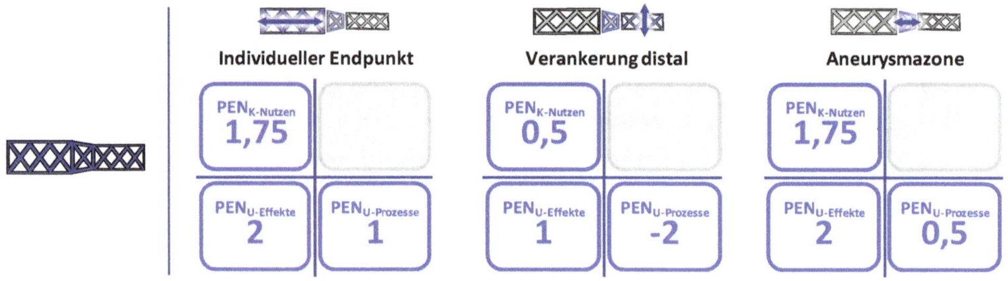

Bild 4.38 PEN zu den Konzepten der Produktfamilie des Flow Diverters aus Methodenphase III

4.6 Phase IV: Konzeptauswahl

In der vierten Methodenphase, die in Bild 4.39 übersichtlich dargestellt ist, werden die Konzepte hinsichtlich des Nutzens und der Prozessauswirkungen gegenübergestellt. Analog zur Phase III werden die Schritte detaillierter am Beispiel des Flow Diverters vorgestellt. Das finale Ergebnis vom Fahrrad wird am Ende des Kapitels gezeigt.

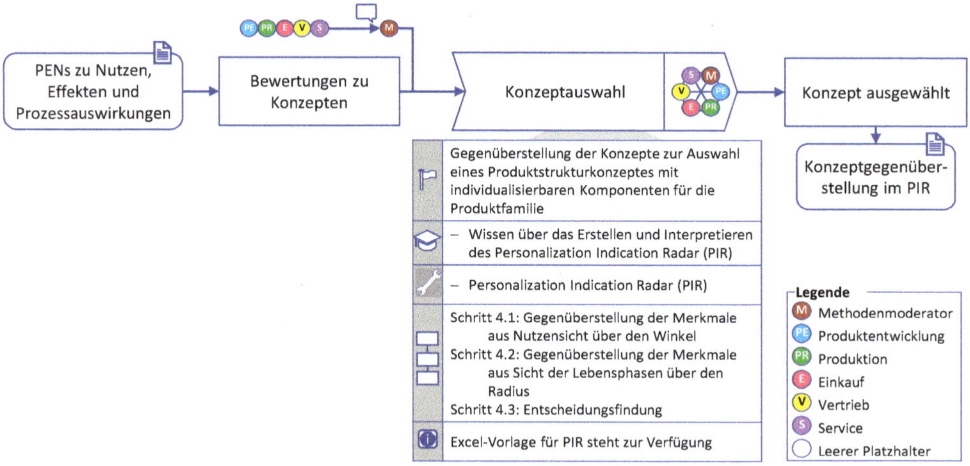

Bild 4.39 Übersicht über die vierte Methodenphase

4.6.1 Einführung des Personalization Indication Radar (PIR)

Die Gegenüberstellung und Auswahl eines Konzeptes wird mit einem neu entwickelten Werkzeug, dem *Personalization Indication Radar*, kurz PIR, unterstützt (Bild 4.40). Die Darstellung ist angelehnt an einem polaren Flächendiagramm (Auswahl aus Lösungskatalog zur Visualisierung nach [Geb20]), auch bekannt als Coxcomb Graph, Polar Area-Diagramm oder Nightingale-Diagramm. In dem Radar entspricht jeder Kreisausschnitt einem Konzept, sodass mehrere Konzepte in einer Darstellung gleichzeitig visualisiert werden können. Anders als beim polaren Flächendiagramm unterscheiden sich beim PIR nicht nur die Radien der einzelnen Kreisausschnitte, sondern auch die Winkel. Dadurch kann ein Konzept durch zwei Größen dargestellt und mit den anderen Konzepten verglichen werden.

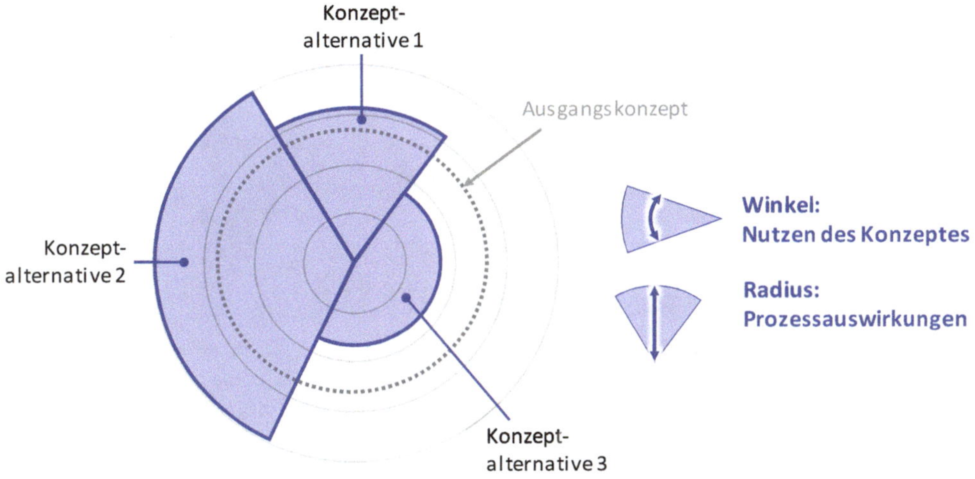

Bild 4.40 Schema des *Personalization Indication Radars* (PIR)

Durch den Winkel eines Kreisausschnitts kann im PIR die Relevanz des Konzeptes und damit der Nutzen der Individualisierung im Vergleich zu den anderen Konzepten dargestellt werden. Dabei können nur Konzepte abgebildet werden, die unter Berücksichtigung des Kunden- und Unternehmensnutzen insgesamt eine Verbesserung im Vergleich zum Ausgangszustand hervorrufen. Über den Radius des Kreisausschnitts werden die unternehmensinternen Prozessauswirkungen eines Konzeptes durch die Individualisierung abgebildet. Der Durchmesser des Ausgangskonzepts wird grau gestrichelt hinterlegt. Bei einem Konzept, das sich im Durchschnitt über alle Lebensphasen im Vergleich zur Ausgangssituation positiv auswirkt, vergrößert sich der Radius. Bei einem Konzept, das sich im Durchschnitt negativ auf die Lebensphasenprozesse auswirkt, wird der Radius kleiner. Je größer der Winkel bzw. der Radius und damit die Fläche eines Ausschnittes, desto größer die Eignung des Konzeptes.

Mithilfe der in Phase III ermittelten $PEN_{K\text{-}Nutzen}$, der $PEN_{U\text{-}Effekte}$ sowie der $PEN_{U\text{-}Prozesse}$ können, wie nachfolgend beschrieben, die Kreisabschnitte bestimmt und im PIR dargestellt werden. Um das Radar nicht manuell erstellen zu müssen, steht eine Excel-Vorlage zur Verfügung [Vog23]. Ein Ausschnitt aus der Vorlage befindet sich im Anhang A6 (Seite 164). Mithilfe des PIR können die Individualisierungskonzepte miteinander verglichen und ein Konzept ausgewählt werden.

4.6.2 Schritt 4.1: Bestimmung des Winkels

Zunächst wird der Winkel jedes Konzeptes bestimmt, der den Nutzen des jeweiligen Konzeptes abbilden soll. Ein Konzept mit individualisierbaren Komponentenmerkmalen kann sowohl von extern durch den Kunden bzw. den Markt, aber auch von intern, beispielsweise durch die vorliegende varianteninduzierte Komplexität oder die Baukastenbeschränkungen, motiviert sein. Um den Nutzen gegenüberstellen zu können, erfolgt eine

Addition der $PEN_{K\text{-}Nutzen}$ und der $PEN_{U\text{-}Effekte}$ für jedes Konzept zu einer PEN_{Nutzen}. Die PEN_{Nutzen} der betrachteten Konzepte werden gegenübergestellt und der Kreisumfang von 360° anhand von Formel (3) anteilig auf die unterschiedlichen Konzepte verteilt (Bild 4.41).

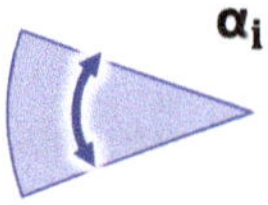

$$\alpha_i = \frac{(PEN_{K-Nutzen} + PEN_{U-Effekte})_i}{\sum_{i=1}^{n}(PEN_{K-Nutzen} + PEN_{U-Effekte})_i} * 360° \qquad (3)$$

α_i	Winkel von Konzept i
i	Konzept
n	Gesamtzahl aller Konzepte

Bild 4.41 Berechnung des Winkels für ein Konzept zur Darstellung im PIR

Das Konzept mit der größten PEN_{Nutzen} erhält dementsprechend den größten Winkel. Es kann maximal eine PEN_{Nutzen} von 10 für ein Konzept erreicht werden. Der theoretisch minimal erreichbare Wert beträgt -10. Erzielt die Addition der Nutzen-PEN einen negativen Wert, weil beispielsweise weder für den Kunden noch für das Unternehmen ein Nutzen entsteht, im Gegenteil sogar eher ein Nutzennachteil hervorgerufen wird, wird ein negativer Gesamtnutzen-PEN errechnet. Ohne Nutzen für den Kunden bzw. direkt für das Unternehmen ist ein Konzept nicht weiter tragbar und eine Darstellung im PIR unnötig, das Konzept scheidet an dieser Stelle aus. Das bedeutet, dass im PIR nur Konzepte abgebildet werden, die eine positive PEN_{Nutzen} erzielen.

Die Bestimmung der Winkel für die Konzepte der Produktfamilie des Flow Diverters zeigt Bild 4.42. Die Konzepte *Individueller Endpunkt* und *Aneurysmazone* haben eine gleiche PEN_{Nutzen} und entsprechend einen gleichen Winkel von 150°. Mit Formel 3 berechnet sich für das Konzept *Verankerung distal* mit einer PEN_{Nutzen} von 1,5 ein Winkel von 60°.

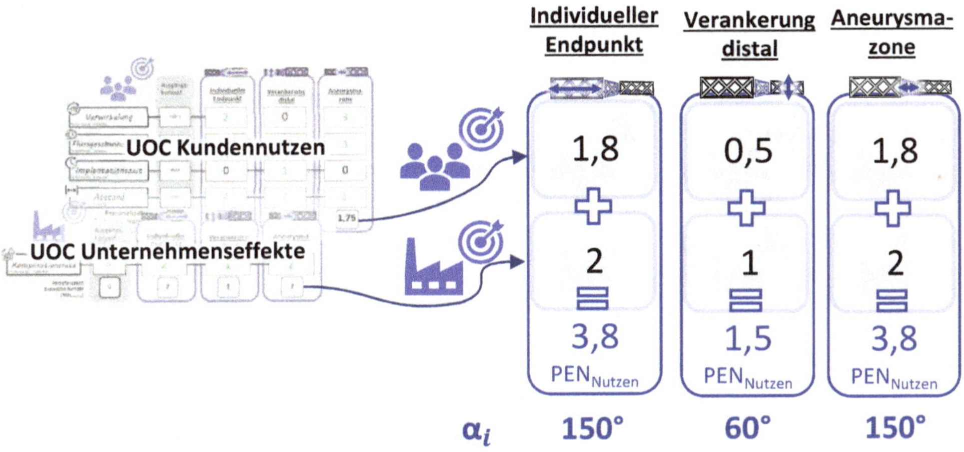

Bild 4.42 Bestimmung der Winkel für die Konzepte des Flow Diverters

4.6.3 Schritt 4.2: Bestimmung des Radius

Die unternehmensinternen Prozessauswirkungen, abgebildet durch die $PEN_{U\text{-}Prozesse}$, bestimmen den Radius des Kreisabschnittes. Diese kann einen Wert zwischen -5 und +5 bei einer qualitativen Bewertung oder konkrete Kostenersparnisse bzw. -zunahmen, beispielsweise in Euro, bei einer quantitativen Bewertung annehmen. Es wird ein beliebiger Radius für den Ausgangszustand als Bezugsgröße definiert, der für die $PEN_{U\text{-}Prozesse}$ den Wert Null erhält. Mithilfe von Formel (4) kann in Relation zu dem definierten Radius eines Ausgangszustand der Radius für die Konzepte bestimmt werden. Eine $PEN_{U\text{-}Prozesse}$ von -5 entspricht einem Radius von null.

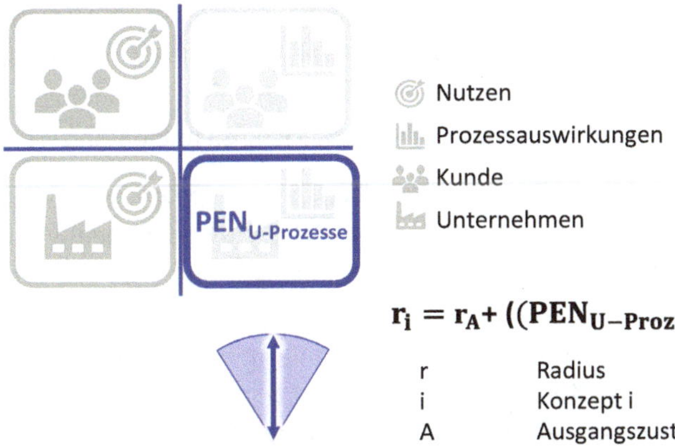

$$r_i = r_A + ((PEN_{U-Prozesse})_i * \frac{r_A}{5}) \tag{4}$$

r	Radius
i	Konzept i
A	Ausgangszustand
n	Gesamtzahl aller Konzepte

Bild 4.43 Bestimmung des Radius für ein Konzept zur Darstellung im PIR

Ein Konzept, das überwiegend negative Auswirkungen auf ein Unternehmen hat und daher eine negative $PEN_{U\text{-}Prozesse}$ vorweist, hat einen kleinen Radius, kleiner als der Radius des Ausgangszustands. Das Individualisierungspotenzial ist gering. Ein Konzept, das einen größeren Radius als der Ausgangszustand aufweist, also eine positive $PEN_{U\text{-}Prozesse}$, wirkt durchschnittlich positiv auf das Unternehmen aus. Individualisierungspotenzial ist vorhanden.

Die mithilfe der Formel bestimmten Radien für die drei Konzepte des Flow Diverters sind in Bild 4.44 gezeigt. Für den Ausgangszustand wird ein Radius von 2 cm festgelegt. Das Konzept *Individueller Endpunkt* hat die größte $PEN_{U\text{-}Prozesse}$ und entsprechend mit 2,4 cm den größten Radius.

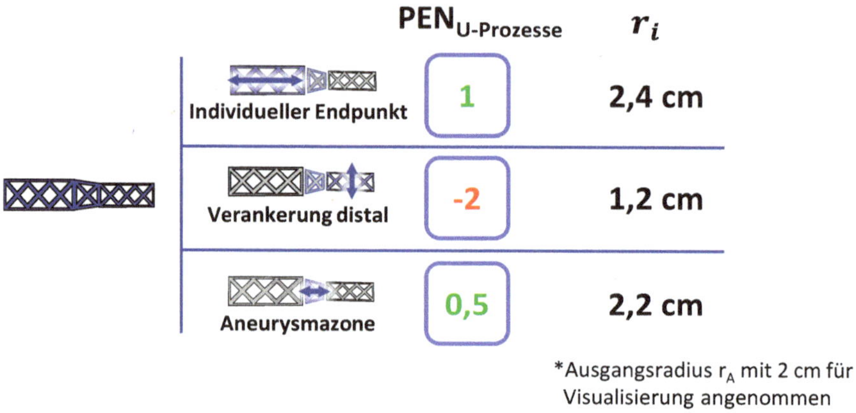

Bild 4.44 Bestimmung des Radius für die Konzepte des Flow Diverters

4.6.4 Schritt 4.3: Entscheidungsfindung

Für die Entscheidungsfindung wird das PIR erstellt, ggf. unter Zuhilfenahme der Excel-Vorlage. Der Ausgangszustand mit dem definierten Durchmesser wird als gestrichelter Kreis im PIR hinterlegt. Alle Konzepte mit dem zuvor bestimmten Winkel und Radius werden abgebildet. Hilfreich ist außerdem zu vermerken, welche einmaligen Prozessanpassungen notwendig wären, um das Konzept langfristig zu implementieren.

Bild 4.45 zeigt exemplarisch ein PIR für sechs unterschiedlich bewertete Konzepte, wobei für jedes Konzept dargestellt ist, ob die unterschiedlichen PEN positiv oder negativ sind. Die Tabelle sowie das PIR sind in der Excel-Vorlage erstellt worden. Die Konzepte unterscheiden sich in ihrem Einfluss auf die $PEN_{K\text{-}Nutzen}$, die $PEN_{U\text{-}Effekte}$ sowie die $PEN_{U\text{-}Prozesse}$. Durch Bild 4.45 wird verdeutlich, wie eine geringere PEN_{Nutzen} den Winkel verändert. So erhalten beispielsweise Konzept 2 oder Konzept 3 mit einer PEN_{Nutzen} von eins einen deutlich kleineren Winkel als Konzept 1 mit einer PEN_{Nutzen} von sechs. Gleichzeitig zeigt Bild 4.45, wie eine größere $PEN_{U\text{-}Prozesse}$ den Radius bzw. Durchmesser vergrößert. Hier kann der Unterschied zwischen Konzept 2 mit einer $PEN_{U\text{-}Prozesse}$ von zwei und Konzept 1 oder Konzept 3 mit einer $PEN_{U\text{-}Prozesse}$ von vier betrachtet werden. Eine negative $PEN_{U\text{-}Prozesse}$ weisen Konzept 4, Konzept 5 und Konzept 6 auf.

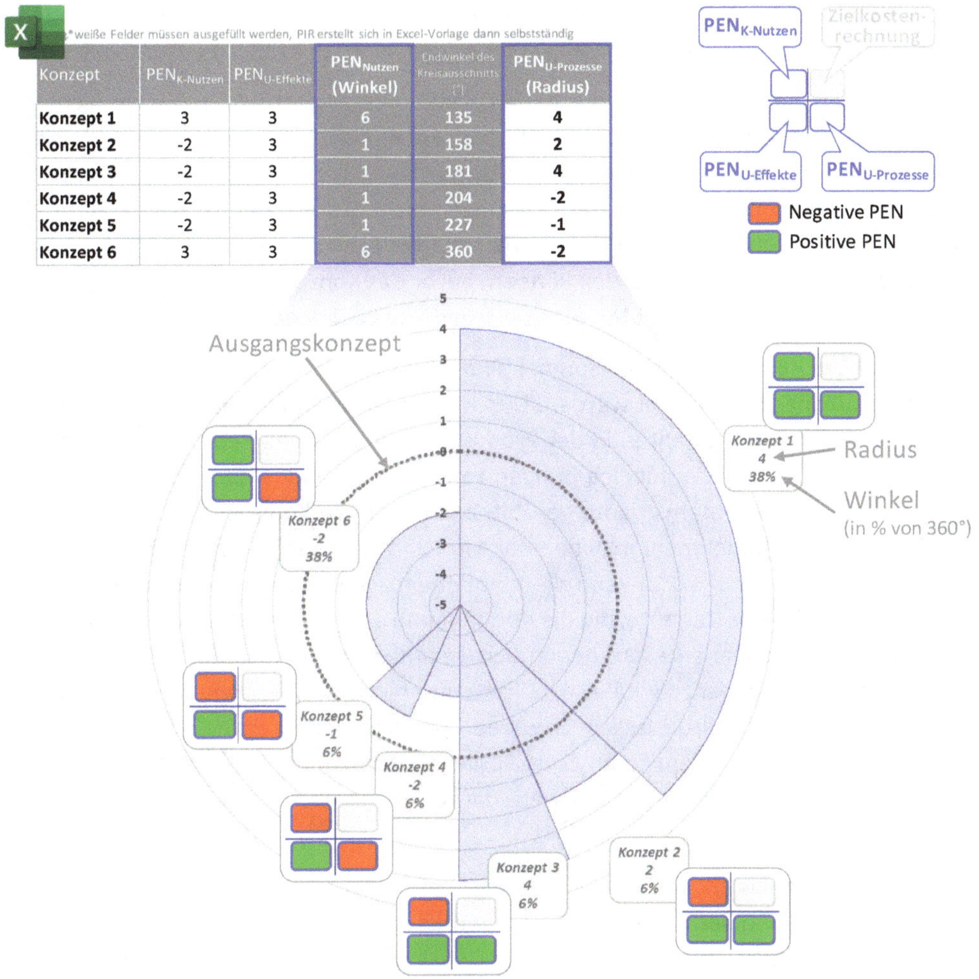

*weiße Felder müssen ausgefüllt werden, PIR erstellt sich in Excel-Vorlage dann selbstständig

Konzept	$PEN_{K\text{-}Nutzen}$	$PEN_{U\text{-}Effekte}$	PEN_{Nutzen} (Winkel)	Endwinkel des Kreisausschnitts [°]	$PEN_{U\text{-}Prozesse}$ (Radius)
Konzept 1	3	3	6	135	**4**
Konzept 2	-2	3	1	158	**2**
Konzept 3	-2	3	1	181	**4**
Konzept 4	-2	3	1	204	**-2**
Konzept 5	-2	3	1	227	**-1**
Konzept 6	3	3	6	360	**-2**

Bild 4.45 Exemplarisches PIR zur Gegenüberstellung von sechs Konzepten mit unterschiedlichen PEN, Tabelle aus Excel-Vorlage zur Erstellung des PIR

Konzepte, die einen größeren Radius haben als das Ausgangskonzept (grau gestrichelte Linie), sind besonders interessant für eine Umsetzung (Bild 4.45; Konzept 1, Konzept 2 und Konzept 3). Diese Konzepte haben bei detaillierter Betrachtung der Lebensphasen alles in allem eine positive Auswirkung auf das Unternehmen. Konzept 1 verspricht den größten Erfolg, da sich das Konzept sowohl positiv auf das Unternehmen als auch auf den Kunden auszuwirken scheint. Konzepte mit einem Radius größer als das Ausgangskonzept mögen dabei nicht unbedingt die Hauptherausforderungen des Unternehmens oder der Kunden am besten von allen Konzepten angehen, aber insgesamt ist ein Nutzen identifiziert worden, da sie ansonsten nicht im PIR abgebildet wären. Konzept 2 und Konzept 3 haben beispielsweise eine leichte Verschlechterung der Produktperformance zur Folge, aber die Begegnung der Hauptherausforderungen des Unternehmens überwiegt diesen Nachteil. Eine genauere Untersuchung, ob die Performancedefizite wirklich hinnehmbar sind, bzw. wie dieser Nachteil kompensiert werden kann, ist anzuschließen.

Konzepte, die einen kleineren Radius haben als die Ausgangssituation, sind so nicht für eine Implementierung geeignet (Bild 4.45; Konzept 4, Konzept 5 und Konzept 6). Diese Konzepte bieten zwar einen Nutzen für das Unternehmen oder den Kunden, jedoch sind die unternehmensinternen Prozessauswirkungen nicht ausreichend zu kontrollieren. Es sollten Maßnahmen entwickelt werden, wie negative Auswirkungen auf die Lebensphasen und Aufwände reduziert werden können, bevor das Konzept zielführend wird. Dabei sollte ein Augenmerk auf die PEN_{LP} gelegt werden, die besonders schlecht sind.

Ergänzend zum PIR kann auch die Summe aller Komponentenvarianten für die Produktfamilien pro Konzept bestimmt werden. Durch Individualisierung verringert sich die Anzahl der Komponentenvarianten in der Produktfamilie, was eine Reduktion von varianteninduzierter Komplexität mit sich bringen kann. Eine individualisierbare Komponente wird als eine Komponentenvariante gezählt. Zwar kann die Komponente unterschiedliche Ausprägungen annehmen, im Sinne der Modularisierungseigenschaft der *Individualisierbarkeit* (vgl. Kapitel 4.1.2) kann die Komponente aber kommunal verwendet werden. Es muss nicht jede Variante, die die Komponente annehmen kann, gepflegt werden, sondern nur die Basisvariante, aus denen sich die anderen Varianten ableiten lassen. Um die Konzepte miteinander zu vergleichen, kann untersucht werden, wie viele Komponentenvarianten sich einsparen lassen bzw. wie viele Komponentenvarianten mit einem Konzept in einer Produktfamilie an Ende vorliegen. Dazu kann auch der PAM nochmal herangezogen werden, in dem die Anzahl der Komponenten auf der untersten Ebene vermerkt ist.

Unterstützt durch das PIR und unter Berücksichtigung der notwendigen einmaligen Prozessanpassungen und der zuvor durchgeführten Analysen kann in Diskussionen eine Entscheidung für ein Konzept getroffen werden. Denkbar ist auch die Kombination einzelner Konzepte zu einem neuen Gesamtkonzept. In diesem Falle sollte Phase III erneut durchlaufen werden. Das Ergebnis dieser Methodenphase ist die Entscheidung für ein konkretes Produktfamilienkonzept mit Individualisierung.

Das PIR für die Konzepte des Flow Diverters ist in Bild 4.46 dargestellt. Es ist zu erkennen, dass das Konzept *Individueller Endpunkt* am vielversprechendsten ist. Für eine individuelle *Aneurysmazone* ist ein gleicher Nutzen zu erwarten (gleicher Winkel). Das Konzept *Verankerung distal* schneidet aufgrund der Prozessauswirkungen nicht gut ab. Es wäre zwar ein Nutzen zu erwarten, da es ansonsten nicht im PIR dargestellt wäre, das Konzept wirkt sich aber negativ auf die Prozesse aus (Radius kleiner als von Ausgangskonzept). Die Hauptursache ist die Notwendigkeit, individuelle Flechtdorne extern fertigen zu lassen und zu beschaffen. Nur durch eine Veränderung des Fertigungsprozesses der Flechtdorne, beispielsweise hin zu einer additiven Fertigung im Unternehmen vor Ort, können negative Prozess- und Kostenauswirkungen für den Einkauf reduziert werden können und das Konzept insgesamt positiver aus Prozesssicht ausfallen. Da die Untersuchung der

Konzepte jedoch unter der Prämisse stand, zunächst die Auswirkungen auf vorhandene Prozesse zu analysieren, schneidet das Konzept, wie im PIR dargestellt, schlecht ab. Die anderen Konzepte sind vielversprechender, um den Behandlungserfolg bei komplizierten Gefäßverläufen weiter zu optimieren, und sollten weiterverfolgt werden.

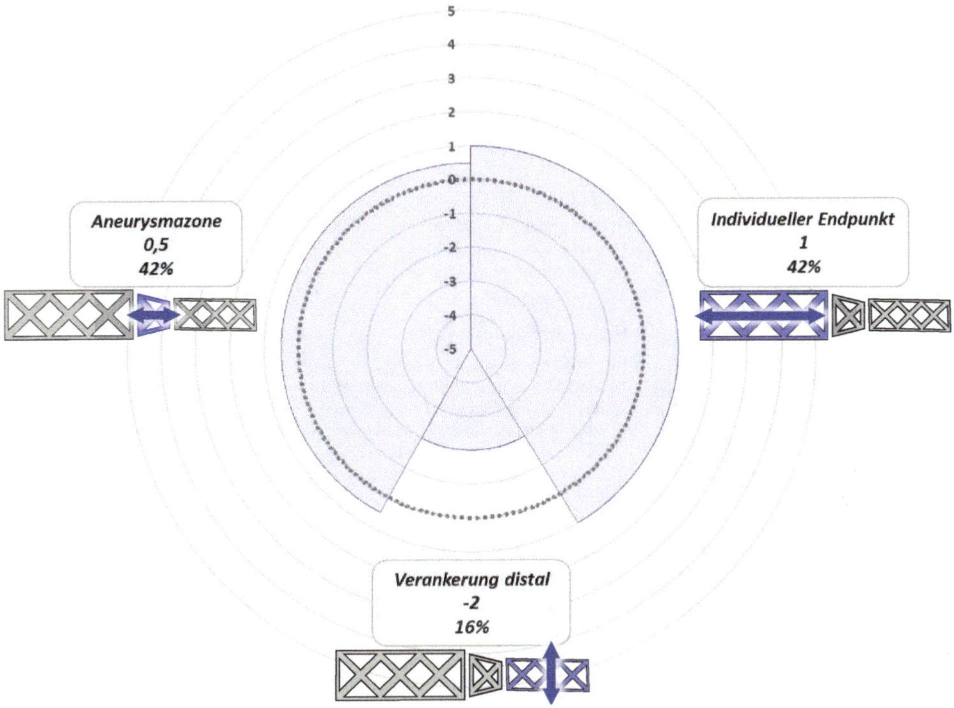

Bild 4.46 PIR mit den Konzepten für die Produktfamilie des Flow Diverters

Insgesamt gibt es für den Flow Diverter in der Ausgangssituation so viele Varianten, dass von einer kundenanonymen Ausarbeitung und Fertigung abgesehen wurde (>50.000). Um das Konzept mit der Segmentierung des Geflechtes dennoch umsetzen zu können, wird die Individualisierung untersucht. Bei einem individuellen Endpunkt könnte die Variantenanzahl um ein Sechstel reduziert werden. Gleiches gilt bei einer individuellen Länge des Aneurysmasegmentes. Da hier die Kundenanforderungen jedoch nicht so heterogen verteilt sind (siehe Merkmalssäule im PAM), ist eine Individualisierung der proximalen Länge zielführender. Auf Grundlage des PIR, Diskussionen über die Konzepte und die Auswertung der Anzahl der Komponentenvarianten wird das Konzept *Individueller Endpunkt* ausgewählt.

Mit der Entscheidung für ein Produktstrukturkonzept für die Produktfamilie endet der Methodenschritt und gleichzeitig die Methodenphase IV.

4.7 Phase V: Modularisierung

In der fünften Phase erfolgt die Zusammenfassung von Komponenten zu Modulen. Da der Flow Diverter auf die Komponente *Geflecht* beschränkt ist, ist das Produktbeispiel nicht hilfreich zur Verdeutlichung und Erklärung der Effekte der Methodenphase. Die Modulbildung wird daher ausschließlich am Beispiel der Produktfamilie des Fahrrads erläutert. Für das Fahrrad wird das Konzept *Reach-Faktor* final ausgewählt (vgl. PIR im Anhang A7, Seite 165). Das Ziel, der In- und Output der Methodenphase sowie die Werkzeuge und Teilschritte sind in Bild 4.47 dargestellt.

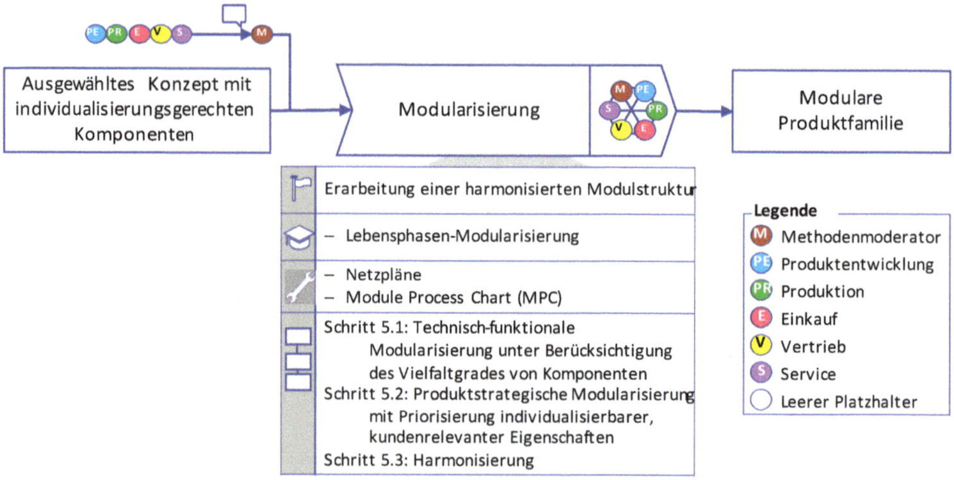

Bild 4.47 Übersicht über die fünfte Methodenphase

Um Komponenten zu Modulen zusammenzufassen, wird die *Lebensphasen-Modularisierung* durchgeführt (vgl. Kapitel 3.5.1). Anpassungen der einzelnen Methodenschritte werden hervorgehoben, um die Methode auch für individualisierbare Komponenten und Module nutzen zu können. Die Schritte der Methodenphase IV orientieren sich dabei eng an den Schritten der *Lebensphasen-Modularisierung*.

4.7.1 Schritt 5.1: Technisch-funktionale Modularisierung

Die technisch-funktionale Modularisierung kann mithilfe der DSM durchgeführt werden. Die räumliche, informative, energetische oder stoffliche Kopplung zwischen den Komponenten wird wie üblich untersucht und in der DSM eingetragen. Durch Vertauschen der Zeilen und Spalten, in denen die Komponenten stehen, können Vorschläge für eine Modulstruktur erarbeitet werden. Analog zu ZHAO (vgl. Kapitel 3.2.2) spielt bei der finalen Festlegung der Module nun auch der Vielfaltsgrad einer Komponente eine Rolle. Individualisierte Komponenten werden aus einem Modul, das beispielsweise aufgrund der räumlichen Kopplung zwischen den Komponenten gebildet wird, abgespalten und in einem eigenen, individualisierbaren Modul zusammengefasst.

Bild 4.48 zeigt die bereits umsortierte DSM des Fahrrads. Der Fahrradrahmen als individualisierbare Komponente wird zu einem eigenen Modul. Der Gepäckträger als Standardkomponente wird ebenfalls in ein eigenes Modul überführt, da eine Verknüpfung mit anderen Komponenten aus dem ehemaligen Modul (Bild 4.48, links) nicht zielführend erscheint.

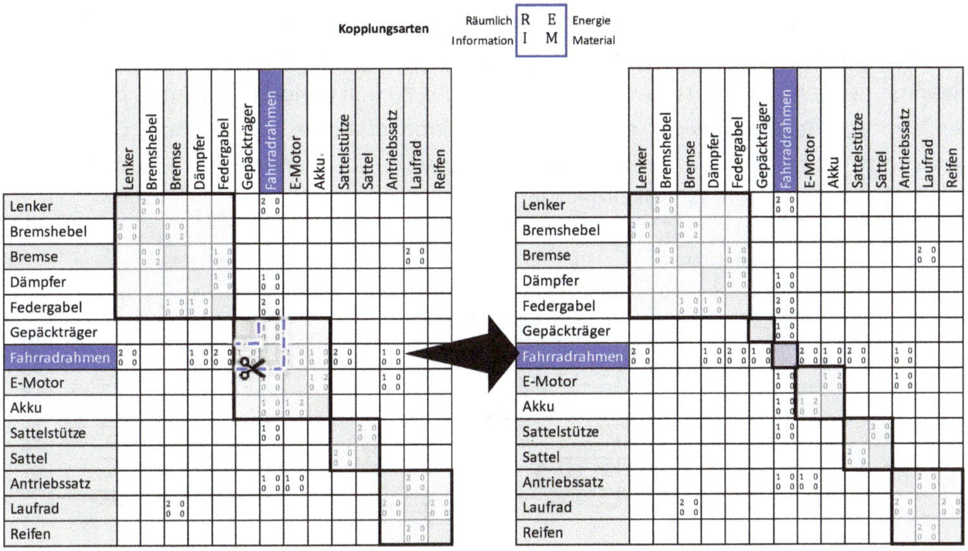

Bild 4.48 DSM des Fahrrads mit Abspaltung individualisierbarer Module

4.7.2 Schritt 5.2: Produktstrategische Modularisierung

Entsprechend der *Lebensphasen-Modularisierung* (vgl. Kapitel 3.5.1) erfolgt die produktstrategische Modularisierung durch eine Definition von Modultreiberausprägungen zu den Modultreibern der unterschiedlichen Lebensphasen. Mithilfe von Netzplänen werden den Modultreiberausprägungen die betroffenen Komponenten zugeordnet. Auf diese Weise kann eine lebensphasenspezifische Modulstruktur abgestimmt werden. Die Lebensphase der Produktentwicklung berücksichtigt dabei zusätzlich zu Modultreibern wie *Übernahmeteile* die Ergebnisse der zuvor durchgeführten technisch-funktionalen Modularisierung.

Beim Vertrieb ergibt sich die Besonderheit, dass neu definierte, kundenrelevante Produkteigenschaften, die sich während der Konzeptentwicklung in Methodenschritt 2.2 ergeben haben, berücksichtigt werden müssen. Komponenten, die einer individualisierungsrelevanten Produkteigenschaft im Netzplan zugeordnet werden, werden in einem individualisierbaren Modul zusammengefasst [Züf22]. Andere kundenrelevante Eigenschaften, die sich auf die gleiche Komponente beziehen, werden gegebenenfalls weniger stark gewichtet. Die Modulstruktur ist innerhalb der Lebensphase zu diskutieren und festzulegen. Für die anderen Lebensphasen ergeben sich keine Anpassungen, wobei zu beachten ist, dass sich ändernde Prozessausführungen, die aufgrund individualisierbarer Komponenten notwendig werden, bei der Festlegung der lebensphasenspezifischen Modulstruktur berücksichtigt werden.

Ein Ausschnitt des Netzplans der Lebensphase Vertrieb für das Konzept *Reach-Faktor*, das eine individualisierbare Oberrohrlänge für die Komponente Fahrradrahmen beinhaltet, ist in Bild 4.49 dargestellt. In dem Konzept ist die *Oberkörperlänge* als individualisierungsrelevante Eigenschaft von der *Körpergröße* abgespalten worden, um eine 1-zu-1

Zuordnung der kundenrelevanten Eigenschaft zur Komponente zu erreichen. Der Eigenschaft *Oberkörperlänge* wird vom Vertrieb die Komponente Fahrradrahmen zugeordnet. Zwar hat der Fahrradrahmen weiterhin auch Bezug zu den kundenrelevanten Eigenschaften *Körpergröße* und *Gewicht*, die Kopplung zur individualisierungsrelevanten Produkteigenschaft ist aber stärker zu gewichten. Daher wird die Komponente Fahrradrahmen vom Vertrieb im individualisierbaren Modul Fahrradrahmen isoliert.

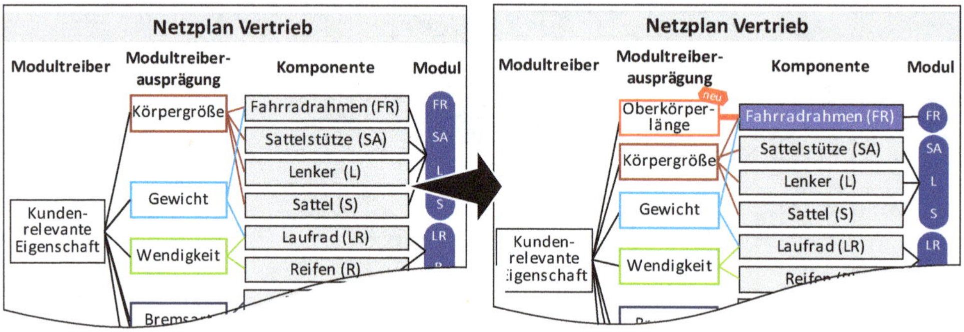

Bild 4.49 Veränderung des Netzplans der Lebensphase Vertrieb bei Auswahl des Konzeptes *Reach-Faktor*

4.7.3 Schritt 5.3: Harmonisierung

In der sich anschließenden Harmonisierung wird eine durchgängige Modulstruktur über alle Lebensphasen hinweg erarbeitet. Die Modulstruktur muss nicht für alle Lebensphasen identisch, aber konsistent sein. In unterschiedlichen Modularisierungsprojekten hat sich gezeigt, dass die Definition von Hauptmodulen, die in allen Lebensphasen die gleichen Komponenten enthalten, die Kommunikation der modularen Struktur im Unternehmen vereinfacht und einen begrenzten Betrachtungsrahmen für Optimierungen bietet.

Eine Besonderheit bei der produktstrategischen Modulbildung mit Individualisierung besteht darin, dass Module, die aufgrund des Modultreibers *kundenrelevante Eigenschaft* gebildet wurden, ein besonders hohes Gewicht bei der Diskussion und Harmonisierung erhalten [Züf22]. Dies gilt insbesondere für jene kundenrelevanten Eigenschaften, die in Phase II als Individualisierungsursache identifiziert bzw. neu definiert wurden. Komponenten, die einen Bezug zu diesen haben und somit eine individualisierbare Komponente darstellen, werden in ein individualisierbares Modul überführt. Die Modulgrenzen anderer Lebensphasen sollten sich dieser Einteilung in Bezug auf die Hauptmodule so weit wie möglich anpassen.

Für das Fahrrad ist ein nahezu harmonisierter MPC in Bild 4.50 gezeigt. Während andere Lebensphasen, wie beispielsweise die Produktentwicklung oder die Produktion, den Fahrradrahmen mit anderen Komponenten in einem Modul zusammenfassen, bildet dieser in der Modulstruktur des Vertriebs ein eigenes Modul (vgl. Kapitel 4.7.2). Diese Sichtweise findet bei der Harmonisierung besondere Berücksichtigung, da so eine individualisierungsgerechte Produktstruktur für die Produktfamilie bestehen kann. Daher besteht das über alle Lebensphasen harmonisierte Modul Rahmen (hellblaue Umrandung) nur aus dem Fahrradrahmen, während alle verbleibenden Komponenten des ursprünglichen Modul *Rahmenset* zusammengefasst werden.

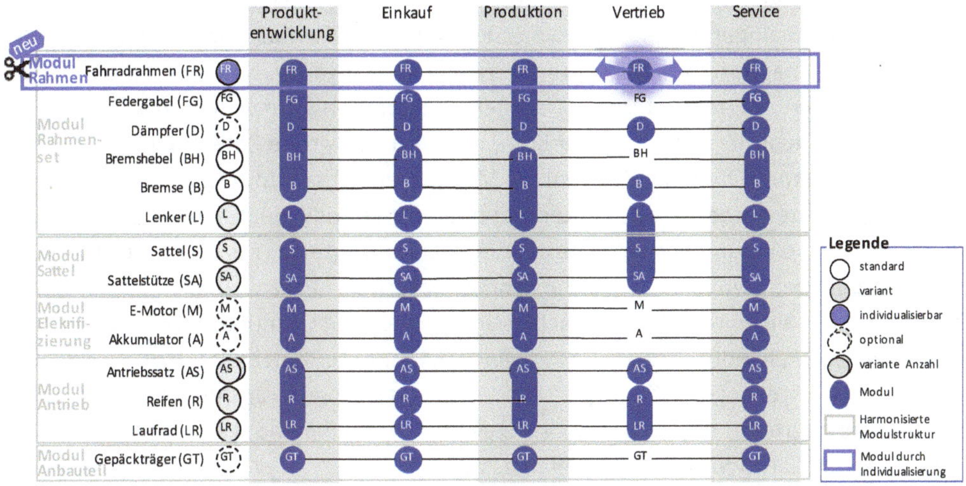

Bild 4.50 Harmonisierung im MPC mit besonderem Gewicht für die Modulstruktur des Vertriebs

Die finale modulare Struktur des Fahrrads ist in Bild 4.51 gezeigt. Dargestellt sind die harmonisierten Module, die über alle Lebensphasen konsistent sind. Da der Fahrradrahmen individualisiert wird, bildet er ein eigenes Modul. Farblich hervorgehoben ist die Veränderung des Moduls *Rahmenset* (gelb) ohne und mit Individualisierung.

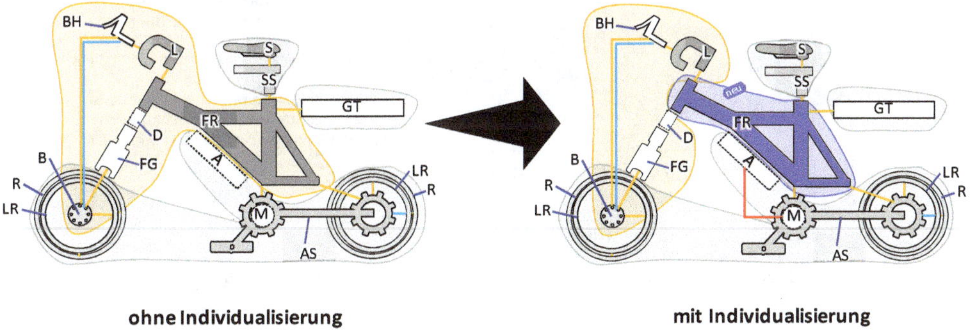

Bild 4.51 Hauptmodule des Fahrrads vor und nach der Definition individualisierbarer Komponenten

Damit ist die letzte Phase der Methode abgeschlossen. Es wurde eine modulare Produktstruktur für eine Produktfamilie auf der Grundlage individualisierungsgerecht gestalteter Komponenten entwickelt.

4.8 Zusammenfassung und Limitationen

Bild 4.52 zeigt die Methodenphasen und Methodenschritten sowie die Zuordnung der neu entwickelten Werkzeuge PAM, UOC, PIC und PIR. Die vorgestellte *Methode zur indi-*

vidualisierungsgerechten Gestaltung modularer Produktfamilien erweitert die Möglichkeiten des Variantenmanagements. Durch die Integration von individualisierbaren Modulen in der Produktstruktur mit standardisierten Prozessen werden die Möglichkeiten von Baukastenlösungen erheblich erweitert. Die Unterscheidung zwischen prinzipieller und geometrischer Varianz bei der Aufnahme der Ausgangssituation bietet die Differenzierung zwischen unterschiedlichen Ursachen von Komponentenvielfalt, die bei der Entwicklung individualisierungsgerechter Komponenten eine große Rolle spielen. Individualisierungsindikatoren bieten in Phase II die Möglichkeit zur systematischen Identifikation von Komponenten und Komponentenmerkmalen mit Individualisierungspotenzial. In Phase III erfolgt eine umfangreiche Bewertung der Konzepte aus Kunden- und Unternehmensperspektive, wobei die unternehmensinternen Prozessauswirkungen einer Produktindividualisierung nicht vernachlässigt werden. Auf Grundlage dieser Bewertung kann in Phase IV ein Konzept ausgewählt werden. Hier unterstützt das PIR die Darstellung und Gegenüberstellung der Konzepte. Das PIR bietet eine gute Grundlage für Diskussionen und die begründete Auswahl eines Konzeptes. Abschließend werden in Phase V die Komponenten zu Modulen zusammengefasst.

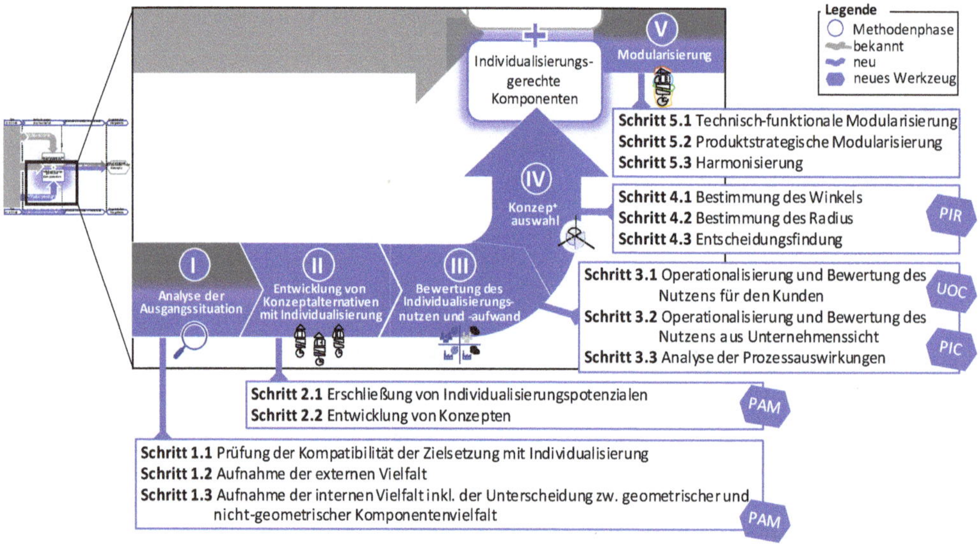

Bild 4.52 Zusammenfassung der Methode inklusive der Darstellung der Methodenphasen, -schritte und neu entwickelten Werkzeuge

Die vorgestellte Methode ergänzt den *Intergierten PKT-Ansatz* optimal. Die Grundsätze des *Integrierten PKT-Ansatzes*, wie etwa die workshopbasierte Vorgehensweise, die Nutzung geeigneter Visualisierungen sowie eine ganzheitliche Betrachtungsweise über alle Lebensweisen hinweg prägen auch die neu entwickelte Methode.

Limitationen bestehen in der Fokussierung der geometrischen Individualisierung. Kundenindividuelle Neuentwicklungen, beispielsweise für neue Funktionalitäten, werden außer Acht gelassen, da diese im Vorfeld kaum prognostiziert werden können. Außerdem sollte sich immer bewusst gemacht werden, dass durch konkrete Werte, ggf. sogar Dezimalzahlen, für die PEN eine Genauigkeit bei der Konzeptbewertung vorgetäuscht wird, die so aus qualitativen Aussagen nicht unbedingt abgeleitet werden kann. Für die Diskussion und Auswahl eines Konzeptes ist daher eine visuelle Gegenüberstellung der Konzepte im PIR zielführender als die PEN als Zahlen direkt miteinander zu vergleichen. Analog zur Einschätzung gibt das Radar eine qualitative Einschätzung besser wieder. Durch das PIR, die Diskussionen und eine gemeinsame Entscheidungsfindung kann diese Limitation gehandhabt werden. Ein genaueres Ergebnis kann nur durch eine quantitative Bewertung erreicht werden, wobei hier der Aufwand gegenübergestellt werden muss.

5 Validierung der neuen Methode

Für die Validierung der Methode werden empirische Studien durchgeführt. Die Methode wird zum einen in einem Experiment mit Studierenden angewendet (Kapitel 5.2). Der Vorteil hier ist, dass kontrollierte Laborbedingungen geschaffen werden können. Zum anderen wird die Methode an zwei Industrieprodukten angewendet (Kapitel 5.3 und 5.4). Diese Studien zeichnen sich durch den direkten Industriebezug und das Feedback von Unternehmen aus. Allen Untersuchungen liegen dabei die gleichen Prüfhypothesen zu Grunde. Diese werden zunächst in Kapitel 5.1 aus den gestellten Anforderungen an eine neue Methode hergeleitet und in jeder Validierungsstudie diskutiert. In Kapitel 5.5 erfolgt eine zusammenfassende Diskussion der Validität der Methode hinsichtlich der Validierungskriterien *Anwendbarkeit, Benutzbarkeit* sowie *Nutzen* bzw. *Akzeptanz*.

5.1 Validierungsziele und Prüfhypothesen

Nach Blessing und Chakrabarti [Ble09] ist eine Methode hinsichtlich der Anwendung (*application evaluation*) und des Erfolgs (*success evaluation*) zu validieren. Zur Bewertung der Anwendung wird die Anwendbarkeit (*applicability*) und die Benutzerfreundlichkeit bzw. Benutzbarkeit (*usability*) untersucht. Zur Bewertung des Erfolgs wird die Nützlichkeit bzw. der Nutzen (*usefulness*) analysiert. Nach Eisenmann et al. [Eis21] wird im Kontext des Nutzens die Akzeptanz als Kriterium zur Validierung herangezogen. Bei der Anwendbarkeit wird geprüft, ob sich die Methodenschritte in einer passenden Ausgangssituation verwenden lassen. Bei der Benutzbarkeit wird untersucht, ob die entwickelte Unterstützung einfach zu verstehen und leicht anzuwenden ist. Ob die Unterstützung die erwartete Wirkung hat, wird beim Nutzen analysiert. Aus diesen Validierungszielen sowie den in Kapitel 3.3 aufgestellten Anforderungen an eine Lösung zum Schließen der Forschungslücke werden für die Validierung der PMEA-Methode vier Prüfhypothesen abgeleitet (Bild 5.1).

J. Vogt, *Methode zur individualisierungsgerechten Gestaltung modularer Produktfamilien*,
Produktentwicklung und Konstruktionstechnik 26, https://doi.org/10.1007/978-3-662-70533-9_5

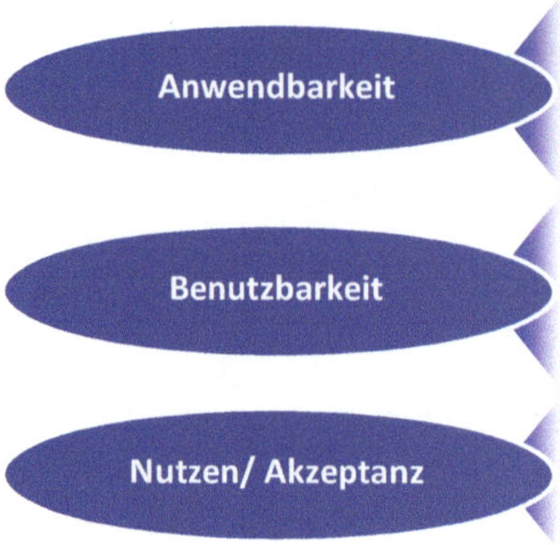

	Prüfhypothesen
H1	Die Methode unterstützt die Entwicklung alternativer Produktstrukturkonzepte mit individualisierbaren Komponenten.
H2	Die Methode ermöglicht eine ganzheitliche Bewertung von Konzeptalternativen.
H3	Die eingesetzten Werkzeuge sind einfach zu verstehen und unterstützen bei der Anwendung der Methode sowie der Kommunikation und Dokumentation der Ergebnisse einzelner Methodenschritte.
H4	Die Methodenanwendung erweitert das Variantenmanagement durch eine individualisierungsgerechte Gestaltung modularer Produktfamilien.

Bild 5.1 Prüfhypothesen für die Validierung der Methode

5.2 Validierung anhand einer empirischen Studie

Für die Validierung der neu entwickelten Methode wird eine Experimentstudie durchgeführt. Das Experiment wird dabei analog zu den Phasen zur experimentellen Methodenvalidierung nach ÜRETEN [Üre20] geplant, durchgeführt, analysiert und diskutiert.

Die in Kapitel 5.1 aufgestellten Hypothesen werden im Rahmen eines Experimentes mit 35 Masterstudierenden der Technischen Universität Hamburg im Wintersemester 2022/23 geprüft. Die Teilnehmer studieren überwiegend Maschinenbau mit der Vertiefung Produktentwicklung und besitzen durch vorangegangene Lehrveranstaltungen Wissen zur methodischen Produktentwicklung und Methodenanwendung. Für das Experiment wird die Studierendengruppe in zwei Gruppen unterteilt. Während eine Hälfte die neu entwickelte PMEA-Methode anwendet, nutzt die andere Hälfte eine Methode zur Gestaltung variantengerechter Produkt-Service-Systeme (PSS). Die zugrunde liegende Aufgabenstellung, dargestellt in Bild 5.2, ist für beide Gruppen gleich. Auf diese Weise kann untersucht werden, ob durch die PMEA-Methode der Aspekt der *Individualisierbarkeit* bei der Gestaltung einer modularen Produktfamilie berücksichtigt wird und die PMEA-Methode damit das gesetzte Ziel erreicht. Gleichzeitig kann während des Experimentes die Anwendbarkeit und Benutzbarkeit der Methode geprüft werden, indem die Studierenden bei der Methodenanwendung beobachtet und häufig aufkommende Fragen dokumentiert werden. Die Methode wird an zwei unterschiedlichen Produktbeispielen angewendet. Dadurch kann sichergestellt werden, dass die Methode produktunabhängig funktioniert. Die Anwendungsbeispiele *Lagersystem* und *Druckregelventil* werden für das Experiment so aufbereitet, dass beide Produktfamilien aus ca. 15 Komponenten bestehen. Auf diese Weise wird sichergestellt, dass die Produkte einen ähnlichen Umfang aufweisen und auch ohne tiefergehende Einarbeitung verständlich sind, damit die Methode in der zur Verfügung stehenden Zeit vollständig angewendet werden kann. Die Ausgangssituation ist für beide Produktfamilien aufgenommen und vorgegeben, sodass die Methode ab Schritt 2.1 durchzuführen ist. Zur Dokumentation der Ergebnisse wird eine A0-Vorlage entwickelt (siehe Anhang A7, Seite 165), die durch die Methode leitet und auf der die Ergebnisse der einzelnen Methodenphasen aufgeklebt werden können. Bereits mit Performance-Indikatoren ausgefüllte UOC-Vorlagen sowie mit Prozessen gefüllte PIC-Vorlagen werden zur Verfügung gestellt. Für die Vorstellung der PMEA-Methode bzw. der PSS-Methode werden 10-minütige Einführungsvideos aufgenommen, in denen die Phasen und Schritte der jeweiligen Methode erläutert werden. Für das Feedback zur Methode wird ein Fragebogen vorbereitet, in dem Einschätzungen zu Aussagen getätigt werden müssen. Die Aussagen sind in Tabelle 5.1 und im Anhang A7 (Seite 165 ff.) dargestellt.

Im Rahmen einer Vorstudie mit 10 wissenschaftlichen Mitarbeitern und Mitarbeiterinnen wird dieses Studiendesign getestet und Verbesserungen an den zur Verfügung gestellten Materialien, beispielsweise hinsichtlich der Lesbarkeit der Abbildungen auf der A0-Vorlage, eingearbeitet. Das finale Studiendesign, die Zielsetzung sowie die Agenda mit der Zeiteinteilung sind in Bild 5.2 zusammengefasst. Für die Durchführung der Hauptstudie, inklusive Einführung, Ergebnisdiskussion und Feedback, stehen insgesamt 3 Stunden und 45 Minuten (inklusive 30 Minuten Pause) zur Verfügung.

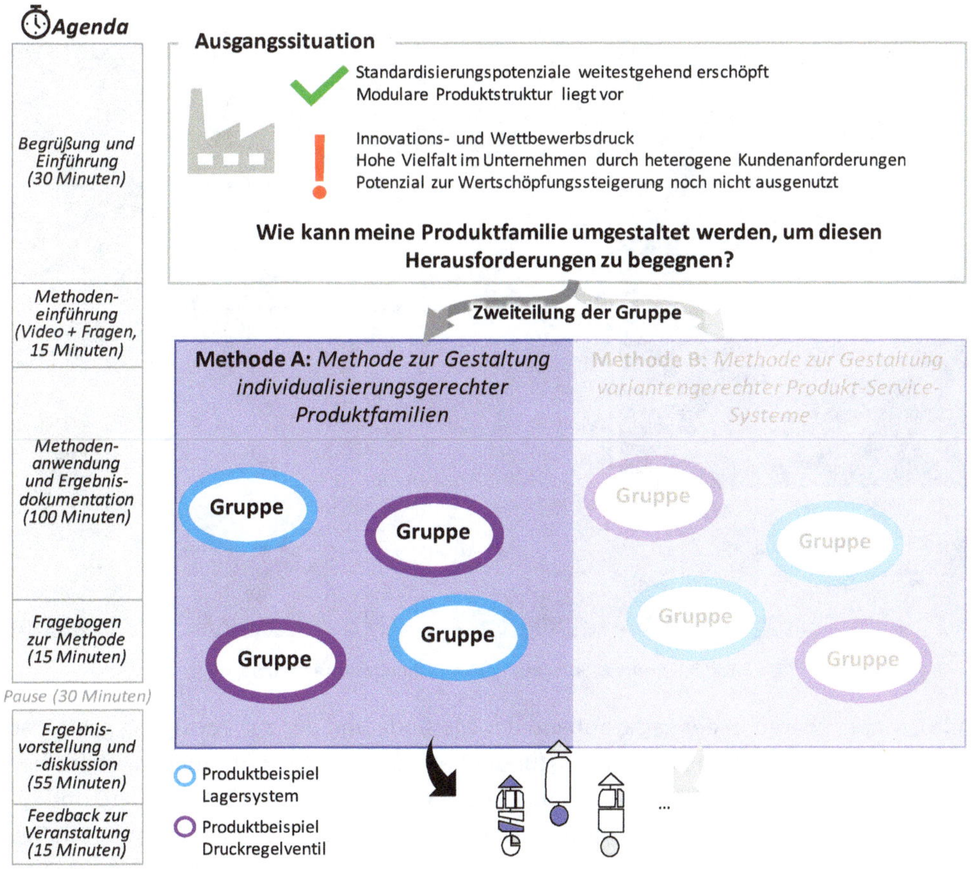

Bild 5.2 Aufgabenstellung und Einteilung der Studierenden in Kleingruppen

Entsprechend der Agenda erfolgt nach der Begrüßung die Vorstellung der Ausgangssituation, der Anwendungsbeispiele und der zu bearbeitenden Fragestellung. Die Studierenden werden anschließend in zwei Gruppen unterteilt und räumlich voneinander getrennt. 18 Studierende wenden die PMEA-Methode an, wobei zwei Gruppen à 5 Personen das Lagersystem als Anwendungsbeispiel nutzen und zwei Gruppen à 4 Personen das Druckregelventil umgestalten. Nach dem Kennenlernen der Methode mithilfe des Einführungsvideos erarbeiten die Studierenden mithilfe der PMEA-Methode eine neue Produktstruktur für die Produktfamilie des Lagersystems bzw. des Druckregelventils. Die Vorlagen stehen papierbasiert zur Verfügung. Zusatzmaterialien, wie der TEV der Anwendungsbeispiele, wird als Online-Dokument verfügbar gemacht. Im Anschluss an die Methodenanwendung werden die dokumentierten Ergebnisse der gesamten Studierendengruppe vorgestellt und die Ergebnisse mit der Gruppe, die die gleiche Methode und das gleiche Anwendungsbeispiel, die gleiche Methode und das andere Anwendungsbeispiel sowie mit den Gruppen, die die andere Methode angewendet haben, verglichen. Bild 5.3 zeigt einige Impressionen aus den Workshops sowie ausgewählte Ergebnisse der Gruppen. Abschließend wird ein Fragebogen im Online-Fragetool LimeSurvey zur Methode ausgefüllt.

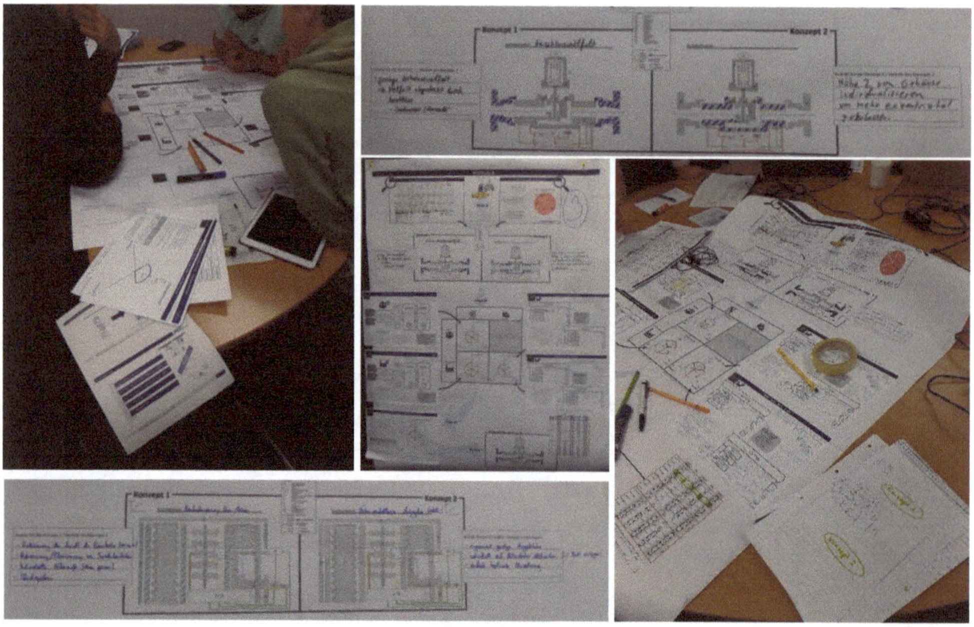

Bild 5.3 Impressionen aus der workshopbasierten Studie

Alle Gruppen waren in der Lage, anhand der Methode und der zur Verfügung gestellten Materialien die modulare Produktstruktur der betrachteten Produktfamilie zu überarbeiten und Individualisierung in der Produktstruktur zu berücksichtigen. Die UOC und die PIC konnten ausgefüllt und ein PIR erstellt werden. Jede Gruppe hat sich am Ende begründet für eins der entwickelten Konzepte entscheiden können und die modulare Produktstruktur überarbeitet.

Die Aussagen, zu denen eine Einschätzung abgegeben werden sollte, sind in Bild 5.4 und Tabelle 5.1 zu sehen. Die Freitextantworten zu *An der Methode hat mir gefallen, dass...* und *An der Methode sollte verbessert werden, dass...* sowie *Sonstige Bemerkungen...* sind ausführlich im Anhang A7 gezeigt.

Tabelle 5.1 Auflistung der im Rahmen des Fragebogens zu bewertenden Aussagen a bis l

Zu bewertende Aussagen	
a	Das Ziel der Methode ist mir deutlich geworden.
b	Das Vorgehen während der Übung ist deutlich geworden.
c	Die methodische Vorgehensweise war für mich nachvollziehbar und anwendbar.
d	Mithilfe der Methode konnten alternative Produktstrukturkonzepte mit individualisierbaren Komponenten entwickelt werden.
e	Es wurden alle relevanten Aspekte bei der Bewertung der Konzeptalternativen berücksichtigt.
f	Mithilfe des PAM werden die Ursachen der Komponentenvielfalt deutlich.
g	Der PAM unterstützt bei der Ableitung von Konzeptalternativen mit individualisierbaren Komponenten.
h	Die Usability Operationalization Chart (UOC) unterstützt die Bewertung des kundenseitigen Nutzens eines Konzeptes.
i	Die Usability Operationalization Chart (UOC) unterstützt die Bewertung des unternehmensseitigen Nutzens eines Konzeptes.
j	Die Process Impact Chart (PIC) unterstützt die Bewertung des unternehmensseitigen Aufwands eines Konzeptes.
k	Das Personalization Indication Radar (PIR) unterstützt die Auswahl einer Konzeptalternative.
l	Die Methode erweitert die Möglichkeiten des Variantenmanagement (durch eine individualisierungsgerechte Gestaltung) von Produktfamilien.

Die Auswertung der Rückmeldungen zu den Aussagen sind in Bild 5.4 zu sehen. In dem Diagramm kann abgelesen werden, wie viele Befragte der Aussage (vgl. Tabelle 5.1) vollständig zustimmen, zustimmen, weder zustimmen noch widersprechen, sowie widersprechen.

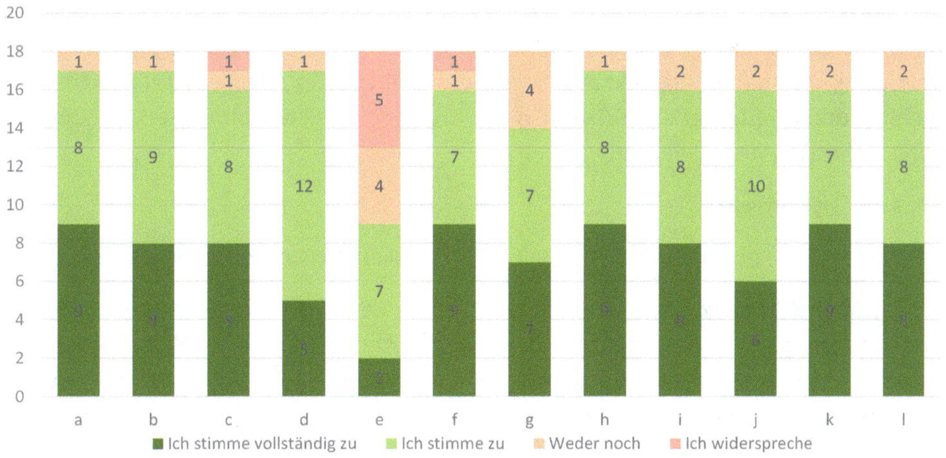

Bild 5.4 Auswertung des Fragebogens zur PMEA-Methode

Das Diagramm verdeutlicht, dass das Ziel der Methode sowie das Vorgehen während der Methodenanwendung deutlich geworden sind (Aussage a-c). In den Freitextantworten wurde hervorgehoben, dass die Methode einen *guten Leitfaden durch die Konzeptwahl* bietet und eine *logische und fundierte finale Konzeptwahl* unterstützt wird. Der Aufbau sei *übersichtlich* und *man würde schrittweise durch die Methode geführt*. Mit Bezug zu den Prüfhypothesen werden die übrigen Antworten diskutiert.

Diskussion Hypothese 1

Die Methode unterstützt die Entwicklung alternativer Produktstrukturkonzepte mit individualisierbaren Komponenten.

Es konnten alternative Produktstrukturkonzepte entwickelt werden (Aussage d). Dieser Aussage stimmen 17 von 18 Teilnehmern (voll) zu. Die Ergebnisse der unterschiedlichen Gruppen bestätigen diese Zustimmung: Jede Gruppe war in der Lage, alternative Produktstrukturkonzepte für die betrachtete Produktfamilie zu entwickeln. Der Freiraum von Phase I biete viele Möglichkeiten der Umsetzung, so eine Anmerkung aus dem Freitextbereich des Fragebogens.

Während der Methodenanwendung haben mehrere Studierende erwähnt, dass die Definition eines Produktstrukturkonzeptes mit Individualisierung präziser hätte vorgestellt werden müssen. Während der Anwendung der Methode hat sich gezeigt, dass die Studierenden zunächst Schwierigkeiten hatten, den Unterschied zwischen einer Sonderlösung und einer Produktindividualisierung zu verstehen. Bei der Entwicklung von Konzepten aus dem PAM ist es vermehrt zu Fragen gekommen, wann ein Konzept ein Konzept ist. Den Studierenden ist es schwer gefallen zu erkennen, dass bereits kleine Unterschiede in der Produktstruktur ausreichen, um alternative Konzepte darzustellen. Hier ist das Studiendesign zu bemängeln: Aufgrund des knappen Zeitrahmens wurde das Einführungsvideo auf 10 Minuten beschränkt. Dadurch sind manche Erklärungen knapp, ggf. zu knapp ausgefallen. Durch den direkten Austausch und die Beantwortung von Fragen konnte diese Herausforderung jedoch kurzfristig gelöst werden. Die Studierenden waren in der Lage, alternative Produktstrukturkonzepte abzuleiten. Da unterschiedliche Produktstrukturkonzepte bei allen Gruppen das Ergebnis von Phase II darstellen, kann die Prüfhypothese bestätigt werden.

Diskussion Hypothese 2

Die Methode ermöglicht eine ganzheitliche Bewertung von Konzeptalternativen.

Die Meinung zu Aussage e fallen im Vergleich zu den anderen Aussagen weniger positiv aus. Bei der Frage nach der Ganzheitlichkeit der Methode hält die Hälfte der Studierenden alle relevanten Aspekte für berücksichtigt, die andere Hälfte stimmt dieser Aussage entweder nicht ganz zu oder widerspricht sogar. Die Aussage e war ursprünglich so konzipiert, dass bewertet wird, ob zusätzlich zum Kundennutzen, den Unternehmenseffekten sowie den Prozessauswirkungen weitere Aspekte hätten berücksichtigt werden sollen. In der Diskussion und den Freitextantworten wird jedoch deutlich, dass die Studierenden die Aussage so ausgelegt haben, dass die Vollständigkeit der zur Verfügung stehenden Informationen bewertet wurde. Die Studierenden hatten zu wenig Informationen zu den Prozessen und den Kundenmeinungen und bemängelten in den Freitextantworten auch häufiger, dass die Bewertungen auf diese Grundlage sehr *nach Gefühl, tagesformabhängig* und *uneindeutig* wären. Die fehlenden Kenntnisse zu den Prozessen haben die Bewertung der Anpassungen der Prozesse schwierig gestaltet. Die Differenzierung zwischen einem geringen oder großen Einfluss auf den Prozess wurde in den Gruppen intensiv diskutiert. Ohne tiefergehende Prozesskenntnisse wird die finale Bewertung als sehr angreifbar empfunden. Bei den Studierenden, die das Lagersystem als Beispiel hatten, stimmten nur 4 von 10 Befragten der Aussage zu, beim Ventil waren es 5 von 8 Studierenden (vgl. Darstellung im Anhang A7). Wird die Vereinfachung der Produktbeispiele außer Acht gelassen, stellt das Lagersystem die deutlich umfangreichere Produktfamilie dar. Das Druckregelventil, das auch ohne Vereinfachung aus nur wenigen Komponenten besteht, scheint einfacher zu verstehen gewesen zu sein, sodass auch die Einflüsse einer Produktindividualisierung etwas besser zu bewerten waren.

Bei den Freitextantworten wurde positiv hervorgehoben, dass die Sichtweisen der unterschiedlichen Lebensphasen berücksichtigt werden. Außerdem wird angemerkt, dass es positiv ist, dass verschiedene Sichtweisen klar voneinander getrennt betrachtet werden. Daher werden die schlechteren Bewertungen zur Aussage e als Mangel des Studiendesigns und der Limitation einer experimentellen Studie in einer künstlich erzeugten Umgebung angesehen, jedoch nicht als einen Mangel der Methode an sich. Die Aussage im Fragebogen hätte präziser formuliert werden müssen. Da die Studierenden in der Lage waren, eine Bewertung durchzuführen und eine Entscheidung zu treffen, kann die Hypothese nicht widerlegt werden und wird als bestätigt angesehen - wohl wissend, dass genaue Produkt- und Prozesskenntnisse essenziell sind.

Diskussion Hypothese 3

> *Die eingesetzten Werkzeuge sind einfach zu verstehen und unterstützen bei der Anwendung der Methode sowie der Kommunikation und Dokumentation der Ergebnisse einzelner Methodenschritte.*

Die zur Verfügung gestellten Materialien werden als hilfreich bewertet, insbesondere die A0-Vorlage leite die Gruppen gut durch die unterschiedlichen Methodenphasen.

Der PAM wurde insgesamt als hilfreich angesehen (Aussage f, g). Dabei wurde die Konzeptentwicklung für 4 von 18 Personen durch den PAM weder unterstützt noch behindert, für die 14 übrigen Studierenden werden durch den PAM die Ursachen der Komponentenvielfalt deutlich. Die Werkzeuge UOC, PIC und PIR wurden positiv bewertet (Aussage h-k).

Die Visualisierungen wurden mehrfach in den Freitextantworten als besonders positiv hervorgehoben. Es wurde angemerkt, dass durch die vielen Visualisierungen ein guter Überblick über die Konzepte geschaffen wird. Ein Studierender hätte sich jedoch gewünscht, dass die Performance-Indikatoren nicht vorgegeben, sondern selber hergeleitet werden sollten. Dies wurde im Rahmen des Studiendesigns diskutiert, durch die begrenzte Zeit jedoch als nicht zielführend eingestuft.

Insgesamt konnten die Studierenden mit allen Werkzeugen arbeiten, sie ausfüllen und auf Grundlage dieser Ergebnisse Entscheidungen treffen. Daher wird die Hypothese als bestätigt angesehen.

Diskussion Hypothese 4

> *Die Methodenanwendung erweitert das Variantenmanagement durch eine individualisierungsgerechte Gestaltung modularer Produktfamilien.*

Die Methode wird von den Teilnehmern der Experimentstudie als Erweiterung der Möglichkeiten des Variantenmanagements angesehen (Aussage I). 16 von 18 Befragten stimmen dieser Aussage (voll) zu. Die Methode wird in der mündlichen Feedbackrunde durch einen Studierenden nochmal explizit als hilfreich und wichtig hervorgehoben. Zwar fehlt den Studierenden der direkte Bezug zum industriellen Alltag und Kontext, da sie jedoch andere Methoden zum Variantenmanagement bereits im Rahmen der Veranstaltungsreihe kennen gelernt haben, wird ihre Einschätzung als aussagekräftig angesehen. Während die andere Studierendengruppe, die die PSS-Methode angewendet hat, Produktindividualisierung in keiner Weise in Betracht gezogen hat, konnten alle Studierenden mithilfe der PMEA-Methode eine individualisierungsgerechte Gestaltung einer modularen Produktfamilie durchführen und so die Herausforderungen der Aufgabenstellung lösen. Die Prüfhypothese kann als belegt eingestuft werden.

Fazit

Zusammenfassend lässt sich festhalten, dass es allen Gruppen gelungen ist, alternative Produktstrukturkonzepte für die betrachtete Produktfamilie zu entwickeln, zu bewerten und eine finale Entscheidung zu treffen. Änderungen an der modularen Produktstruktur aufgrund des ausgewählten Konzeptes wurden von jeder Gruppe überprüft. Durch die begrenze Zeit und das dadurch sehr komprimierte Einführungsvideo zur Methode sind insbesondere bei der Definition eines Konzeptes und bei der qualitativen Bewertung vermehrt Fragen aufgetreten, die jedoch durch mündlich gegebene Zusatzinformationen beantwortet werden konnten. Fehlende Produkt- und Prozesskenntnisse für das Lagersystem und das Druckregelventil haben oftmals dazu geführt, dass die Methodenanwendung als schwierig empfunden wurde. Hier liegen die Limitationen der experimentellen Methodenvalidierung mit Studierenden. Bei einer Validierung der Methode im Unternehmen sind diese Kenntnisse vorhanden. Insgesamt validiert die Studie die Anwendbarkeit und die Benutzbarkeit der Methode.

5.3 Validierung am Fallbeispiel Lagersystem

Für eine umfangreiche Validierung wird die neu entwickelte Methode im industriellen Kontext in einem Unternehmen angewendet. Das ausgewählte Unternehmen ist einer der führenden Hersteller von Produkten im Bereich der Intralogistik-Lösungen und weltweit tätig. Für die Anwendung der PMEA-Methode wird die Produktfamilie eines Lagersystems ausgewählt. Das Lagersystem bietet die Möglichkeit, auf kleiner Stellfläche Teile einzulagern. Mithilfe der zugrunde liegenden Technologie wird das Lagergut aus dem Regalsystem entnommen, zum Bediener transportiert und in der Bedienöffnung für die Entnahme und Beladung bereitgestellt (Bild 5.5).

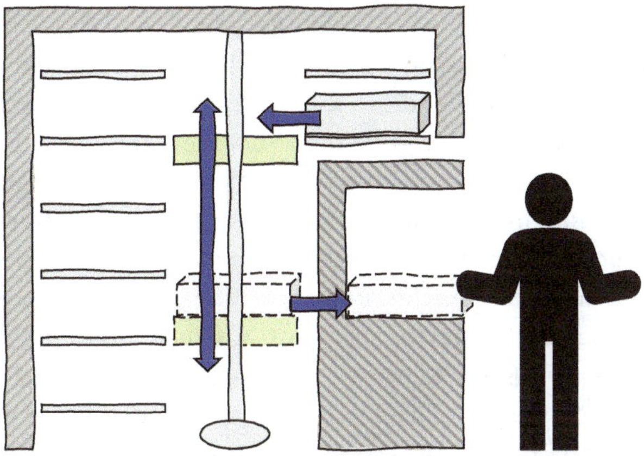

Bild 5.5 Schematische Darstellung des Lagersystems

Es gibt eine Vielzahl an unterschiedlichen Lagervarianten, die sich beispielsweise in der Höhe, der Breite, der Tiefe, den Bedienelementen oder der Steuerung unterscheiden. In der Ausgangssituation werden mithilfe eines Konfigurators die Kundenanforderungen aufgenommen und eine passende Lagervariante konfiguriert. Aus dem Konfigurator können direkt die Stücklisten generiert werden und die auftragsbezogene Produktion kann durchgeführt werden. Auch kundenindividuelle Wünsche können teilweise im Konfigurator vermerkt werden. Das konfigurierte Produkt wird dann jedoch als Sonderlösung gekennzeichnet und bedarf einer manuellen Prüfung. Hierbei wird die Umsetzbarkeit kontrolliert. Auch bei den als Sonderlösung deklarierten Produktkonfigurationen kann meist auf vorhandene Konstruktionen zurückgegriffen werden oder Stücklisten werden händisch angepasst. Neue oder geänderte Funktionalitäten bedürfen wiederum einer gesonderten Prüfung und Angebotserstellung.

Im Unternehmen besteht die Herausforderung, dass es eine große Variantenvielfalt gibt und die Pflegeprozesse viel Zeit in Anspruch nehmen. Hinzu kommt, dass die hohe Konfigurationsvielfalt nur mit sehr viel Aufwand im Konfigurator zu hinterlegen wäre. Daher wurden nicht alle Konfigurationen als Standard im Konfigurator hinterlegt und manuelle Prüfungen und Kontrollen sind notwendig. Die Grenze zwischen einer Standardlösung, einer *kleinen* Sonderlösung und einer *großen* Sonderlösung verschwimmt und wird dadurch weniger kontrollierbar. Eine *Variantengerechte Produktgestaltung* mit anschließender *Lebensphasen-Modularisierung* wurde für die Produktfamilie bereits durchgeführt. Die PMEA-Methode wird nun angewendet, um aufgrund ausgeschöpfter Potenziale der variantengerechten Produktgestaltung die Produktstruktur weiter optimieren zu können.

Die Anwendung der Methode erfolgt durch einen unternehmensexternen Methodenanwender, der nach Bedarf durch die Methodenexpertin (Autorin dieser Arbeit) unterstützt wird. Die Datenermittlung erfolgt in Online-Terminen, zu denen die benötigten Unternehmensexperten eingeladen werden. Mit den gesammelten Daten führt der Methodenanwender die Methodenschritte der PMEA-Methode durch, füllt die Werkzeuge, wie die UOC oder die PIC, aus und wendet diese an. Die Unternehmensexperten geben Rückmeldungen zu den Analyseergebnissen und dem Vorgehen. Dafür werden Ergebnisse in einer kurzen Power-Point-Präsentation zusammengefasst und vorgestellt. Ein wöchentlicher Austausch findet zudem mit dem *Innovation Coordinator* der Vorentwicklung sowie dem *Leiter der mechanischen Produktentwicklung* statt. Diese Unternehmensvertreter haben sich bereits durch die Durchführung von Modularisierungsprojekten intensiv mit dem Themenfeld des Variantenmanagements auseinandergesetzt und können die Ergebnisse daher in einen größeren Kontext einordnen. Sie werden nachfolgend als Produktexperten bezeichnet. In einem finalen Termin nach abgeschlossener Methodenanwendung wird den beiden Experten die Möglichkeit gegeben, die Methode und die (Zwischen-)Ergebnisse nochmals zu bewerten. Anhand der Antworten und der Ergebnisse können die Prüfhypothesen diskutiert werden.

Bei der Anwendung der Methode werden drei unterschiedliche Produktstrukturkonzepte für die Produktfamilie des Lagersystems entwickelt und bewertet. Das erste Konzept sieht vor, eine individuelle Höhe der Bedienöffnung zu realisieren. Im zweiten Konzept kann der Kunde eine individuelle Breite des Gerätes bestimmen. Das dritte Konzept fokussiert eine individuelle Positionierung der Bedienelemente. Bei der Bewertung des Kundennutzens schneidet das erste Konzept etwas besser ab als das zweite Konzept. Das dritte Konzept erweist sich als besonders geeignet in Bezug auf unternehmensinterne Effekte. Bei der Bewertung der Auswirkungen auf die Prozesse der Lebensphasen zeigt sich, dass die Konzepte nah beieinander liegen. Das dritte Konzept schneidet geringfügig besser ab als die anderen beiden Konzepte. Weitere inhaltliche Details unterliegen der Geheimhaltung und werden daher nicht erläutert. Bild 5.6 fasst die Ergebnisse zusammen.

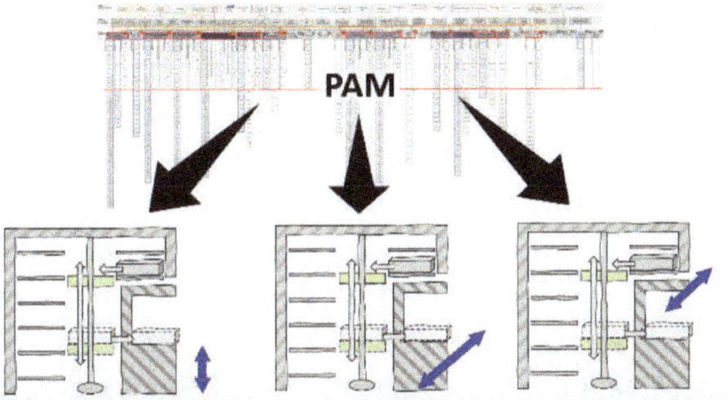

	1 Individuelle Bedienöffnungshöhe	2 Individuelle Gerätebreite	3 Indivi. Position Bedienelemente
$PEN_{K\text{-}Nutzen}$	3,5	3	0,5
$PEN_{U\text{-}Effekte}$	2,5	2,5	4
$PEN_{U\text{-}Prozesse}$	0,61	0,67	1,01

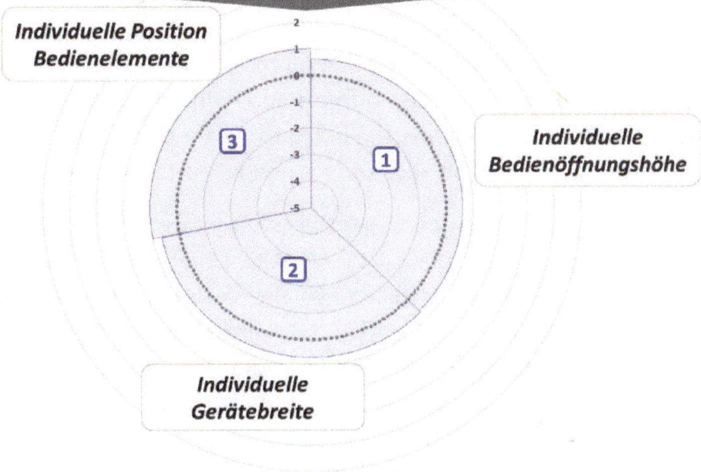

Bild 5.6 Ergebnisse der Anwendung der Methode am Lagersystem

Auf Grundlage der erzielten Ergebnisse sowie der Aussagen der Unternehmensexperten kann eine Diskussion der Prüfhypothesen erfolgen.

Diskussion Hypothese 1

> *Die Methode unterstützt die Entwicklung alternativer Produktstrukturkonzepte mit individualisierbaren Komponenten.*

Bei der Durchführung der Methode wurden alle Analysewege der Methodenphase II angewendet. Insbesondere die Analyse der Komponentenvielfalt und der Sonderlösungen bilden die Basis für die Konzeptentwicklung. Die Untersuchung der Kosten war hierbei weniger zielführend. Die Ergebnisse der Untersuchung der Wechselwirkungen stimmen mit den Ergebnissen der Analyse der Sonderkonstruktionen überein. Das in diesem Fall gewählte Studiendesign ermöglichte in den meisten Fällen keinen direkten Datenzugriff durch den Methodenanwender. Stattdessen wurden Informationen in Workshops, Diskussionen und gezielten Nachfragen beschafft. Dies führte jedoch dazu, dass kein implizites Wissen generiert werden konnte, das bei der Datensuche entsteht. Es war zwar möglich, die Daten auf diese Weise zu erhalten und zu analysieren, jedoch wäre die Datenbeschaffung mit direktem Datenzugriff effizienter und damit die Methodenanwendung schneller durchzuführen. Auf Grundlage der ermittelten Daten wurden fünf Konzepte vom Methodenanwender definiert. In einer Diskussion mit den zwei Produktexperten wurden drei Konzepte für die detailliertere Untersuchung ausgewählt. Die Entwicklung der Konzepte anhand der PAM war für die Produktexperten nachvollziehbar, die abgeleiteten Konzepte realistisch. Damit kann die Prüfhypothese durch die Fallstudie bestätigt werden.

Diskussion Hypothese 2

> *Die Methode ermöglicht eine ganzheitliche Bewertung von Konzeptalternativen.*

Die unterschiedlichen PEN konnten im Rahmen von Methodenphase III festgelegt werden. Die Berücksichtigung der Kundenperspektive wurde hierbei als besonders positiv hervorgehoben, da diese Sichtweise oftmals durch den starken Kostendruck, der im Unternehmen vorliegt, verloren gehe. Die Indikatoren zur Operationalisierung der Kundensicht konnten mit dem Vertrieb abgestimmt und bewertet werden.

Die finale Zusammenstellung und Gegenüberstellung der PEN für die unterschiedlichen Konzepte und Lebensphasen helfe laut Aussage der Produktexperten dabei, Optimierungshebel zu identifizieren. Für Stellen, wo eine besonders negative PEN definiert wurden, können gezielt Maßnahmen entwickelt werden, um Konzepte zu optimieren und zielführend zu implementieren. Das PIR fasst die Bewertung übersichtlich zusammen. Insgesamt kann festgehalten werden, dass laut Unternehmens- und Produktexperten die Methode dabei unterstützt, Handlungsschwerpunkte zu erkennen, um gezielt Maßnahmen einleiten zu können. Eine ganzheitliche Bewertung der Konzepte ist damit durch die Fallstudie belegt.

Diskussion Hypothese 3

> *Die eingesetzten Werkzeuge sind einfach zu verstehen und unterstützen bei der Anwendung der Methode sowie der Kommunikation und Dokumentation der Ergebnisse einzelner Methodenschritte.*

Einer der Produktexperten aus dem Unternehmen äußert, dass d*ie Visualisierung der Analyseergebnisse mithilfe der unterschiedlichen Werkzeuge eine Transparenz schafft, wie es sie derzeit im Unternehmen kaum gibt*. Die Herleitung des Ergebnisses sei nachvollziehbar und sinnvoll.

Der PAM kann effektiv genutzt werden. Es ist jedoch eine intensive Einarbeitung in das Werkzeug notwendig, insbesondere wenn das Werkzeug VAM, aus dem sich der PAM herleitet, unbekannt ist. Unternehmensvertreter, die dieses Werkzeug bereits kannten, konnten direkt effizient mit dem PAM arbeiten. Die Ausprägungen der Komponentenmerkmale wurden vom Leiter der mechanischen Produktentwicklung im PAM eingetragen. Die Datenbeschaffung war zeitintensiv. Dies ist in diesem Fall jedoch, laut Aussage des Leiters, auch auf die Art und Weise zurückzuführen, wie Daten im Unternehmen gehandhabt und verwaltet werden.

Außerdem konnte festgestellt werden, dass es wichtig ist, klar zu definieren, was ein Komponentenmerkmal ist. Nur mit diesem Wissen konnte klar unterschieden werden, ob es sich um ein variantes, geometrisches Komponentenmerkmal oder ein variantes nicht-geometrisches Merkmal bzw. Wirkprinzip handelt. Können beispielsweise technologisch unterschiedliche Bedienelemente in ein Blech eingebaut werden, bedeutet dies für das Blech einen Unterschied im Komponentenmerkmal Ausschnittbreite und Ausschnitttiefe. Das zugrundeliegende Wirkprinzip zur Ermöglichung der Bedienung ist jedoch gleich. Da die Komponentenvariante ein Namenskürzel entsprechend der Technologie des Bedienelements bekommt, ist hier genaues Wissen über die Auswirkungen auf die Komponente notwendig. Es wurde auf die genaue Untersuchung der Verkaufszahlen der einzelnen Merkmalsausprägungen verzichtet. Es wurde qualitativ eingeschätzt, welchen Anteil eine Ausprägung hat und damit wie hoch der Abschnitt in der Merkmalssäule ist. Insgesamt konnten die Produktexperten den PAM nutzen, um die Konzeptentwicklung des Methodenanwenders nachzuvollziehen. Die Visualisierung der Vielfalt im PAM wurde als sehr hilfreich angesehen. Der Detailgrad der Darstellung *fördere das Verständnis, auch wenn man selber nicht so tief in der Thematik stecke*.

Die UOC unterstützt dabei, den Kundennutzen bzw. die Herausforderungen zu operationalisieren. Die Vorlage ist geeignet, um eine Bewertung durchzuführen. Die aus der Funktionsstruktur durch den Methodenanwender hergeleiteten Performance-Indikatoren entsprechen denen, die von einem Vertriebsmitarbeiter aufgrund seiner Erfahrungen hergeleitet werden konnten. Bei der Operationalisierung der Herausforderungen waren mehrere Iterationen notwendig, um allgemeingültige Indikatoren zu definieren, die nicht nur von einer Lebensphase geprägt werden. Auf das IMF+P wurde nur wenig zurückgegriffen. Während der Methodendurchführung war die Anwendung des Wirkmodells am herausforderndsten. Zwar konnten die Effekte von der Lebensphase Produktentwicklung priorisiert werden, jedoch wurden alle Primäreffekte als wichtig zu beachten angesehen. Hier waren zunächst weitere Erklärungen notwendig, um das Ziel der Priorisierung zu verdeutlichen.

Mithilfe der PIC konnte für jede Lebensphase erfolgreich eine PEN_{LP} ermittelt werden. Die Vorlage wurde dabei jedoch nicht immer vollständig ausgefüllt. Manche Lebensphasenvertreter haben sich an den Hauptprozessen orientiert und eine Einschätzung für die PEN_{LP} abgegeben, ohne die konkreten Prozessauswirkungen und Maßnahmen für jeden Hauptprozess einzeln zu vermerken. Andere Lebensphasen hingegen haben alle einzelne Hauptprozesse bewertet (z. B. der Vertrieb). Dies zeigt, dass die Vorlage flexibel eingesetzt werden kann und unterschiedlichen Experten eine unterschiedliche Hilfestellung zur Einschätzung der Prozessauswirkungen gegeben werden kann.

Mithilfe der Excel-Vorlage konnte vom Methodenanwender das PIR erzeugt werden. Während der Diskussion über die Konzepte wurde die Darstellung herangezogen.

Insgesamt kann festgehalten werden, dass für ein tiefergehendes Verständnis der Visualisierungen eine gut aufbereite Einführung und Präsentation der Tools notwendig ist. Dann ist es mit den Werkzeugen möglich, insbesondere fachfremde Inhalte übersichtlich darzustellen und so ein ganzheitlicheres Denken zu ermöglichen. Der Methodenanwender konnte alle Werkzeuge erfolgreich benutzen. Damit kann die dritte Prüfhypothese als belegt angesehen werden.

Diskussion Hypothese 4

> *Die Methodenanwendung erweitert das Variantenmanagement durch eine individualisierungsgerechte Gestaltung modularer Produktfamilien.*

Zu Beginn der Untersuchung schien Produktindividualisierung gegen die strategischen Unternehmensziele der Planungssicherheit und kurzen Lieferzeiten zu sprechen. Mit Voranschreiten der Analysen konnten die Unternehmensvertreter jedoch davon überzeugt werden, dass Standardisierung allein nicht alle Herausforderungen lösen kann. Zum Ende der Untersuchung waren sie überzeugt, dass Produktindividualisierung *eine neue Strömung für die Modularisierung* darstellt und die Möglichkeit gibt, *Modularisierung wirklich valide zu betrachten*. Es wurde erkannt, dass *Vorteile bestehen, in einem Serienprodukt auch einzelne Elemente individualisierbar zu lassen*. Sie betonen, dass Komponenten, wo eine Standardisierung nicht zielführend war, bereits intuitiv separiert wurden. Durch die Methode können Entscheidungen, die bislang *nur im Kopf und aufgrund eines Bauchgefühls* getroffen wurden, argumentiert werden. Die Methode gibt ihnen *Mittel und Wege, Entscheidungen begründen zu können*. Für die einzelnen Methodenphasen zeigt sich, dass mit dem vorgegebenen Input der gewünschte Output erzeugt werden kann. Insbesondere die Analyse der Sonderlösungen wurde so noch nicht durchgeführt und zeige *interessante Verbesserungspotenziale* auf. Es lägen *viele Informationen und Daten im Unternehmen vor, die bisher noch nicht ausgewertet werden*.

Der Vertrieb glaubt, dass ein großer Marktvorteil durch gezielte Produktindividualisierung entstehen kann. Aus der Methodenanwendung nimmt der Vertriebsmitarbeiter insbesondere mit, dass diese Art der Untersuchung auch für andere Produktfamilien zielführend sein kann und übertragen werden sollte. Die Methodenanwendung sei nachvollziehbar und verständlich. Im Gegensatz dazu unterstützten die Vertreter des Einkaufs eine Individualisierungsstrategie zunächst nicht. Eine Individualisierung von Zukaufteilen würde extreme Auswirkungen auf die Einkaufsprozesse haben und den Aufwand erheblich steigern. Eine Individualisierung von Eigenfertigungsteilen wäre für den Einkauf zwar mit weniger Aufwand verbunden, jedoch müsse die Vereinbarung mit anderen strategischen Zielsetzungen geprüft werden. Im Verlauf des Gesprächs konnte festgestellt werden, dass eine differenziertere Betrachtung von Produktindividualisierung angeregt werden konnte und die grundsätzliche Ablehnung stärker reflektiert wird. Aus Produktionssicht führt eine standardisierte Produktindividualisierung insgesamt zu einer Verbesserung, da der Umgang mit Sonderlösungen entfällt.

Die systematische Vorgehensweise unterstütze dabei, *eingefahrene Strukturen zu analysieren und neue Denkansätze zu bekommen*. Der Lösungsraum wird geöffnet. Es werde das Gefühl vermittelt, dass eine ganzheitlichere Untersuchung durchgeführt wird. Dies ermöglicht zum einen eine fundiertere Entscheidung im Variantenmanagement, zum anderen bedeutet es gleichzeitig, dass eine bewusstere Entscheidung notwendig wird und Untersuchungen bei zu großem Untersuchungsumfang bewusst ausgelassen werden müssen. Das Endergebnis, das systematisch erarbeitet wurde, stimmt mit der intuitiven Einschätzung der Mitarbeiter überein, mit dem großen Unterschied, jetzt Argumente für eine Entscheidung vorlegen zu können.

Fazit

Es wurden unterschiedliche Produktstrukturkonzepte für die Produktfamilie des Lagersystems entwickelt und diskutiert. Die Entwicklung der Konzepte war für die Unternehmensexperten nachvollziehbar. Bei der Bewertung der Konzepte wurden die unterschiedlichen Sichtweisen der Lebensphasen integriert. Aber auch die Berücksichtigung der Kundensicht wurde als sehr positiv hervorgehoben. Die eingesetzten Werkzeuge waren anwendbar, benutzbar und nachvollziehbar und konnten zur Kommunikation und Dokumentation der Ergebnisse eingesetzt werden. Insgesamt konnte die Methode in der ersten Fallstudie überzeugen, indem sie eine nachvollziehbare und transparente Entscheidungsfindung unterstützt.

5.4 Validierung am Fallbeispiel Trogkettenförderer

Eine weitere Validierung der Methode erfolgt am Beispiel eines Trogkettenförderers in einem produzierenden Unternehmen im Bereich der Saatgut- und Getreideverarbeitung. Die betrachtete Produktfamilie dient dazu, Saatgut oder Getreidegut zwischen unterschiedlichen Silo- oder Futteranlagen zu fördern. An einer endlosen Kette sind hierfür Räumplatten montiert, die das Gut durch den Schacht schieben. Die Kette wird von einer Antriebsstation angetrieben. Das Fördergut kann in eine Richtung oder durch zwei übereinander liegende Schächte gleichzeitig in beide Richtungen transportiert werden. Die Fertigung der Trogkettenförderer erfolgt auftragsbezogen. Bild 5.7 zeigt eine schematische Darstellung eines Trogkettenförderers.

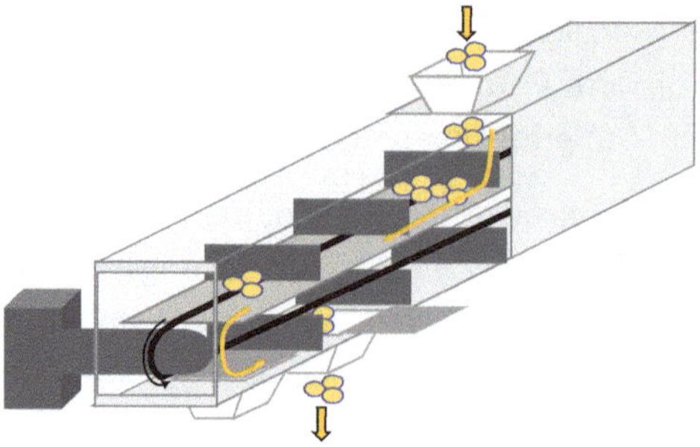

Bild 5.7 Schematische Darstellung eines Trogkettenförderers

Die Ausgangssituation gestaltet sich so, dass ein Vielfaltsproblem bei der Produktfamilie identifiziert wurde. Insbesondere die dadurch resultierende hohe Prozessvielfalt bereitet dem Unternehmen Schwierigkeiten. Es ist oftmals unklar, welches Fertigungsprogramm zu wählen ist und wie genau sich die Varianten voneinander unterscheiden. Diese Herausforderung soll bei einer Umgestaltung der Produktfamilie adressiert werden. Zudem wird ein Innovationsstau bemängelt, da immer nur spontan auf kundenindividuelle Anfragen reagiert wird, statt im Vorfeld zu agieren. Eine strukturierte Erarbeitung eines angepassten Baukastens ist gewünscht, weswegen eine variantengerechte Gestaltung der Produktfamilie bereits durchgeführt wurde. Da dennoch eine hohe Vielfalt vorliegt, sollen die Möglichkeiten einer Produktindividualisierung untersucht werden.

Die PMEA-Methode wird von einer Mitarbeiterin des Unternehmens angewendet, die in engem Austausch zu der Methodenexpertin sowie den Experten der einzelnen Lebensphasen steht. Die Methodenanwenderin hat direkten Zugriff auf die unternehmensinternen Daten. Außerdem werden in Workshops mit den Experten der einzelnen Lebensphasen weitere Daten und Informationen zusammengetragen. Die Methodenschritte werden von der Methodenanwenderin durchgeführt und die jeweiligen Visualisierungswerkzeuge erarbeitet und angewendet. Die Ergebnisse werden mit den unterschiedlichen Lebensphasenvertretern diskutiert.

Im Rahmen der Analyse der Ausgangssituation werden die kundenrelevanten Eigenschaften sowie die Komponenten des Trogkettenförderers definiert und der MIG der Produktfamilie erstellt. Die Vielfalt der Komponenten wird genauer untersucht und im PAM dargestellt. Die Sonderlösungen der letzten Jahre werden untersucht und die betroffenen Komponenten identifiziert. Mithilfe des PAM werden in einem gemeinsamen Workshop mit dem Produktverantwortlichen fünf Konzepte mit Produktindividualisierung abgeleitet. Nach einer kurzen Diskussion über die Realisierbarkeit der Konzepte werden zwei Konzepte ausgeschlossen. Die verbleibenden drei Konzepte werden detaillierter untersucht. Konzept 1 trägt den Namen *Längenindividualisierung*. Hierbei wird die Länge des letzten Schachtelements kundenindividuell definiert. In Kombination mit Schachtelement mit einer standardisierten Länge kann so jede benötigte Länge realisiert werden. Weitere Schachtlängen sind nicht mehr erforderlich und die hohe Anzahl an Komponentenvarianten kann potenziell reduziert werden. Das zweite Konzept adressiert die Räumplatte im Trogkettenförderer, die häufig von Sonderlösungen betroffen ist. Hier werden die Länge und Breite der Platte kundenindividuell angepasst. Das dritte Konzept betrifft die Abstützung. Diese Komponente zählte bislang nicht zum Baukasten, da sie kundenindividuell ausgestaltet werden muss. Sie wird bislang wie eine Sonderlösung gehandhabt. Jedoch sind es immer die gleichen Komponentenmerkmale, die individuell ausgestaltet werden. Daher bietet sich hier die Untersuchung einer Aufnahme in den Baukasten als individualisierbare Komponente an. Indikatoren zur Operationalisierung des Kundennutzens und der Unternehmenseffekte werden definiert. Die PEN aus Kunden- und Unternehmenssicht werden in einer Diskussion festgelegt sowie der Einfluss der Konzepte gemeinsam mit den Vertretern aus den jeweiligen Lebensphasen untersucht. Anhand der PEN wird das PIR erstellt. Auf die Anwendung der letzten Methodenphase wurde im Rahmen dieser Fallstudie verzichtet.

Analog zur ersten Fallstudie sind die Ergebnisse der Untersuchung der zweiten Fallstudie in Bild 5.8 dargestellt. Es folgt die Diskussion der Prüfhypothesen.

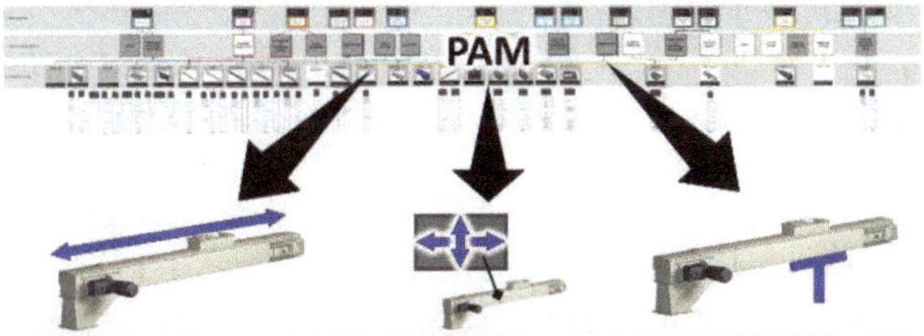

	1 Längen-individualisierung	2 Optimierter Durchsatz	3 Individuelle Abstützung
$PEN_{K\text{-}Nutzen}$	0,33	3,5	0
$PEN_{U\text{-}Effekte}$	0	0,5	3,5
$PEN_{U\text{-}Prozesse}$	0,3	0,06	0,5

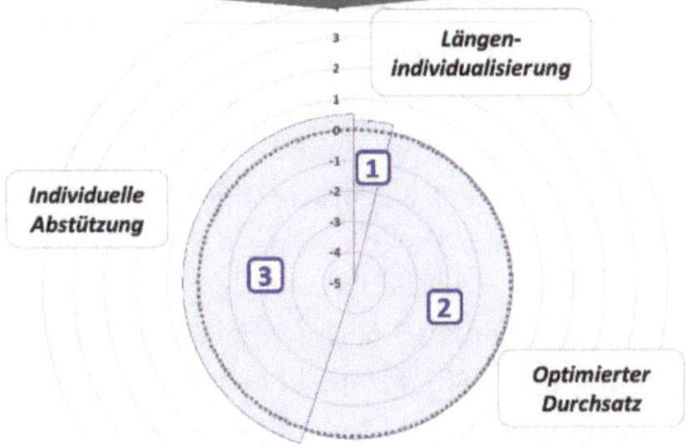

Bild 5.8 Ergebnisse der Anwendung der Methode am Trogkettenförderer

Diskussion Hypothese 1

Die Methode unterstützt die Entwicklung alternativer Produktstrukturkonzepte mit individualisierbaren Komponenten.

Durch die Anwendung der Methode konnten unterschiedliche Produktstrukturkonzepte abgeleitet werden. Dabei lag der Fokus auf Analyseweg *Komponentenvielfalt* und *Sonderlösungen*, also der Ermittlung von Individualisierungspotenzial aus der vorliegenden Vielfalt sowie vergangener Sonderlösungen. Analyseweg *Materialkosten* und *Wechselwirkungen* wurden laut Methodenanwenderin vernachlässigt, da nicht die Kosten, sondern die Prozessvielfalt zu dem Zeitpunkt die größte Herausforderung darstellte. Die Analyse der Wechselwirkungen führte zu ähnlichen Ergebnissen wie die Untersuchung der Sonderlösungen. Der PAM wurde genutzt, um Konzepte zu definieren. Während des Workshops war es essenziell, Produktindividualisierung und dessen Bedeutung zu wiederholen, da Individualisierung zunächst ausschließlich Kundenvorteile zu haben schien. Im Laufe des Workshops hat sich das Verständnis jedoch auch bei dem Unternehmensexperten gefestigt, sodass final Vorteile für das Unternehmen gesehen werden konnten: *Da wo keine Lösung im Rahmen der Standardisierung gefunden werden kann, ist es total spannend, über eine kontrollierte Individualisierung nachzudenken und bessere Konzepte bereit zu legen.* Zunächst wurden mehr Konzepte abgeleitet, als dann in der nächsten Methodenphase detaillierter weiterverfolgt wurden. Dies verdeutlicht nochmal, dass durch die Methode der Lösungsraum geöffnet und das Denken außerhalb bekannter Muster gefördert wird. Das Ergebnis von Methodenphase II sind drei alternative Produktstrukturkonzepte, die detaillierter untersucht werden. Die erste Prüfhypothese kann durch die zweite Fallstudie bestätigt werden.

Diskussion Hypothese 2

Die Methode ermöglicht eine ganzheitliche Bewertung von Konzeptalternativen.

Die Ermittlung der unterschiedlichen PEN war im dargestellten Fallbeispiel möglich. Es konnte eingeschätzt werden, ob es durch ein Konzept zu einer Verbesserung oder Verschlechterung der Indikatoren kommt. Bei der Ableitung von Indikatoren zur Bewertung der Unternehmenseffekte war zunächst herausfordernd, die Ursache eines Problems zu erkennen und zu operationalisieren. Hierbei haben eine gezielte Moderation und wiederholtes Nachfragen nach dem eigentlichen Grund für eine Herausforderung Abhilfe geschaffen. Die Bewertung der Prozessauswirkungen wurde für die Lebensphasen Vertrieb, Konstruktion, Einkauf und Produktion durchgeführt. Es hat sich herausgestellt, dass neben ganzen Zahlen von -5 bis +5 auch halbe Zahlen im UOC zum Einsatz gekommen sind, da die Festlegung auf eine ganze Zahl nicht möglich war. Die restliche Bewertung konnte dennoch entsprechend der Methode durchgeführt werden. Die finale Konzeptbewertung zeigt, dass die Unterschiede der Konzepte durch eine einseitige Betrachtung aus Unternehmens- oder Kundensicht keine Differenzierung hervorgerufen hätten: Während eine Längenindividualisierung final im Vergleich zu den anderen beiden Konzepten weder für den Kunden noch für das Unternehmen große Vorteile hervorruft, ist eine individualisierte Abstützung vor allem aus Unternehmensperspektive anzustreben, und eine Optimierung des Durchsatzes aus Kundenperspektive. Würde die Kunden- oder Unternehmensperspektive an dieser Stelle vernachlässigt werden, würden die Unterschiede zwischen dem ersten Konzept und dem zweiten bzw. dritten Konzept nicht hervorkommen. Dies unterstreicht nochmal, dass die Methode eine ganzheitliche Bewertung der Konzeptalternativen unterstützt. Die zweite Prüfhypothese kann bestätigt werden.

Diskussion Hypothese 3

> *Die eingesetzten Werkzeuge sind einfach zu verstehen und unterstützen bei der Anwendung der Methode sowie der Kommunikation und Dokumentation der Ergebnisse einzelner Methodenschritte.*

Der PAM konnte erfolgreich erstellt werden. Verkaufszahlen wurden analysiert und die Ausprägungen in der Merkmalssäule entsprechend dargestellt. Für die Entwicklung der Konzepte wurde der PAM genutzt. Die Darstellung der Daten im PAM wird als hilfreich angesehen. *Es werden viele Informationen übersichtlich dargestellt*. Bei der Diskussion von Konzepten wurde anhand des PAM argumentiert. Insgesamt war die Erstellung des PAM jedoch sehr zeitaufwendig und die Identifikation von Sonderlösungen nur durch eine umfangreiche Analyse der Daten möglich. An dieser Stelle wird von der unternehmensinternen Methodenanwenderin hervorgehoben, dass das Datenmanagement im Unternehmen an die Grenzen stößt und insgesamt sowieso viele Optimierungspotenziale aufweise. Die Einarbeitung in den PAM nimmt einige Zeit in Anspruch und erfordert eine ausführliche Erklärung zu Beginn.

Die UOC und die PIC seien sehr intuitiv nutzbar und konnten im Rahmen der Methodendurchführung erfolgreich ausgefüllt werden. Es waren keine detaillierten Erklärungen notwendig. Die Ermittlung der PEN wurde zielführend unterstützt. Die finale Diskussion zur Konzeptauswahl wurde durch das PIR unterstützt.

Die Methodenanwenderin konnte die Werkzeuge selbstständig nutzen und die Visualisierungen erstellen. Während der Workshops und Diskussionen wurde auf die Werkzeuge zurückgegriffen, um Ergebnisse zu kommunizieren und dokumentieren. Die Prüfhypothese kann daher bestätigt werden.

Diskussion Hypothese 4

> *Die Methodenanwendung erweitert das Variantenmanagement durch eine individualisierungsgerechte Gestaltung modularer Produktfamilien.*

Zu Beginn der Methodenanwendung ist es den Unternehmensexperten schwergefallen, die unternehmensinternen Vorteile einer Produktindividualisierung zu verstehen. Produktindividualisierung schien zunächst nur Kundenvorteile zu bieten. Mit fortschreitender Zeit wurde in dem Workshop jedoch ein Verständnis für die neue Strategie geschaffen. Die Strategie mit ihren Vor- und Nachteilen wurde immer mehr verinnerlicht und konnte auf die eigene Produktfamilie übertragen werden. Hierdurch wird nochmal mehr deutlich, wie wichtig eine ausführliche Einführung, Definition und Erklärung der Strategie ist. Durch die Methode eröffnen sich neue Möglichkeiten, gleichzeitig erfordere sie eine Offenheit für *neue Denkmuster* und ein *hohes Abstraktionsvermögen*. Nach diesen anfänglichen Schwierigkeiten wurde die Methode als sehr zielführend bewertet. Die genaue Beschreibung der Methodenschritte im Rahmen dieser Ausarbeitung ermöglicht die Übertragung und Anwendung der Schritte für die eigene Produktfamilie. Durch die Methodendurchführung wurde eine differenziertere Betrachtungsweise angeregt, die in Zukunft bei der Entwicklung von Produkten Beachtung finden soll. Im Vergleich zur vorangegangenen variantengerechten Gestaltung der Produktfamilie konnte festgestellt werden, dass andere Komponenten genauer analysiert und umgestaltet wurden. Dies verdeutlicht, dass die individualisierungsgerechte Gestaltung die Möglichkeiten des Variantenmanagements gezielt erweitern kann.

Fazit

Die Methode konnte erfolgreich für die Produktfamilie des Trogkettenförderers angewendet werden. Von der unternehmensinternen Methodenanwenderin konnten in enger Abstimmung mit den Experten der Lebensphasen sowie der Methodenexpertin unterschiedliche Konzeptalternativen mit individualisierbaren Komponenten entwickelt, bewertet und diskutiert werden. Die Methode hat eine differenziertere Betrachtung der Standardisierungsbewegung angeregt.

5.5 Diskussion der Ergebnisse hinsichtlich der Validierungsziele

Die neu entwickelte *Methode zur individualisierungsgerechten Gestaltung modularer Produktfamilien* konnte sowohl in der Experimentstudie als auch in den Einzelfallstudien in der Industrie erfolgreich angewendet werden. Die Prüfhypothesen können bestätigt werden. In den unterschiedlichen Validierungsstudien hat sich gezeigt, dass die Methode produktunabhängig und personenunabhängig anwendbar, benutzbar und nützlich ist.

Anwendbarkeit

Grundsätzlich hat sich bei den Durchführungen der Methode gezeigt, dass alle Methodenphasen und -schritte angewendet werden können. Die Ziele der einzelnen Methodenphasen werden erreicht. Die Ausgangssituation kann im Rahmen von Methodenphase I erfasst und ein TEV, ein MIG sowie ein PAM erstellt werden. Alternative Produktstrukturkonzepte, die Individualisierung berücksichtigen, können abgeleitet werden. Während der Konzeptentwicklung wurden viele Ideen generiert, von denen manche in Diskussionen aufgrund fehlender Umsetzbarkeit verworfen wurden. Eine Bewertung der abgeleiteten Konzepte konnte durchgeführt werden und die $PEN_{K\text{-}Nutzen}$, $PEN_{U\text{-}Effekte}$ sowie eine $PEN_{U\text{-}Prozesse}$ für jedes Konzept ermittelt werden. Eine Priorisierung der Konzepte im PIR hat in jeder Studie stattgefunden. Auf dieser Grundlage konnte ein Konzept ausgewählt und darauf abgestimmt die bestehende modulare Produktstruktur der Produktfamilie angepasst werden. Die Methode erweist sich als anwendbar.

Benutzbarkeit

Um eine effiziente und zielführende Anwendung der Methodenschritte und Werkzeuge sicher zu stellen, ist eine Einführung in die Methode sowie eine kontinuierliche Motivation der beteiligten Experten essenziell. Die Experimentstudie hat gezeigt, dass Studierende, die sich neu in das Produkt und die Unternehmensrandbedingungen einarbeiten mussten, in der Lage waren, die Methodenschritte zu durchlaufen. Den Methodenanwendern (extern und intern) war es möglich, anhand der Methode Produktstrukturkonzepte für die ausgewählten Produktfamilien zu entwickeln, zu bewerten und final ein Konzept auszuwählen. Die Beschreibung der einzelnen Methodenphasen und -schritte wurde als zielführend empfunden. Der Methodenanwender und die Methodenanwenderin konnten dabei die Analyse selbstständig durchführen und die Werkzeuge ausfüllen und anwenden. Ein direkter und umfassender Zugriff auf die Produkt- und Unternehmensdaten ist hilfreich, um eine effiziente Methodendurchführung zu gewährleisten. Das zugrundeliegende Datenmanagement hat einen großen Einfluss auf den benötigten Zeitumfang zur Ermittlung aller benötigter Informationen. Die Methode erweist sich insgesamt als sehr gut benutzbar.

Nutzen bzw. Akzeptanz

Insbesondere die Fallstudien in der Industrie verdeutlichen nochmal, dass Individualisierung ein sehr innovatives Thema ist. Dieses scheint den Standardisierungsbestrebungen zunächst entgegenzuwirken. Im Laufe der Methodenanwendung konnten die Industrievertreter jedoch von der gezielten Erweiterung modularer Baukästen um individualisierbare Komponenten überzeugt werden. Dadurch zeigt sich nochmal, dass die Methode ein Thema adressiert, das sehr zukunftsweisend ist. Gleichzeitig ist durch die Validierungsstudien deutlich geworden, wie wichtig es ist, die Bedeutung von Produktindividualisierung klar zu definieren und zu verstehen, wodurch die Vielfalt von Komponenten wirklich begründet wird. Für eine detaillierte Analyse bedarf es zwar an Zeit, jedoch wurde der Mehrwert in allen Studien erkannt.

Da nur vereinzelt von den Methodenschritten abgewichen wurde, besteht eine gewisse Akzeptanz gegenüber der Methode. Eine unternehmensspezifische Priorisierung und die Auswahl der Analysewege werden explizit in Phase II angeregt. Eine Aufschlüsselung der Ausprägungen entsprechend der Verkaufszahlen ist sowohl quantitativ als auch qualitativ möglich. Die Bewertung jedes einzelnen Hauptprozesses in Schritt 3.3 kann eine Lebensphase unterstützen, die qualitative Festlegung einer übergeordneten PEN_{LP} ist jedoch auch ohne eine so tiefgehende Analyse möglich. Die Methode erweist sich insgesamt als nützlich und wird von den Unternehmensvertretern akzeptiert.

Zusammenfassend kann festgehalten werden, dass die Methode erfolgreich validiert werden konnte. Bei der Nutzung von modularen Produktfamilien kann die Berücksichtigung von Produktindividualisierung bestehende Herausforderungen lösen.

6 Zusammenfassung und Ausblick

Durch Standardisierung können Unternehmen kostengünstige Produkte anbieten. Standardisierte Produkte stoßen jedoch auf Grenzen, da sie die heterogenen Kundenanforderungen nicht ausreichend erfüllen können. Unternehmen entwickeln daher unterschiedliche Produktvarianten, um das Produktangebot zu differenzieren. Mit zunehmender externer Vielfalt wächst auch jedoch auch die unternehmensinterne Vielfalt und damit die varianteninduzierte Komplexität. Hier bieten Modularisierungsansätze eine Lösung. Modulare Produktfamilien, bestehend aus standardisierten, varianten und optionalen Komponenten und Modulen, lösen den Konflikt zwischen Standardisierung, gefordert vom Unternehmen, und Differenzierung, gefordert vom Kunden. Jedoch reichen auch kundenanonym definierte Module oftmals nicht mehr aus, um den Kunden zufrieden zu stellen. Kundenindividuelle Anforderungen werden nur angenähert, nicht aber exakt erfüllt. Daher wird die Strategie der Produktindividualisierung eingeführt, die die kundenindividuelle Anpassung von Komponentenmerkmalen beschreibt. Produktindividualisierung eröffnet damit einen Weg im Umgang mit Vielfalt und individuellen Kundenanforderungen. Essenziell ist hierbei eine abgestimmte Produktstruktur für eine Produktfamilie, die gezielt Individualisierungsfreiräume festlegt. Dafür wurde im Rahmen dieser Arbeit eine *Methode zur individualisierungsgerechten Gestaltung modularer Produktfamilien* entwickelt. Individualisierungsgerechtheit zeichnet sich dadurch aus, dass die externe Vielfalt kontrolliert und gezielt aufgeweitet und gleichzeitig die interne Vielfalt minimiert wird.

Nach einer kurzen Einführung wird in Kapitel 2 die Ausgangssituation mit modularen Produktfamilien detailliert erläutert. Es wird dargestellt, dass die Gestaltung einer geeigneten Produktstruktur für eine Produktfamilie, die Produktindividualisierung berücksichtigt, von großer Wichtigkeit ist.

Die in Kapitel 3 beschriebene Analyse des Stands der Wissenschaft verdeutlicht, dass die Wissenschaft bislang keine zufriedenstellende Unterstützung zur individualisierungsgerechten Gestaltung modularer Produktfamilien bietet. Eine Lücke besteht insbesondere in der Identifikation individualisierungsrelevanter Produkt- und Komponentenmerkmale, der ganzheitlichen Bewertung potenziell individualisierbarer Komponentenmerkmale und Komponenten sowie einer Modulbildung aufgrund nicht ausschließlich technisch-funktionaler Aspekte. Der industrieseitige Bedarf zum Schließen dieser identifizierten Lücke wird durch eine Interviewstudie nachgewiesen. Relevante Methodenbausteine des

J. Vogt, *Methode zur individualisierungsgerechten Gestaltung modularer Produktfamilien*,
Produktentwicklung und Konstruktionstechnik 26, https://doi.org/10.1007/978-3-662-70533-9_6

Integrierten PKT-Ansatzes werden beschrieben, da sie gemeinsam mit den Erkenntnissen aus dem Stand der Wissenschaft die Grundlage für die Entwicklung einer neuen Methode bieten. Analog zum *Integrierten PKT-Ansatz* soll in der neuen Methode bei der Gestaltung einer modularen Produktfamilie unter Berücksichtigung von Produktindividualisierung großer Wert auf die kommunikative Arbeitsweise im Team sowie die anschauliche Darstellung von Ergebnissen durch geeignete Visualisierungswerkzeuge gelegt werden.

In Kapitel 4 wird die neu entwickelte Methode vorgestellt. Die Methode besteht aus fünf Phasen, die nacheinander durchlaufen werden. In Phase I wird die Ausgangssituation analysiert und die bestehenden Herausforderungen sowie die externe und interne Vielfalt aufgenommen. An dieser Stelle kommt das neu entwickelte PAM zum Einsatz, mit dem eine genauere Differenzierung der Ursachen von Komponentenvielfalt möglich wird. In Phase II erfolgt die Entwicklung unterschiedlicher Produktfamilienkonzepte mit Individualisierung. Dazu können vier unterschiedliche Analysewege genutzt werden. Während Analyseweg *Komponentenvielfalt* Individualisierungspotenziale aus der vorliegenden Teilevielfalt erschließt, werden bei Analyseweg *Materialkosten* die Materialkosten der Komponenten genauer betrachtet. Analyseweg *Sonderlösungen* fokussiert Sonderlösungen und Reklamationen. Analyseweg *Wechselwirkungen* analysiert die Wechselwirkungen zu Umgebungsobjekten. Die Analyseergebnisse werden im PAM zusammengetragen und Konzepte abgeleitet. In Phase III erfolgt die Bewertung der abgeleiteten Konzepte. Hier kommt die neu entwickelte UOC sowie die PIC zum Einsatz. In der UOC werden zum einen die Auswirkungen der Konzepte auf Performance-Variablen des Kunden und zum anderen die Effekte auf unternehmensinterne Herausforderungen bewertet. Im PIC wird untersucht, wie die Konzepte die Lebensphasenprozesse beeinflussen. Für die Konzepte werden die $PEN_{K\text{-}Nutzen}$, die $PEN_{U\text{-}Effekte}$ sowie die $PEN_{U\text{-}Prozesse}$ ermittelt. Mithilfe dieser Werte wird in Phase IV das PIR erstellt. In dem Radar stellt ein Kreisausschnitt ein Konzept dar. Über den Winkel des Kreisausschnitts wird der Nutzen eines Konzeptes im Vergleich zu den anderen Konzepten dargestellt. Durch den Radius des Kreisausschnitts werden die Auswirkungen auf unternehmensinterne Prozesse abgebildet. Anhand des PIR kann dann die Entscheidung für ein Konzept getroffen werden. Die PEN unterstützen dabei, Handlungsschwerpunkte zur Verbesserung der Leistungsfähigkeit eines Konzeptes herzuleiten. Abschließend wird in Phase V eine angepasste *Lebensphasen-Modularisierung* durchgeführt. Individualisierbare Komponenten werden von Komponenten mit anderer Vielfalt getrennt und individualisierbare Module gebildet.

Eine ausführliche Validierung der Methode erfolgt in Kapitel 5. Die neu entwickelte Methode wird in einer experimentellen Studie mit Masterstudierenden bewertet. Außerdem werden zwei Fallstudien durchgeführt und die Methode im industriellen Kontext für die Produktfamilie eines Lagersystems und eines Trogkettenförderers angewendet. Die Validierungsstudien zeigen, dass die neu entwickelte Methode anwendbar, benutzbar und nützlich ist. Im industriellen Kontext ist die Möglichkeit der systematischen Untersuchung der Produktindividualisierung auf viel Zuspruch gestoßen und als *neue Strömung im Bereich der Modularisierung* bewertet worden.

Die Methode fokussiert die Individualisierung geometrischer Produktmerkmale. Für funktionale Individualisierung wird bislang auf Methoden zur änderungs- und zukunftsrobusten Produktfamiliengestaltung verwiesen. Hier ist zukünftig eine genauere Prüfung und Anpassung der Methoden hinsichtlich einer *Individualisierbarkeit* notwendig. Denkbar wäre die Erweiterung der Indikatoren für Individualisierung und die Ergänzung weiterer Analysewege zu Beginn der Methode, um weitere Aspekte integrieren zu können. Hier bietet auch die Anknüpfung von Kennzahlen zur Bestimmung der Überdimensionierung einen interessanten Ansatz für zukünftige Arbeiten.

Die Methode bietet erste Ansätze im Umgang mit quantitativen Analysen. Diese müssen jedoch noch weiter detailliert werden, damit eine Argumentation auf Grundlage konkreter Zahlen und Kosten möglich wird. Dabei ist zu beachten, dass die Ermittlung der PEN durch Analysen, Tests und detaillierte Untersuchungen gestützt wird. Hier kann zukünftig erforscht werden, wie solche Untersuchungen mit angemessenem Aufwand möglich werden. Modellbasierte Ansätze zur Datenverwaltung können angeknüpft werden. Gleichzeitig ist zu untersuchen, wie die kundenindividuellen Daten, die im Zuge einer *Individualisierbarkeit* generiert werden, verwaltet und gepflegt werden. Hierzu zählt auch der Umgang mit den individuellen Kundenanforderungen bei der Baukastenpflege. Eine weitere Herausforderung, die im Anschluss an diese Arbeit untersucht werden sollte, bildet die Frage nach einer zielgerichteten Integration von individualisierbaren Komponenten in einem Konfigurator.

Es bleibt zu bedenken, dass sich modulare Produktfamilien zwar zunehmend in den Unternehmen festigen, die Potenziale aber oftmals noch nicht voll ausgeschöpft werden. Eine Produktindividualisierung wirkt hier zunächst gegenläufig zur Standardisierungsstrategie, die viele Unternehmen verfolgen. Es ist daher essenziell, für die Thematik der Individualisierung zu sensibilisieren und den Umgang mit der Thematik zu schulen. Ziel muss es sein, die Methode als selbstverständlichen Bestandteil der Produktstrukturierung zu implementieren und als Teil der Gestaltung modularer Produktfamilien zu etablieren. Erkenntnisse, die durch die wiederholte Methodenanwendung erlangt werden, sind zu reflektieren und die Methode iterativ zu optimieren.

Zusammenfassend kann festgehalten werden, dass die neu entwickelte Methode die Möglichkeiten modularer Produktfamilien gezielt erweitert. Das Variantenmanagement wird zielführend um den Aspekt der individualisierungsgerechten Gestaltung modularer Produktfamilien ergänzt.

Anhang

A1 Darstellung der Forschungslandschaften mithilfe des VOSviewer

A2 Leitfaden der semi-strukturierten Interviews

A3 Wirkmodell modularer Produktfamilien mit Individualisierbarkeit (IMF+P)

A4 Vorlage Usability Operationalization Chart (UOC)

A5 Vorlage Process Impact Chart (PIC)

A6 Excel-Vorlage des PIR

A7 Ergebnisse des Fahrrads

A8 Arbeitsvorlagen für empirische Studie zur Validierung der Methode

A9 Auswertung des Fragebogens der empirischen Studie

J. Vogt, *Methode zur individualisierungsgerechten Gestaltung modularer Produktfamilien*,
Produktentwicklung und Konstruktionstechnik 26, https://doi.org/10.1007/978-3-662-70533-9

A1 Darstellung der Forschungslandschaften mithilfe des VOSviewer

Die mit dem VOSviewer erstellten Netzwerke der systematischen Untersuchung der Literatur werden nachfolgend dokumentiert. Es ist die Suchquery der *Scopus*-Suche dargestellt. Eine Suche nach TITLE-ABS-KEY beschreibt die Suche des Begriffs im Titel, der Zusammenfassung sowie den Schlagworten einer Publikation. Die Abkürzung AUTHKEY beschreibt, dass der nachfolgende Begriff von den Autoren der Publikation als Schlagwort festgelegt worden sein muss. LIMIT-TO(SUBJAREA,"ENGI") beschränkt die Suche der Publikation auf den Ingenieursbereich.

Die gefundenen Publikationen werden exportiert und in den VOSviewer geladen. Hier können unterschiedliche Analysen durchgeführt und in einem Netzwerk dargestellt werden. Mit der folgenden Einstellung wird beispielsweise eine Schlagwortanalyse (*Co-occurence*) durchgeführt. Es wird ein Netzwerk aller Autorenschlagworten der geladenen Publikationen erstellt. Um unterschiedliche Schreibweisen eines Wortes zusammenzufassen, können Thesauruslisten erstellt und hochgeladen werden [Van23].

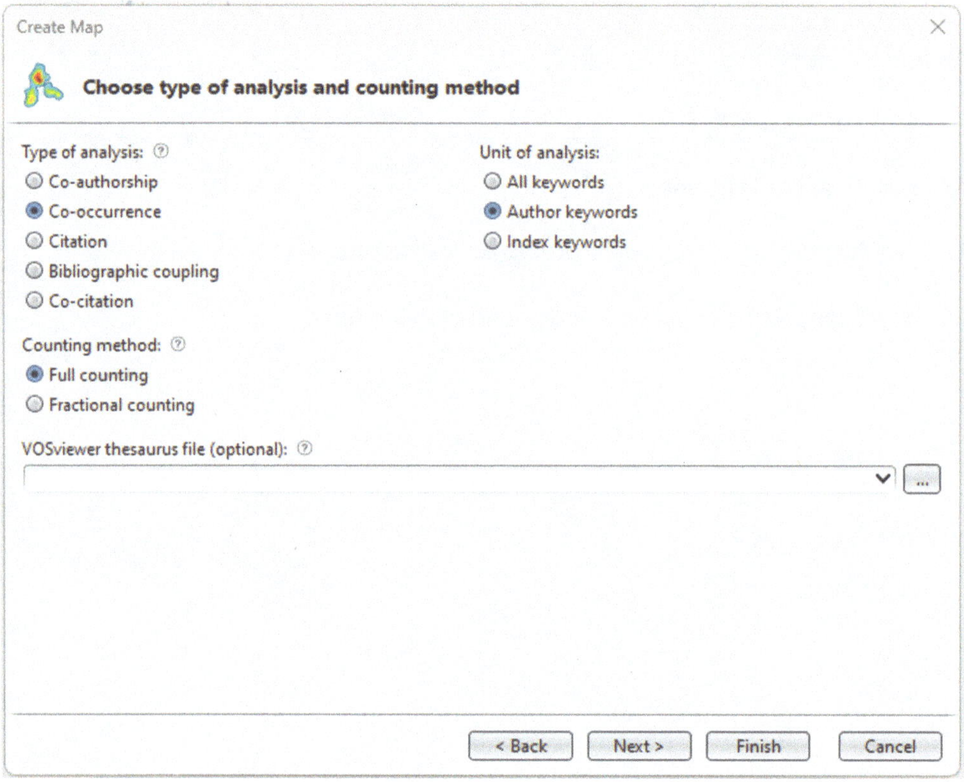

Bei einer Zitationsanalyse (*Citation*) werden gegenseitige Zitationen der hochgeladenen Publikationen dargestellt. Bibliografische Kopplungen (*bibliographic coupling*) zeigen an, ob gleiche Referenzen (z. B. Dokumente oder Autoren) in den hochgeladenen Publikationen genutzt werden. Mithilfe einer Kozitationsanalyse (*Co-citation*) kann untersucht werden, ob Publikationen gemeinsam in einem weiteren Dokument zitiert werden [Van23]. Es kann eine Einschränkung vorgenommen werden, wie oft ein Schlagwort, ein Dokument oder ein Autor in den hochgeladenen Publikationen mindestens genannt sein muss, um im Netzwerk dargestellt zu werden.

Nachfolgend werden beispielhaft einige der erstellten Netzwerke dargestellt, durch die die in Kapitel 3.2 zusammengefassten Rückschlüsse zur Forschungslandschaft gezogen werden können. Weitere, möglicherweise relevante Schlagworte werden extrahiert und in einer darauf aufbauenden *Scopus*-Suche ggf. Publikationen identifiziert.

Schlagwortanalyse der Publikationen zur *Scopus*-Suche TITLE-ABS-KEY("personali*") AND (LIMIT-TO(SUBJAREA,"ENGI"))

Die Suchkombination ergibt 43.409 Treffer. Eine Darstellung dieser Anzahl an Dokumenten im VOSviewer ist nicht möglich. Hier können nur bis zu 20.000 Publikationen gleichzeitig ausgewertet werden. Eine weitere Spezifizierung der Suche ist notwendig.

Schlagwortanalyse der Publikationen zur *Scopus*-Suche AUTHKEY("personali*") AND (LIMIT-TO(SUBJAREA,"ENGI"))

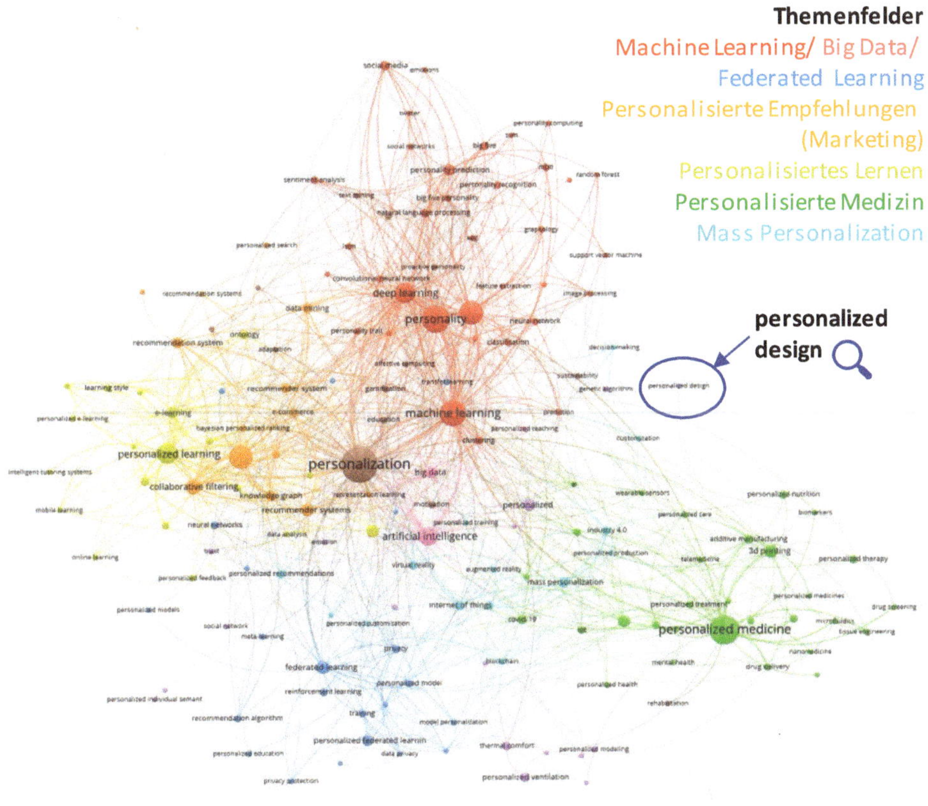

* Einstellung: Keyword muss mindestens zehn Mal genannt sein, um im Netzwerk dargestellt zu werden

In dem dargestellten Netzwerk der 8.883 identifizierten Publikation können keine Cluster mit Bezug zu Produktstrukturgestaltung oder Modularisierung erkannt werden. Die gezielte Suche nach *„personali* design“* in Kombination mit *personali** ergibt 29 Treffer, von denen lediglich die bereits bekannte Publikation von OZDEMIR ET AL. als relevant für diese Arbeit eingestuft werden kann.

Schlagwortanalyse der Publikationen zur *Scopus*-Suche TITLE-ABS-KEY("individuali*") AND (LIMIT-TO(SUBJAREA,"ENGI"))

In dem Netzwerk aus 10.143 identifizierten Publikation können keine Cluster mit Bezug zu Produktstrukturgestaltung oder Modularisierung erkannt werden (Einstellung: Keyword muss mindestens zehn Mal genannt sein). Eine weitere Spezifizierung der Suche ist notwendig.

Schlagwortanalyse der Publikationen zur *Scopus*-Suche TITLE-ABS-KEY("personali*") AND TITLE-ABS-KEY(“product architect*) AND (LIMIT-TO(SUBJAREA,"ENGI"))

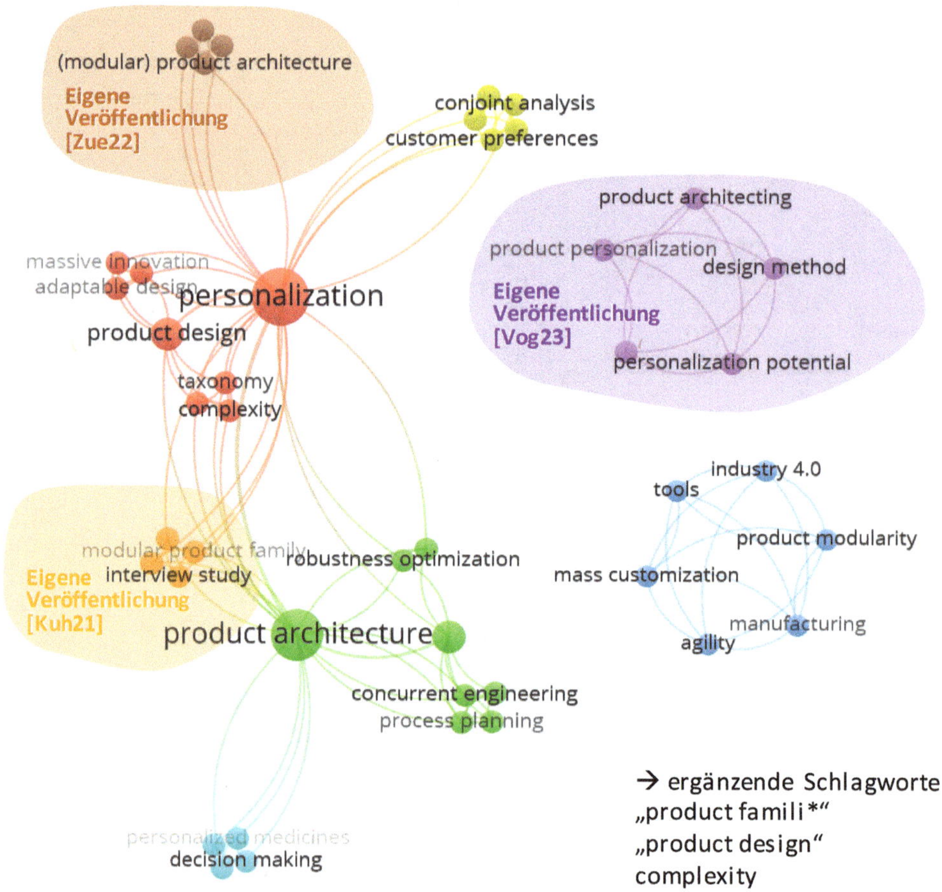

Einstellung: Keyword muss mindestens einmal genannt sein, um im Netzwerk dargestellt zu werden

Fazit: Das dargestellte Netzwerk der 18 identifizierten Publikation zeigt die Nutzung unterschiedlicher Schlagworte trotz der starken Fokussierung der Suchquery bei der Identifikation von Publikationen in der *Scopus*-Suche. Als zusätzliche Schlagworte können *„product famil*"*, *„product design"* sowie *complexity* aufgenommen hinzugefügt werden. Die Schlagworte sind jedoch so allgemein, dass bei einer Kombination mit *personali** oder *individuali** zu viele Treffer erzielt werden, um diese manuell zu untersuchen. Eine weitere Kombination der Schlagworte erzielt keine neunen, für diese Arbeit als relevant eingestuften Treffer.

Schlagwortanalyse der Publikationen zur *Scopus*-Suche TITLE-ABS-KEY("individuali*") AND TITLE-ABS-KEY(modular*) AND (LIMIT-TO(SUBJAREA,"ENGI"))

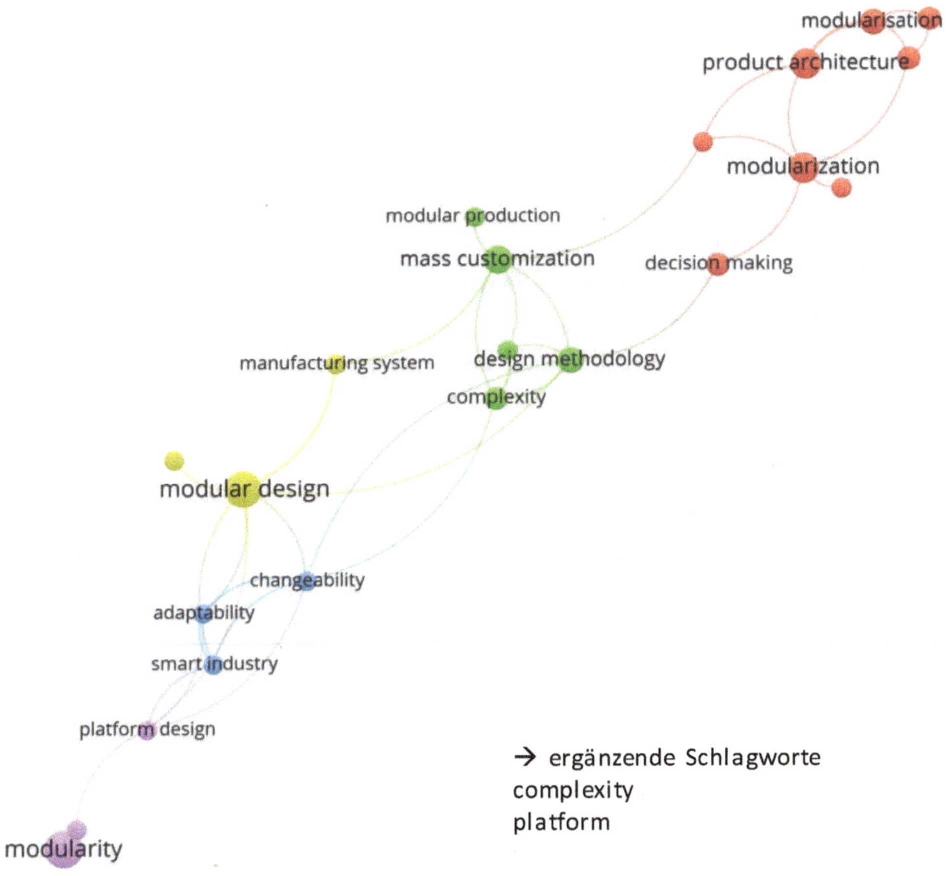

→ ergänzende Schlagworte
complexity
platform

Einstellung: Keyword muss mindestens drei Mal genannt sein, um im Netzwerk dargestellt zu werden

Fazit: Es lässt sich anhand der Schlagwörter der 232 identifizierten Publikation erkennen, dass Produktstruktur- bzw. Produktarchitekturgestaltung und methodische Gestaltungsvorgehen in den Publikationen eine Rolle spielen. In dem dargestellten Netzwerk können jedoch keine Cluster mit Bezug zu Produktindividualisierung erkannt werden. Eine gezielte Identifikation von für diese Arbeit relevanten Publikationen kann nicht erfolgen. Zudem kann festgestellt werden, dass die meisten Schlagworte aus dem Netzwerk durch die in der Arbeit bereits untersuchten Schlagworte abgedeckt werden, beispielsweise ist *„design methodology"* aus dem Netzwerk inkludiert bei Suchen nach *method**. Ebenso ist *product architecture* bereits als Schlagwort aus den Forschungsfragen abgeleitet. Als neues Schlagwort aufgenommen wird an dieser Stelle *complexity* sowie *platform*. Die Suche nach Publikationen anhand dieser Schlagworte bringt keinen neuen, für diese Arbeit relevante Methoden hervor.

Auf die gleiche Art und Weise werden auch die Netzwerke der Publikationen folgender Suchqueries der *Scopus*-Suche untersucht:

- TITLE-ABS-KEY("personali*") AND TITLE-ABS-KEY(modular*) AND (LIMIT-TO(SUBJAREA,"ENGI"))
- TITLE-ABS-KEY("personali*") AND TITLE-ABS-KEY("product structur*") AND (LIMIT-TO(SUBJAREA,"ENGI"))
- TITLE-ABS-KEY("individuali*") AND TITLE-ABS-KEY("product architect*") AND (LIMIT-TO(SUBJAREA,"ENGI"))
- TITLE-ABS-KEY("individuali*") AND TITLE-ABS-KEY("product structur*") AND (LIMIT-TO(SUBJAREA,"ENGI"))

Die Untersuchung der Netzwerke führt zu keinen weiteren, für diese Arbeit relevanten Publikationen.

A2 Leitfaden der semi-strukturierten Interviews

Nachfolgend werden die Fragen des Leitfadens zur Durchführung des semi-strukturierten Interviews sowie die gegebenen Antworten vorgestellt. Zu den Fragen sind im Hauptteil des Interviewleitfadens das allgemeine Ziel der Frage sowie das interne Ziel, also der interne Zweck der Frage, vermerkt. Außerdem sind zum Teil Hilfsfragen angegeben, die während des Interviews unterstützend gestellt werden können. Durch die Überlegung, welche Antworten auf die Frage denkbar wären, kann bei Bedarf die Richtung des Interviews kurzfristig angepasst werden. Diese Ergänzungen zu den Fragen des Interviewleitfadens können nachfolgend anhand der grauen Schrift erkannt werden. Die Antworten der Interviews sind stichpunktartig dargelegt. Zusätzlich werden die Antworten in einem kurzen Fazit zu jeder Frage zusammengefasst, das nachfolgend durch einen Pfeil gekennzeichnet ist. Zur Erprobung des Leitfadens wird dieser in einer Vorstudie mit einem Unternehmensvertreter getestet und bei Bedarf Anpassungen vorgenommen. Weiterführende Informationen zur Interviewstudie sind in der Publikation von KUHL ET AL. zu finden [Kuh21].

Einleitung

Zunächst würde ich Sie/ dich bitten, dich ganz kurz vorzustellen und deinen Aufgabenbereich im Unternehmen zu erläutern.

- *Leiter Forschung und Entwicklung*
- *Leiter Produktentwicklung*
- *Berater im Bereich PLM und RnD*
- *Teamleiter Produktneuentwicklung*
- *Leiter der Entwicklungsabteilung für therapeutische, mechanische Handinstrumente (wiederverwendbar)*
- *Vertriebsmitarbeiter*
- *Vertriebsmitarbeiter*
- *Vertriebsmitarbeiter*

➔ Mitarbeiter aus Vertrieb und Entwicklung

Haben Sie/ Hast du in Ihrem/deinem Arbeitsalltag mit modularen Produktfamilien zu tun? Inwiefern?

- *viel mit modularen Produktfamilien zu tun, vor vier Jahren modulare Produktstruktur für das Unternehmen entwickelt und eingeführt (damals viel ETO in Unternehmensstrategie, daher Implementierung nicht so einfach an manchen Stellen)*
- *Devices bestehen aus Komponenten, die als Module bezeichnet werden können*
- *Viel mit modularen Produktfamilien Variantenmanagement zu tun*
- *Ja, Überlegungen zu Gestaltung von Baukasten und Modularität*
- *Ja, aber nicht gezielte Entwicklung modulare Produktfamilien, sondern „es hat sich so entwickelt“*
- *Ja, Hardware und Software sind modular aufgebaut*

- *abhängig von Anforderungen zu Gewicht und Reichweite werden Module ausgewählt*
- *Ja, modulares Produkt mit Baureihencharakter zur Konfiguration von Produktvarianten*
- *Produkt mit Standardkomponenten, Konfiguration von Produktvarianten*

➔ Kontakt zu modularen Produktfamilien unterschiedlich ausgeprägt aber immer vorhanden, manche nutzen die Lösung einfach, ohne das konkret entwickelt zu haben („hat sich so ergeben"), Baukasten als Begriff verbreiteter

Hauptteil

Modulare Produktfamilien bieten den Vorteil, dass eine große externe Angebotsvielfalt mit einer vergleichsweise geringen internen Vielfalt erzeugt werden kann. Wie stark greift das Unternehmen aktuell auf modulare Produktstrukturen zurück? Welche Vielfaltstypen, also Arten von Modulen, gibt es in eurer modularen Produktfamilie?

- *Stärke sehr projektspezifisch, grob geschätzt 60-70% auf Basis des Baukastens, 10% adaptiere Module, Rest Neuentwicklung*
- *Keine Standardmodule, Variante Module (Baureihen, parametrisierte Konstruktion), Optional Standard Module (insbesondere Software für Sensorik)*
- *Analyse der internen und externen Vielfalt ist kein Entwicklungsziel, Beispiel: Jeder Durchmesser und jede Länge müsste eigenen Draht haben, aber bewusst aus dem Bauch heraus dafür entschieden, dass gewisse Ungenauigkeit akzeptiert wird, um interne Vielfalt zu vermeiden*
- *Standardisierte und variante Module, Schrauben sehr stark standardisiert*
- *Varianten für unterschiedliche Märkte/ Länder*
- *Konfiguration von Varianten (Features können da sein oder nicht), ganz kundenindividuell=Sonderanfertigung gibt es auch*
- *Variante Module (Material, Geometrie, ...)*
- *Verschiedene Module mit unterschiedlichen Modulausprägungen, standardisierte Schnittstellen*
- *unterschiedliche Grundtypen für unterschiedliche Komponenten*
- *Standardisierte, variante Module, außerhalb des Baukastens ist sehr schwierig*
- *Für Kunde kann das Produkt zugeschnitten werden*
- *Standardkomponenten, denn nur dann wirtschaftlich (darum geht es)*

➔ Kombination von Modulvarianten zu Produktvariante wird von allen Unternehmen verfolgt, Sonderlösungen und Baukasten unterschiedlich stark balanciert

Nach der Entwicklung und Implementierung standardisierter, varianter und optionaler Module - welche Schwierigkeiten oder Herausforderungen kennen Sie/ kennst du in Bezug zur Anwendung bzw. Verwendung definierter Module im Arbeitsalltag?

Mögliche Antworten:

– *Akzeptanz der Module im Unternehmen (Kannst du das noch ein bisschen genauer ausführen? Wozu führt fehlende Akzeptanz?)*

– *Anwendbarkeit der definierten Module für einen Auftrag (Kannst du das noch ein bisschen genauer ausführen? Wozu führt das?)*

– Freiheiten beim Design nicht gegeben (Kannst du das noch ein bisschen genauer ausführen? Wozu führt das?)
– Anforderungserfüllung durch vordefinierte Module nicht gegeben
– Kundenzufriedenheit sinkt
– Viele Sonderanfertigungen, weil vordefinierte Module Anforderungen nicht erfüllen
– Übersetzung der Anforderungen zur Modulauswahl
– Balance aus neue Variante generieren und Vorhandenes nutzen
– Pflege ist notwendig

Hilfsfrage:
Wie wirken sich Herausforderungen wie fehlende Akzeptanz oder unzureichende Anwendbarkeit der vordefinierten Module auf ein Unternehmen aus?
Ziel: Schwierigkeiten und Herausforderungen bei der Verwendung von vordefinierten Modulen verstehen
Internes Ziel: Werden Sonderanfertigung oder Variantenentwicklung aufgrund sich ändernder Anforderungen genannt?

- *Richtige Modulauswahl: Übersetzung der Anforderungen des Kunden zur Modulauswahl*
- *Balance aus Neue Variante generieren und Vorhandenes nutzen, da alles aus Baukasten sinnvoller, aber Übererfüllung manchmal deutlich teurer als Variantenkonstruktion*
- *Akzeptanz: Widerstand bei Nutzung vorhandener Module, wenn diese überdimensioniert sind (teuer)*
- *Amortisation: Pflege ist notwendig, Amortisation erst nach mehreren Projekten*
- *Toleranzbetrachtung: Aufsummierung von Abweichungen*
- *Pro Durchmesser Abweichung durch Überdimensionierung + Toleranz der Maßhaltigkeit bei Fertigung, dadurch passen Beschreibungen nicht genau*
- *Extern muss vermittelt werden, dass Anwendung nicht immer exakt gleich*
- *Intern nur Vorteile (Auslegung am Anfang etwas aufwendiger)*
- *Kompromissentscheidungen: Wie lege ich Komponente aus, dass der für unterschiedliche Größen passt?*
- *Auch mal Sonderlösungen für ganz kundenindividuelle Anforderungen*
- *Vertrieb verkauft Kunden individuelle Lösungen, die nicht wirtschaftlich sind*
- *„Vertrieb versucht jeden Auftrag zu bekommen – koste es was es wolle"*
- *Lösungsraum ist begrenzt, neue Varianten/ Ausprägungen werden entwickelt - Baukastenerweiterung, das führt zu Komplexitätskosten und ungenutzten, gefertigten Varianten*
- *Modulare Struktur hemmt/bremst Innovation – man möchte bei Etabliertem bleiben, was zugelassen ist und wo Fertigungslinien existieren*
- *Entwicklungspotenziale können nicht ausgenutzt werden, obwohl Randbedingungen und Anforderungen einem zu Änderung zwingen*
- *„Man muss abwägen, wann neue Modulausprägungen sinnvoll sind"*
- *Platzverschwendung durch Flexibilität und Anwendungsspielraum (5-10% im Durchmesser größer als wenn für jede Prozedur eigener Artikel entwickelt wurde), dann aber nicht mehr wirtschaftlich*
- *Kundenanforderungen, die mit Baukasten nicht so einfach abgedeckt werden können*

- *Kunde weiß (noch) nicht genau, was er möchte – kann sich nicht ausdrücken*
- *Viele Fälle (50%), wo der Kunde was anderes will, als in Baukasten drin ist*
- *Entwicklung zu Beginn schwierig*
- *Auswahl von Modulen (Traglasten, Reichweiten)*

➔ Kundenanforderungen, die mit Baukasten nicht so einfach abgedeckt werden können, begrenzter Lösungsraum

➔ Aufsummieren von Abweichungen (Überdimensionierung + Fertigungstoleranzen) führt zu z. B. Platzverschwendung

➔ Verstehen des Kunden, Übersetzen seiner Anforderungen in Modulvarianten

➔ Kompromissentscheidung: Wie sind die Komponenten ausgestaltet, um viel Kommunalität zu ermöglichen?

➔ Balance aus Sonderlösung und was kommt in Baukasten (auch nachtäglich/ langfristig), Pflege ist notwendig

➔ Vertrieb verkauft Kunden was er will, auch wenn das nicht durch Baukasten abgedeckt ist

➔ Modulare Struktur bremst Innovation

Wie häufig kommt es vor, dass eine Kundenanforderung aufkommt, die durch die vorhandenen Module und Modulausprägungen nicht erfüllt werden können?

Ziel: Einschätzung über Häufigkeit einer Sonderlösung

Internes Ziel: Einschätzung über Häufigkeit einer Sonderlösung, um Relevanz im Unternehmen zu verstehen

- *Kundenanforderung= Marktanforderung: Schwer zu sagen*
- *Abhängig von Geschäftsmodell*
- *Steuerung eher in Richtung Produktgeschäft – Konfiguration von Lösungen*
- *Anlagenbau – viel Entwicklungsleistung für individuelles Produkt*
- *In „für kundenanonymen Massenmarkt gefertigte Produkte": Jeder Kunde hat individuelle Anforderungen, diese können gruppiert/ geclustert werden, diese werden von unterschiedlichen Produktmanagern in Produktideen übersetzt, die Ausarbeitung wird wieder von anderen übernommen*
- *ERP System wird ausgelesen – Standard und Sonder unterscheiden*
- *Ablauf wenig kundenauftragsbezogen --> Durchmesser zu groß, eigener Durchmesser wäre aber nicht wirtschaftlich*
- *Sehr, sehr selten*
- *Viele Fälle (50%), wo der Kunde was anderes will, als in Baukasten drin ist*
- *Entwicklung zu Beginn schwierig*
- *Keine Aussage, Firmeninterna*

➔ Je nach Unternehmensstruktur und Flexibilität der Produktion und Branche unterschiedlich

Wie wird darauf reagiert?

- *Sonderlösung*
- *Anordnung von Komponenten kann verändert werden, dann passt es*
- *Neue Ausprägungen werden entwickelt*
- *Zulassungen in Branche hemmen Modulausprägungserweiterung*
- *„Panik" - Alternative Lösungswege werden aufgezeigt, dem Kunden wird verdeutlich, dass es so nicht geht*

- *Softwarelösungen*
- *Flexible, da Produktion flexibel ist - Alleinstellungsmerkmal zu Konkurrenz (Konstruktionsaufwand kostet, Materialverbrauch fällt kaum auf)*
- *Keine Sonderlösungen*

➔ Baureihe wird erweitert, weitere Modulvarianten werden erzeugt

Wie häufig kommt es dazu, dass neue Varianten für einzelne Module entwickelt werden und nicht auf vorhandene Modulvarianten zurückgegriffen wird, um Kundenwünsche zu erfüllen?

- *Keine Sonderlösungen zu Varianten, da diese einfach versioniert werden und um einen Parameter erweitert werden*
- *Eine Sache zu ändern zieht Änderung von weiteren Parametern nach sich, es gibt leicht zu ändernde Module und aufwendig zu ändernde Module*
- *Zulassungen in Branche hemmen Modulausprägungserweiterung*
- *Geometrische Anpassungen kommen oft vor*

➔ oft

Gibt es Produktbestandteile, die nicht in der modularen Produktstruktur gezählt werden und außen vor sind, aber trotzdem zum Endprodukt gehören?
Wie häufig kommt es dazu, dass komplett neue Module entwickelt werden, um Kundenwünsche zu erfüllen?

- *Sonderlösungen nur für neue Kundenanforderungen, die neues Modul erfordern (also mehr als bloß neue Modulvariante) in fast jedem Projekt kommt das vor*
- *Neue funktionale Komponenten müssen nur sehr selten (vielleicht 2x pro Jahr) entwickelt werden*
- *Verschlingt Millionen*
- *selten*
- *Zulassungen in Branche hemmen Modulausprägungserweiterung*
- *Wirtschaftliche Entscheidung: Produktmanagement trifft Entscheidung: Ist ein Markt da? Wie viele können wir verkaufen? Nicht um auf Anfrage zu reagieren, sondern für Zukunft, da sehr zeitintensiv: Sonderlösungen kommen nicht vor*
- *Sehr selten*

➔ sehr selten

Wie können die Anforderungen, wo eine Sonderlösung oft genutzt wird, charakterisiert werden?
Wie können die Module, wo eine Sonderlösung oft genutzt wird, charakterisiert werden? Welche Art von Modulen sind insbesondere betroffen?
Welche Gemeinsamkeiten und Unterschiede weisen diese Module auf?

Ziel: Gemeinsamkeiten und Unterschiede von Sonderlösungen verstehen

Internes Ziel: Charakteristika von Sonderlösungen identifizieren

- *Bei Qualitätskontrolle, da hier unterschiedliche Regelbücher (Überdimensioniertes Modul so teuer, dass es nicht von Kunden gekauft wird)*
- *Wird über Software umgesetzt*
- *Hardwareanteil an Maschinen stark reduziert, Software viel stärker im Fokus ➔ Hardwareaufwand nur 30%*
- *Gemeinsamkeiten: Softwarelösung, Qualitätskontrolle durch Regelwerke*

- *Keine Gemeinsamkeit festzustellen*
- *Anforderungen, wo Wert nicht passt (280PS statt 250PS)*
- *Anforderungen, wo es die Kombination noch nicht gibt*
- *Schnittstelle zu Vorhandenem - Anschluss an vorhandene Anlagen*
- *Nutzeranforderungen werden nicht erfüllt: andere Verwendung als Bestimmung – knapp neben Lösungsraum, anders als ursprüngliche bestimmungsgemäße Verwendung – Risikoanalyse muss erweitert werden*
- *Evolutionäre Entwicklung, keine großem Innovationssprünge (disruptive Entwicklung) dadurch*
- *abhängig von Therapie, menschliche Anatomie/ menschliches Interface (von Arzt aber auch Patient) führt zu hoher Varianz, Funktionalität*
- *Technischer Fortschritt ermöglicht eine Vielzahl von Lösungen, Technisches Verständnis des Kunden nimmt zu, dadurch immer kreativere Forderungen*
- *Übersetzung der Kundenanforderungen stellt Schwierigkeit dar*
- *Geometrische Anpassungen: Produkt wird in was Vorhandenes integriert, Zubehör zur Erweiterung des Produktes*

→ Anpassung an was Vorhandenes (Anatomie, Anlagenlayout, ...)

→ Branchenspezifische/Landesspezifische Anforderungen z. B. an Qualitätskontrolle

→ Produktindividualisierung ist begründet durch wachsendes technisches Verständnis der Kunden

Kennen Sie/ Kennst du Lösungsansätze oder Strategien, um Sonderlösungen zu vermeiden, aber trotzdem die Herausforderung der nicht exakten Anforderungserfüllung zu lösen?

Mögliche Antworten:

– Entwicklung weiterer Varianten

– Produktindividualisierung

Ziel: Lösungsansätze oder Strategien herausfinden, um die Herausforderung zu lösen

Internes Ziel: Kenntnis über Produktindividualisierung abfragen

- *Softwarelösung zur automatisierten Entwicklung von individualisierten Werkzeugen, die nicht im Baukasten drin sind*
- *Prozess ist standardisiert, aber Produkt ist individuell: z. B. Positionsanpassung (gleiche Basis, nur andere Position*
- *Parametrisierung mit standardisierten Prozessen*
- *Zwei Hebel: Braucht der Kunde eine Sonderlösung – wie ist der Kunde sozialisiert? Wie gut passt das Portfolio auf die Kundenanforderungen – treffe ich den Kernmarkt?*
- *Sonderlösungen können Teil der Strategie sein, sind oftmals aber nicht entsprechend bepreist (80% aus Baukasten konfigurieren, 20% ETO)*
- *Radikale Möglichkeit: Sonderlösungen bediene ich nicht*
- *Marktsegmentierung und Kundenverständnis aufbauen, um Portfolio auszurichten → Anwendungsszenarien vergleichen, Zahlungsbereitschaft vergleichen (Beispiel Fahrradmarkt)*
- *Lösungsraumgrenzen sind schwammig bzw. können ausgereizt werden - Einzelfallprüfung*

- *Weitere Varianten – Optimierung der Varianten durch User Stories und Analyse von Reklamationen, meist nicht reine Skalierung*
- *Jeder möchte was eigenes, Kunden sind besonders anspruchsvoll: Je größer das Nutzerverständnis, desto besser werden Anforderungen erfüllt – Kontakt zum Endkunden in Branche nicht möglich*
- *Alternative Lösungswege werden vorgeschlagen → Durch Simulation/ virtuelle Inbetriebnahme Machbarkeit zeigen*
- *Softwarelösungen*
- *Nein, aber offen für Lösungen*
- *breites Produktportfolio, mit dem der Kunde überzeugt werden kann*

→ individuelle Softwarelösungen
→ zusätzliche Ausprägungen in Baureihe, Parametrisierung
→ Sonderlösungen (Einzelfallprüfung)
→ Alternative Lösungswege aufzeigen/simulieren
→ Portfolio neu ausrichten/pflegen (Marktanalyse)

Eine mögliche Strategie ist die Produktindividualisierung. Was verstehen Sie/ verstehst du unter einer Produktindividualisierung?
Zählt die Anpassung und Erweiterung von Modulausprägungen dazu?
Zählt die Neuentwicklung von Modulen dazu?

Ziel: Kenntnis über Produktindividualisierung in Erfahrung bringen
Internes Ziel: Gleiches Verständnis von Produktindividualisierung prüfen
„Unter einer Produktindividualisierung wird die wiederholte Anpassung von Produktmerkmalen innerhalb vorgeplanten Randbedingungen entsprechend der individuellen Anforderungen eines jeden Kunden verstanden."

- *Nicht auf Basis einer modularen Produktarchitektur basierende Bauteile, komplette Neuentwicklung von Modulen (Entwicklungsleistung), Anpassung ist keine Individualisierung*
- *Erweiterung der Varianz durch neue Modulvariante ist was anderes als Individualisierung*
- *Anpassung ist Versionierung und nicht Individualisierung*
- *Produktindividualisierung gehört nicht zur modularen Struktur, nur damit man „Blue Box" nicht vergisst*
- *Individuelle Merkmale werden nicht für die Auswahl einer Produktvariante verwendet, sondern zur Spezifikation der Produktvariante*
- *Produkt ist für einen individuellen Kunden und nicht mehr nur für Marktsegment*
- *Klar definierte Schnittstellen*
- *Konfiguration vs. Individualisierung vs. Personalisierung*
- *Konfiguration: keine Individualisierung*
- *Individualisierung: Produkt ist einzigartig, Produkt ist auf mich zugeschnitten*
- *Personalisierung: Sticker/ Bild personalisiert Produkt*
- *Kunde bekommt individuelle Produkte, die auf ihn zugeschnitten sind, individuelles Design*
- *Individualisiertes Massenprodukt: Konfiguration von Modulen*

- *Konfiguration von Produkten aus vorgegebenen Modulen, Masse an Konfigurationsmöglichkeiten*
- *Möglichkeit, das Produkt in bestimmten Bereichen angepasst werden kann, das ansonsten aber standardisiert ist*
- *Produkt für individuellen Kunden anpassen*

➔ Konfiguration von vordefinierten Modulen
➔ gezielt vorgesehene Individualisierungsfreiräume zur Produktanpassung
➔ Sonderlösung mit hohem Entwicklungsaufwand

Glauben Sie/ Glaubst du, dass gezielt vorgesehene Individualisierungsfreiräume die Herausforderung der nicht-exakten Anforderungserfüllung lösen, bzw. Sonderlösungen mit Entwicklungsaufwand reduzieren?

Ziel: Einschätzung zu Produktindividualisierung

Internes Ziel: Identifizieren, ob der gezielte Einsatz von Produktindividualisierung unterstützt wird

- *Ja, da Angebotserstellung bei individuellen Bauteilen aufwendig, Bauteil müssten vorausgelegt werden (Vorschusslorbeere) um Kosten und Aufwand besser einschätzen zu können*
- *Ja, zu viel Aufwand wurde getrieben, um Werkzeug/Vorrichtung zu standardisieren/ variant zu gestalten (3 Jahre); hat am Ende nur zu einem riesigen, teuren Teil geführt, das den Rahmen gesprengt hätte - Individualisierte Module oder Komponenten waren am Anfang unbekannt, versucht alles mit Standard und variant zu erschlagen*
- *Ja auf jeden Fall, aber nicht beliebig „viel", Wirtschaftlichkeit muss beachtet werden, Freiräume „müssen gefenstert werden"*
- *Ja, zumindest teilweise, Anforderungen müssen vorher kategorisiert werden: Anforderungen aus Baukasten und Anforderungen wo es nur Vorzugsvariante gibt, die aber individuell angepasst werden*
- *Ja, standardisierte Schnittstelle notwendig, um Erweiterbarkeit zu ermöglichen, z. B. bei Anschlüssen wurden vorher schon vermutet, dass hier sehr viele Varianten gefordert werden*
- *Anbieten wäre eine Möglichkeit, Feinschliff durch Kunde selbst bzw. eigene Anpassung*
- *Ja, wäre eine Möglichkeit*
- *Ja, aber nicht bei unserem Produkt (ETO), weil zu viele unerwartbare Anforderungen (da viel Zusammenarbeit mit Forschung und Entwicklungsabteilungen anderer Unternehmen)*
- *Möglich, muss aber zu Unternehmensstruktur passen.*

➔ alle einig: ja, aber jeder nennt andere Herausforderungen

Welche Hürden/ Herausforderungen bestehen bzw. können Sie/ kannst du dir vorstellen bei der Implementierung von Produktindividualisierung im Unternehmen?

Mögliche Antworten

– Akzeptanz der Produktindividualisierung

– Komplexitätszuwachs durch individuelle Produktanpassungen

– Implementierungsaufwand
– Umgestaltung der Produktstruktur

Hilfsfrage:

Welche der folgenden Herausforderungen halten Sie/ hältst du für relevant: Akzeptanz der Produktindividualisierung, Komplexitätszuwachs durch individuelle Produktanpassungen, Implementierungsaufwand, Umgestaltung der Produktstruktur

Ziel: Hürden/ Herausforderungen bei Implementierung von Produktindividualisierung
Internes Ziel: Identifizieren, ob der gezielte Einsatz von Produktindividualisierung bislang nicht ausreichend unterstützt wird und damit eine der Herausforderungen darstellt.

- *Unternehmensstruktur muss beachtet werden, Umstrukturierung ist große Herausforderung*
- *Auftragsabhängigkeit*
- *Stark modulares Produkt wird benötigt*
- *Schnittstellen müssen klar standardisiert sein*
- *Kunde muss Zahlungsbereitschaft aufweisen*
- *Fertigungskompetenz muss vorhanden sein*
- *Struktur und Mind-Set muss in Unternehmen vorliegen*
- *Verkaufsprozesse müssen angepasst sein*
- *Fehlerbeständigkeit muss gegeben sein, Fehlerpotenzial beherrschen*
- *Wiederverkauf nicht mehr möglich*
- *Endnutzerbezug muss gegeben sein, persönliche Bindung ist notwendig*
- *Normen und Richtlinien einhalten – Dokumentationsrichtlinien*
- *Jedes Ventil muss geprüft werden – Prüfequipment*
- *Umsetzbarkeit „wir müssen das als Hersteller machen"*
- *Bestellabwicklung*
- *Darstellung im ERP*
- *Kommunikation im Unternehmen muss angepasst werden*
- *Können wir dem Kunden das zumuten?*
- *Zulassung*
- *Fertigungstechnologie: Wie Adaptionsvorgang gestalten (Produktnachverfolgung, Kennzeichnung/ Teilenummer, ...)*
- *Zahlungsbereitschaft des Kunden (Wirtschaftlichkeit)*
- *Online-Tool für das Design, Testungen bedenken*
- *Fehleranfälligkeit - Rückführung von Erkenntnissen in Konstruktion*
- *Wie schafft man es, die Freiräume so zu gestalten, dass sie machbar sind und keinen Aufwand einer Sonderlösung haben*
- *Vorgegebene Prozesse anpassen ist Schwierigkeit*
- *Ja, aber nicht bei unserem Produkt, weil zu viele unerwartbare Anforderungen (da viel Zusammenarbeit mit Forschung und Entwicklungsabteilungen anderer Unternehmen) Konstruktionsautomatisierung/-parametrisierung bedeutet viel Aufwand - Amortisiert sich das?*
- *Wird es sich der Aufwand amortisieren? Kann man sich dadurch einen Vorteil verschaffen? Wie viele Kunden kommen und brauchen das?*
- *Unplanbarkeit der Aufträge*
- *Flexible Produktion wird benötigt*
- *muss zu Unternehmensstrategie passen*

- ➔ Anforderungen zu unterschiedlich/ unerwartbar, dass Vorplanung nicht möglich ist
- ➔ Umstellung der Unternehmensstruktur
- ➔ Umgestaltung der Prozesse, Fertigungskompetenzen und flexible Produktion wird benötigt, Kommunikation und Dokumentation muss angepasst werden
- ➔ Zahlungsbereitschaft des Kunden vorhersehen
- ➔ starke Auftragsabhängigkeit (Auslastung)
- ➔ Fehleranfälligkeit muss stark kontrolliert und eigeschränkt werden, Prüfung der individuellen Teile muss gewährleistet sein, in dem Zusammenhang auch Zulassung der Produkte klären
- ➔ Wie plant man Individualisierungsfreiräume vor?
- ➔ Wirtschaftlichkeit und Amortisation: Implementierung von Automatisierung und Parametrisierung und hinter allem die Frage: Lohnt sich das?

Glauben Sie/ Glaubst du, dass die Überlegung an welcher Stelle Produktindividualisierung eingesetzt werden kann und damit zusammenhängend auch die Umgestaltung der Produktstruktur, Herausforderungen darstellen?

Ziel: Hürden/ Herausforderungen bei Implementierung von Produktindividualisierung
Internes Ziel: Identifizieren, ob der gezielte Einsatz von Produktindividualisierung bislang nicht ausreichend unterstützt wird und damit eine der Herausforderungen darstellt.

- *Individualisierte Module oder Komponenten waren am Anfang unbekannt, versucht alles mit Standard und variant zu erschlagen --> war nicht zielführen*
- *Wirtschaftlichkeit muss beachtet werden, Freiräume „müssen gefenstert werden“*
- *Ja, weil aktuell kein Anhaltspunkt/ keine standardisierten Verfahren/ Kennwerte/ Betrachtungsweisen, mit denen man sagen kann, das lohnt sich oder das lohnt sich nicht*
- *Kein Tool mit der das durchgerechnet werden kann (Invest lohnt sich/ lohnt sich nicht)*
- *Erste Frage: Was sind meine Anforderungen, wie kann ich diese strukturieren und welche kommen in Frage für eine Individualisierung*
- *Erfahrungswerte oder Datensätze und deren Streuung untersuchen (Performancekriterien)*
- *Welche Basis- oder Leistungsanforderungen haben das Potenzial um durch Individualisierung zu Begeisterungsanforderung werden?*
- *Erfahrungswissen zur Identifikation individualisierungsrelevanter Bereiche wird benötigt*
- *Geistige Herausforderung – man muss es zulassen*
- *Herstellungskosten getrimmt – standardisierte Schnittstellen kosten, kann man sich das leisten?*
- *Optimum finden ist schwierig*
- *Entscheidung über fixe und änderbare Bereiche aus dem Bauch heraus, Wirtschaftlichkeit bedenken*
- *alles was nicht Funktion überträgt (Schnittstelle, Anschlussgeometrie) kann änderbar sein*

- *Lösungsraum muss begrenzt werden (Mindest- und Maximalmaße)*
- *Branche zu stark reguliert, zu weit weg von Sonderlösungen*
- *Ja auch Gestaltung der Individualisierungsfreiräume ist Herausforderung*
- *„Was wäre, wenn" noch nicht durchdacht, da die Möglichkeit noch nicht war, Produktindividualisierung aber durchaus interessant*
- *Wo muss individualisiert werden stellt große Herausforderung dar: Erfahrungswerte, ehemalige Projekte analysieren wo wäre der größte Nutzen = welche Fälle habe ich am häufigsten*
- *Zukünftige Anforderungen sind unplanbar*
- *Plausibles Vorrechnen, amortisiert sich das, ist große Herausforderung*
- *Ja, wo Individualisierungsfreiräume wirtschaftlich sind ist große Frage*

➔ Freiräume müssen gefenstert werden
➔ bislang keine Unterstützung, wie Wirtschaftlichkeit und Amortisation abgeschätzt werden kann
➔ Was hat Potenzial? Identifikation herausfordernd

Abschluss

In welcher Branche ist Ihr/ dein Unternehmen tätig?

- *Anlagenbau*
- *Medizintechnikbranche*
- *Beratung, Werkzeugmaschinenbau"*
- *Anlagenbau (Komponentenhersteller)*
- *Medizintechnikbranche, Klasse II Produkte (hochreguliert) – kein agiles Reagieren auf Kundenwünsche*
- *Maschinenbau, Laborbedarf*
- *Maschinen und Anlagenbau*

➔ Medizintechnik, Laborbedarf, Anlagenbau und klassischer Maschinenbau

Wie lange ist die Lebensdauer des Produktes/ der Produkte?

- *20 Jahre +*
- *10 Jahre, lebenslang implantiert*
- *10-15 Jahre*
- *10-20 Jahre*
- *~ 2 Jahre - 10 Jahre)*
- *15-20 Jahre*
- *10 Jahre +*
- *10-15 Jahre +*

➔ 2-20+ Jahre

Welche Stückzahlen werden pro Jahr verkauft?

- *8-15 STK*
- *~6000 STK*
- *500-150.000 STK*
- *~400 STK*
- *~ 1.000 - 15.000 STK im Durchschnitt*
- *3-30 STK*

- *50.000 – 200.000 STK*
- *30.000 STK*
- *150 STK*
- *Keine Aussage, Firmeninterna*

➔ 8-200.000 STK

Wie viele Jahre Berufserfahrung in der Industrie haben Sie/ hast du?

- *3 Jahre*
- *8,5 Jahre*
- *7 Jahre*
- *30 Jahre*
- *16 Jahre*
- *25 Jahre*
- *20 Jahre*
- *25 Jahre*

➔ 3-30 Jahre

A3 Wirkmodell modularer Produktfamilien mit Individualisierbarkeit (IMF+P)

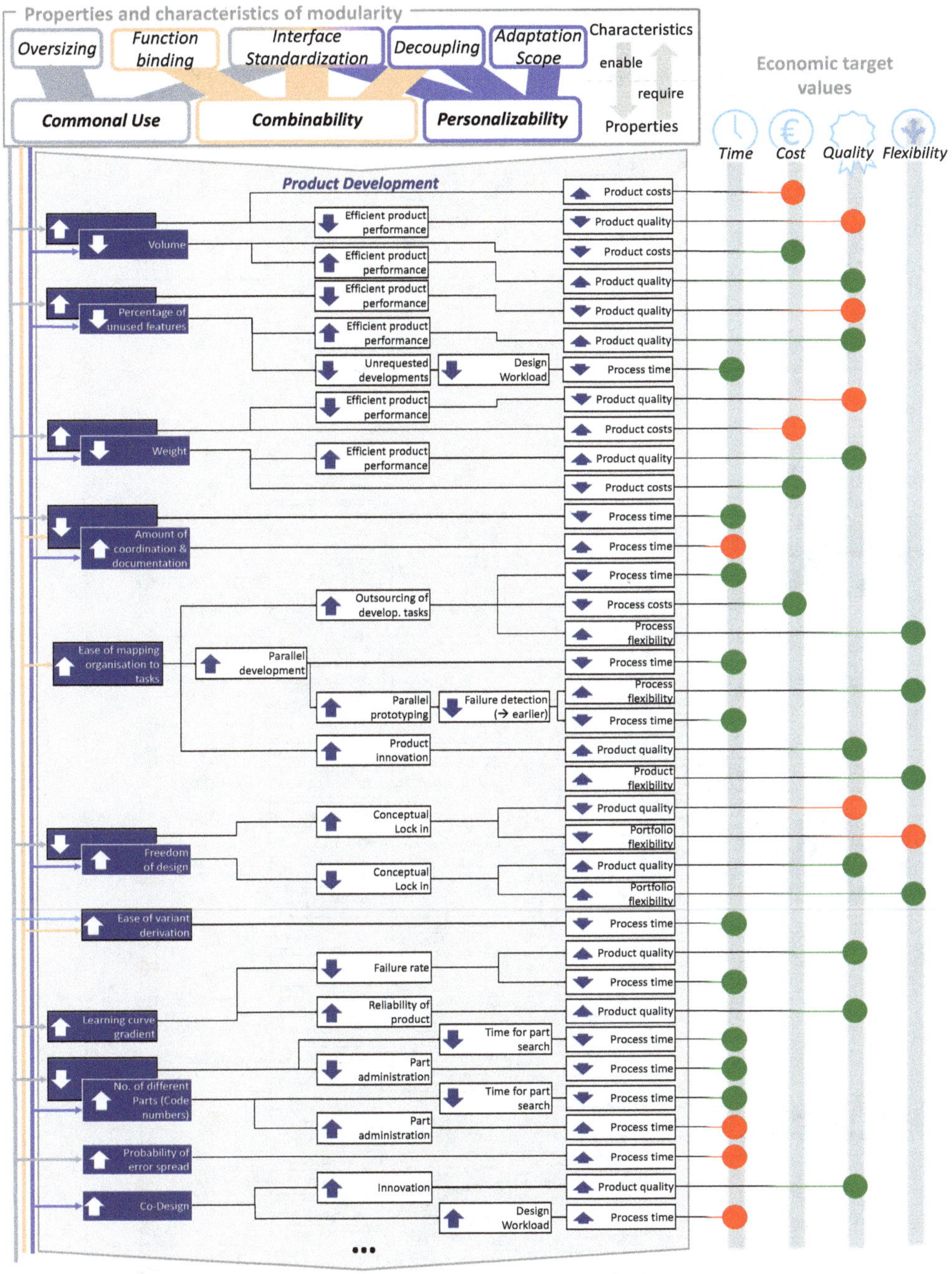

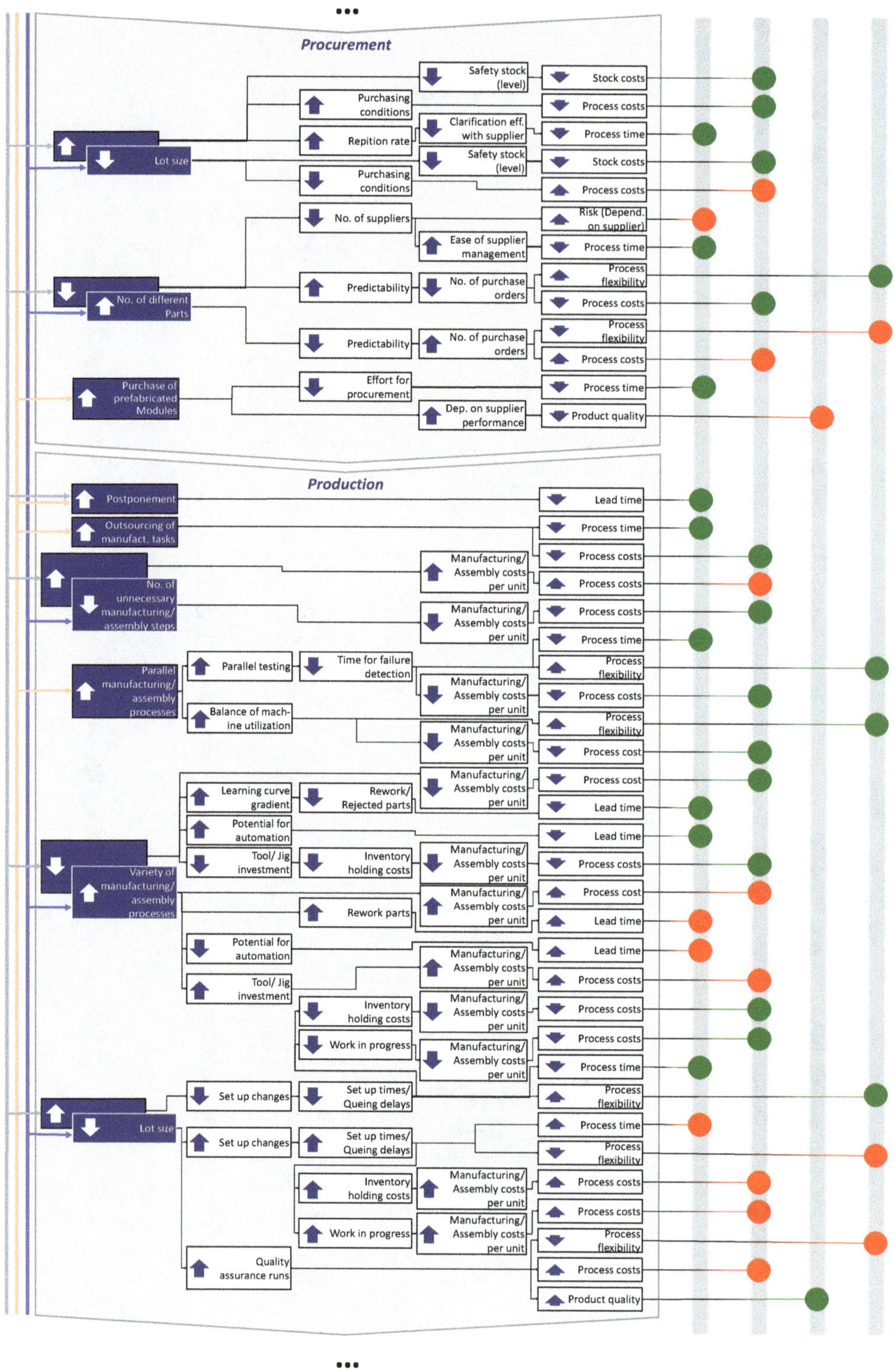
...
Procurement
Lot size
Safety stock (level)
Purchasing conditions
Clarification eff. with supplier
Repition rate
Safety stock (level)
Purchasing conditions
Stock costs
Process costs
Process time
Stock costs
Process costs
No. of different Parts
No. of suppliers
Ease of supplier management
Predictability
No. of purchase orders
Predictability
No. of purchase orders
Risk (Depend. on supplier)
Process time
Process flexibility
Process costs
Process flexibility
Process costs
Purchase of prefabricated Modules
Effort for procurement
Dep. on supplier performance
Process time
Product quality
Production
Postponement
Outsourcing of manufact. tasks
No. of unnecessary manufacturing/ assembly steps
Manufacturing/ Assembly costs per unit
Lead time
Process time
Process costs
Process costs
Process costs
Process time
Parallel manufacturing/ assembly processes
Parallel testing
Time for failure detection
Balance of mach-ine utilization
Process flexibility
Process costs
Process flexibility
Process cost
Process cost
Variety of manufacturing/ assembly processes
Learning curve gradient
Rework/ Rejected parts
Potential for automation
Tool/ Jig investment
Inventory holding costs
Rework parts
Potential for automation
Tool/ Jig investment
Inventory holding costs
Work in progress
Lead time
Lead time
Process costs
Process cost
Lead time
Lead time
Process costs
Process costs
Process costs
Process time
Lot size
Set up changes
Set up times/ Queing delays
Set up changes
Set up times/ Queing delays
Inventory holding costs
Work in progress
Quality assurance runs
Process flexibility
Process time
Process flexibility
Process costs
Process costs
Process flexibility
Process costs
Product quality
...

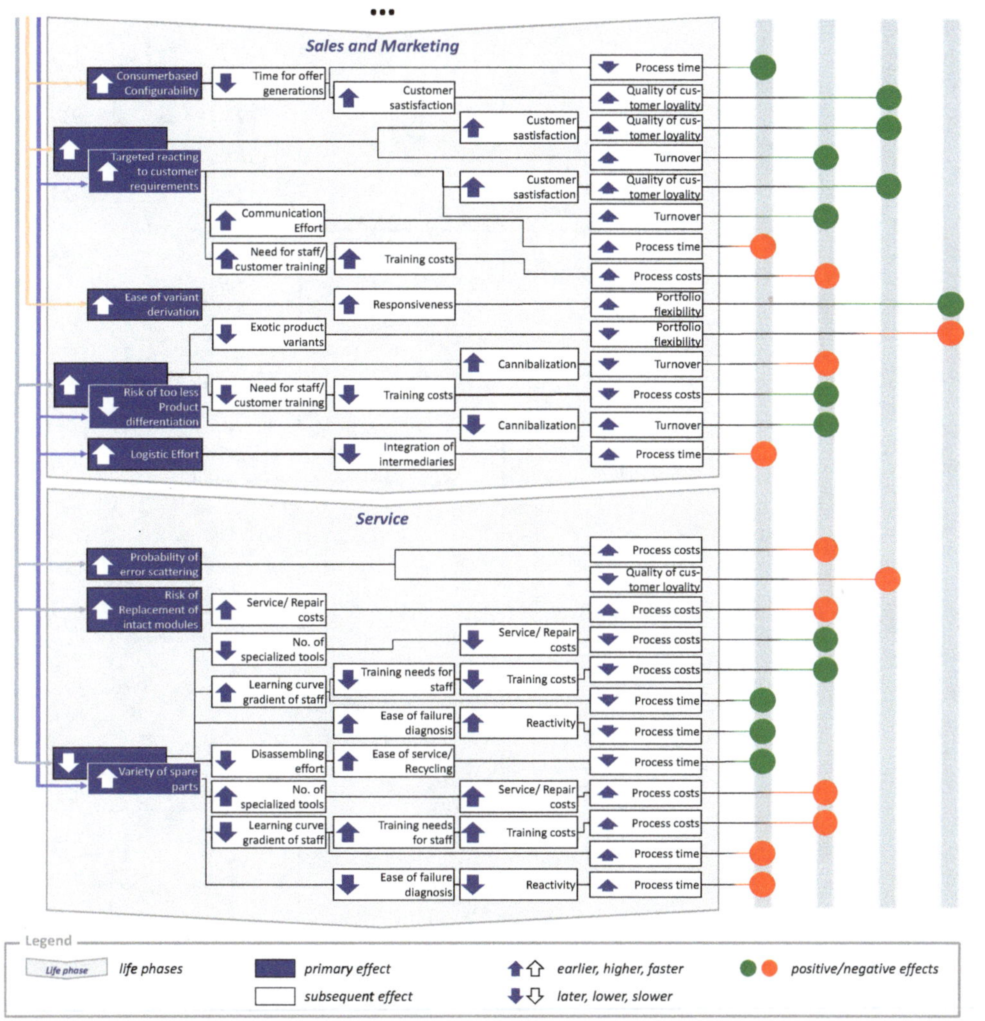

Im Vergleich zum IMF nach SCHWEDE und HACKL [Sch22] ist die *Individualisierbarkeit* (blau) als neue Modularitätseigenschaft hinzugekommen. Entsprechend sind alle Effekte, in die durch die Individualisierbarkeit einer modularen Produktstruktur einer Produktfamilie beeinflusst werden können, neu bewertet worden. Diese im Vergleich zum IMF hinzugekommenen Effekte zeichnen sich im IMF+P visuell dadurch aus, dass ein blauer Pfeil auf der linken Seite zum Primäreffekt verläuft. Für weitere Informationen und Erklärungen zum IMF+P, zur Herleitung der Effekte sowie zur Anwendung des Modells siehe auch VOGT ET AL. [Vog23].

A4 Vorlage Usability Operationalization Chart (UOC)

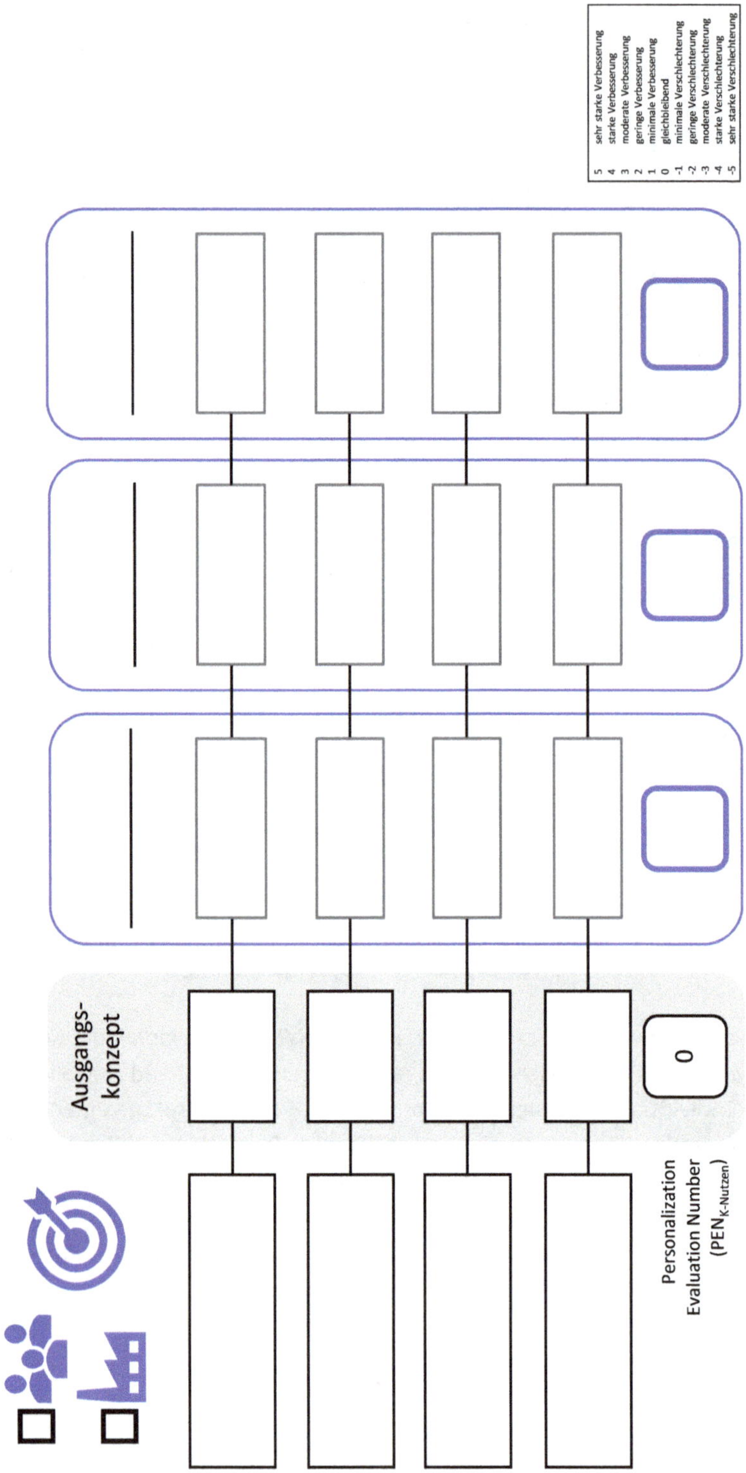

A5 Vorlage Process Impact Chart (PIC)

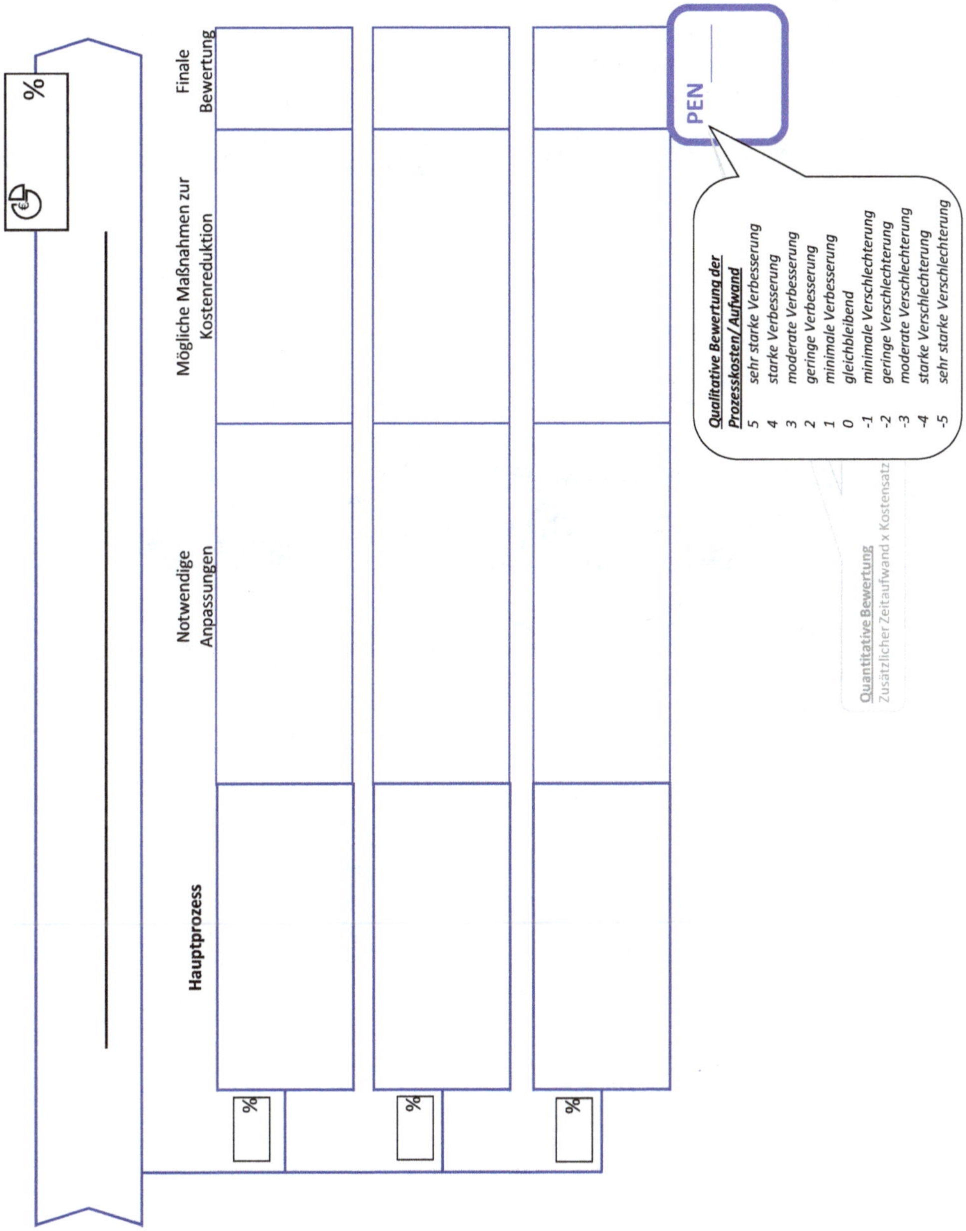

A6 Excel-Vorlage des PIR

Eine Excel-Vorlage zur Erstellung des PIR kann von der Wissenschaftsplattform *Zenodo* heruntergeladen werden [Vog23]. In der Vorlage müssen in den weiß hinterlegten Feldern der Tabelle die bestimmten $PEN_{K\text{-}Nutzen}$, $PEN_{U\text{-}Effekte}$ und $PEN_{U\text{-}Prozesse}$ eingetragen werden. Die Vorlage bestimmt den Winkel sowie den Radius relativ zum hinterlegten Ausgangsradius. In der Vorlage können bis zu sechs Konzepte eingetragen werden.

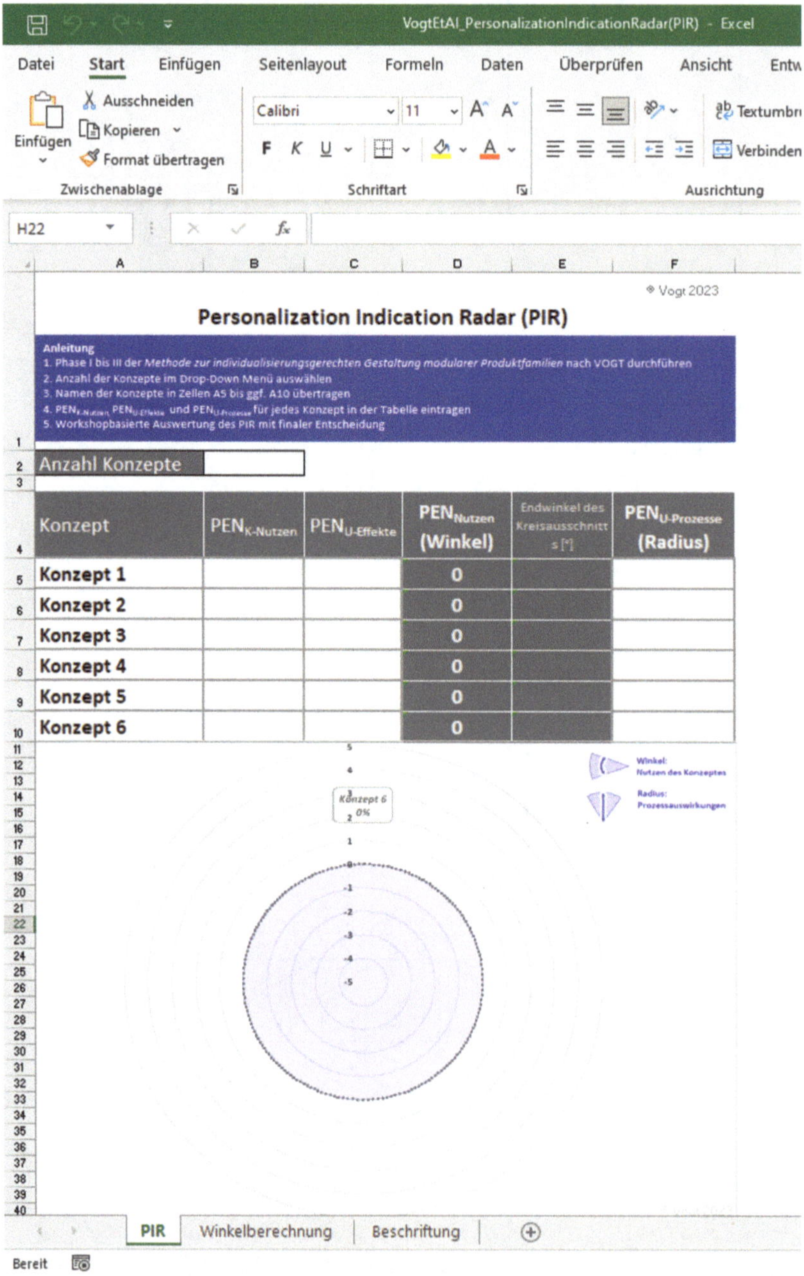

A7 Ergebnisse des Fahrrads

Zur Nachvollziehbarkeit der finalen Konzeptauswahl sind ergänzend die Ergebnisse der Methodenphase III für die Produktfamilie des Fahrrads sowie das PIR zur Verfügung gestellt.

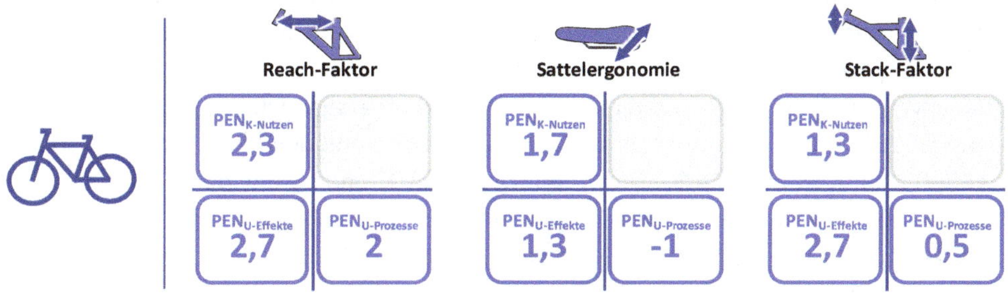

Auf Grundlage des PIR wird das Konzept *Reach-Faktor* final ausgewählt, da das Konzept den größten Winkel und den größten Radius aufweist. Es ist also sowohl ein Nutzen für das Unternehmen als auch für die Kunden gegeben. Gleichzeitig werden Verbesserungen in den Unternehmensprozessen prognostiziert (Radius größer als vom Ausgangskonzept). Das Konzept *Sattelergonomie* verschlechtert die Ausgangssituation durch aufwendigere Prozesse (Radius kleiner Ausgangskonzept). Das Konzept *Stack-Faktor* ähnelt im Prozessaufwand der Ausgangssituation, es besteht aber ein Nutzen für Kunden und Unternehmen durch das Konzept. Der Fokus sollte jedoch zunächst auf dem Konzept *Reach-Faktor* liegen, da dieses am vielversprechendsten scheint, um anhand von Produktindividualisierung die Wettbewerbsfähigkeit des Unternehmens zu erhöhen.

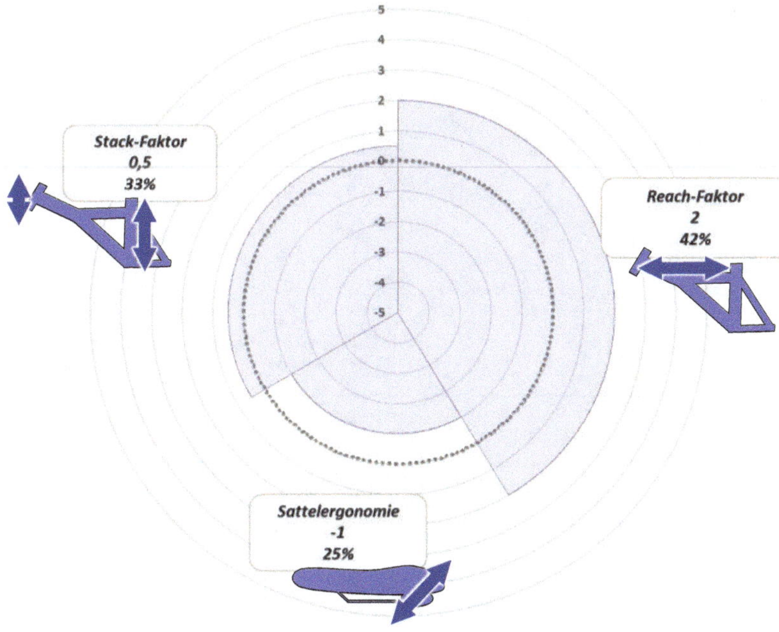

A8 Arbeitsvorlagen für empirische Studie zur Validierung der Methode

Für die empirische Studie werden unterschiedliche Vorlagen entwickelt, die die Methodenanwendung im Rahmen der Studie unterstützen sollen. Für jedes Produktbeispiel werden Vorlagen für die UOC, PIC sowie das PIR zur Verfügung gestellt, in denen die Performance-Variablen sowie die zu bewertenden Hauptprozesse bereits eingetragen sind. Durch die zeitliche Begrenzung der Studie ist eine Entwicklung der Performance Indikatoren und die fiktive Synthese von möglichen Hauptprozessen nicht möglich. Die Inhalte werden in den einzelnen Methodenphasen erarbeiteten und dokumentiert. Die Vorlage der PIC für Konzept 2 ist die Gleiche, wie für Konzept 1, und wird daher nicht extra vorgestellt. Außerdem werden die nachfolgenden, produktbeispielabhängigen A0-Vorlagen entwickelt, die durch die Methode leitet und auf der die Ergebnisse aufgeklebt und zusammenfassen dargestellt werden können.

UOC und PIC für das Produktbeispiel Lagersystem

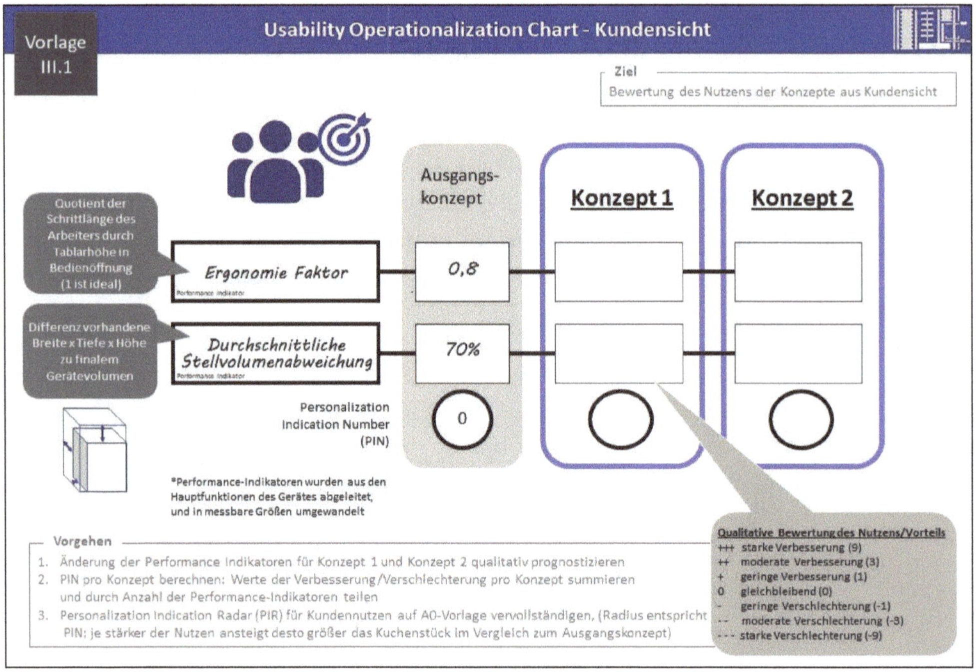

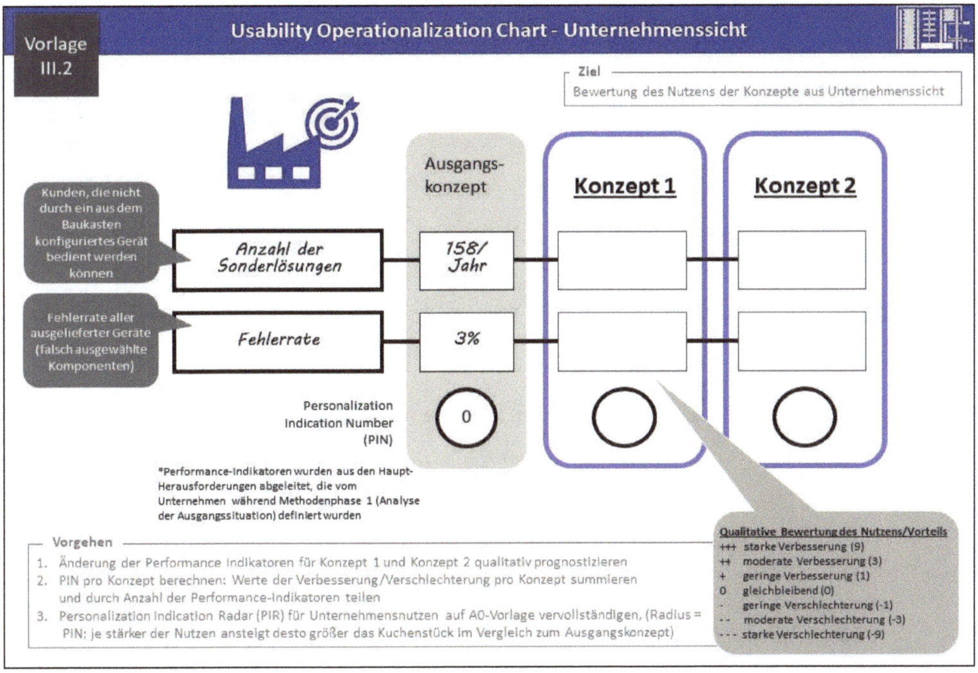
Vorlage III.2
Usability Operationalization Chart - Unternehmenssicht
Ziel
Bewertung des Nutzens der Konzepte aus Unternehmenssicht
Ausgangs-konzept
Konzept 1
Konzept 2
Kunden, die nicht durch ein aus dem Baukasten konfiguriertes Gerät bedient werden können
Anzahl der Sonderlösungen
158/ Jahr
Fehlerrate aller ausgelieferter Geräte (falsch ausgewählte Komponenten)
Fehlerrate
3%
Personalization Indication Number (PIN)
0
*Performance-Indikatoren wurden aus den Haupt-Herausforderungen abgeleitet, die vom Unternehmen während Methodenphase 1 (Analyse der Ausgangssituation) definiert wurden
Vorgehen
1. Änderung der Performance Indikatoren für Konzept 1 und Konzept 2 qualitativ prognostizieren
2. PIN pro Konzept berechnen: Werte der Verbesserung/Verschlechterung pro Konzept summieren und durch Anzahl der Performance-Indikatoren teilen
3. Personalization Indication Radar (PIR) für Unternehmensnutzen auf A0-Vorlage vervollständigen. (Radius = PIN: je stärker der Nutzen ansteigt desto größer das Kuchenstück im Vergleich zum Ausgangskonzept)
Qualitative Bewertung des Nutzens/Vorteils
+++ starke Verbesserung (9)
++ moderate Verbesserung (3)
+ geringe Verbesserung (1)
0 gleichbleibend (0)
- geringe Verschlechterung (-1)
-- moderate Verschlechterung (-3)
--- starke Verschlechterung (-9)

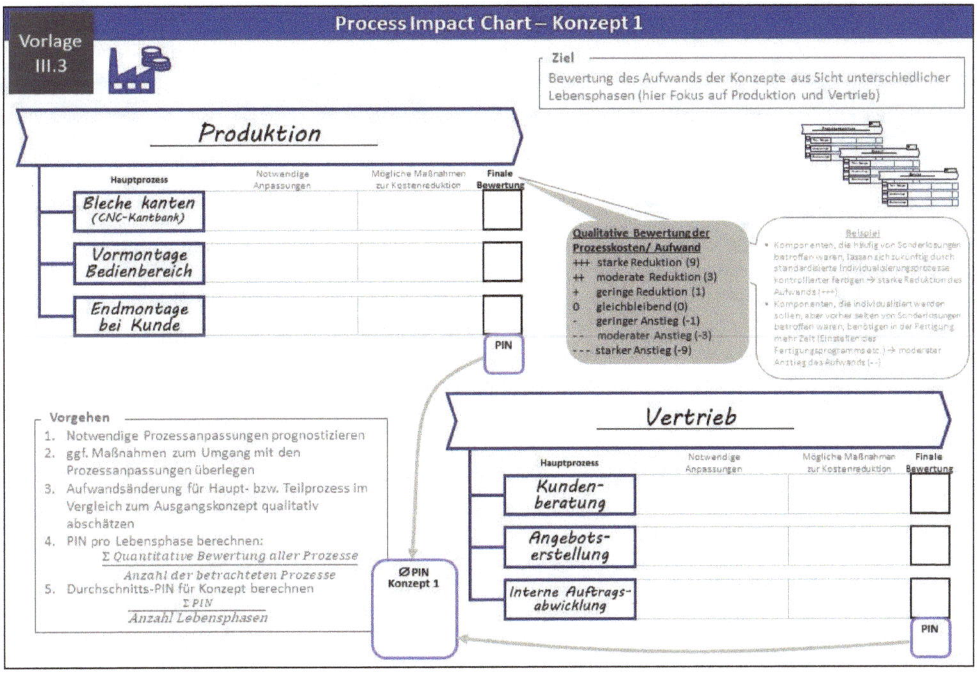
Vorlage III.3
Process Impact Chart – Konzept 1
Ziel
Bewertung des Aufwands der Konzepte aus Sicht unterschiedlicher Lebensphasen (hier Fokus auf Produktion und Vertrieb)
Produktion
Hauptprozess
Notwendige Anpassungen
Mögliche Maßnahmen zur Kostenreduktion
Finale Bewertung
Bleche kanten (CNC-Kantbank)
Vormontage Bedienbereich
Endmontage bei Kunde
PIN
Qualitative Bewertung der Prozesskosten/ Aufwand
+++ starke Reduktion (9)
++ moderate Reduktion (3)
+ geringe Reduktion (1)
0 gleichbleibend (0)
- geringer Anstieg (-1)
-- moderater Anstieg (-3)
--- starker Anstieg (-9)
Beispiel
• Komponenten, die häufig von Sonderlösungen betroffen waren, lassen sich zukünftig durch standardisierte Individualisierungsprozesse kontrollierter fertigen → starke Reduktion des Aufwands (+++)
• Komponenten, die individualisiert werden sollen, aber vorher selten von Sonderlösungen betroffen waren, benötigen in der Fertigung mehr Zeit (Einstellen des Fertigungsprogramms etc.) → moderater Anstieg des Aufwands (--)
Vorgehen
1. Notwendige Prozessanpassungen prognostizieren
2. ggf. Maßnahmen zum Umgang mit den Prozessanpassungen überlegen
3. Aufwandsänderung für Haupt- bzw. Teilprozess im Vergleich zum Ausgangskonzept qualitativ abschätzen
4. PIN pro Lebensphase berechnen: $\frac{\Sigma \text{ Quantitative Bewertung aller Prozesse}}{\text{Anzahl der betrachteten Prozesse}}$
5. Durchschnitts-PIN für Konzept berechnen $\frac{\Sigma \text{ PIN}}{\text{Anzahl Lebensphasen}}$
Ø PIN Konzept 1
Vertrieb
Hauptprozess
Notwendige Anpassungen
Mögliche Maßnahmen zur Kostenreduktion
Finale Bewertung
Kunden-beratung
Angebots-erstellung
Interne Auftrags-abwicklung
PIN

UOC und PIC für das Produktbeispiel Ventil

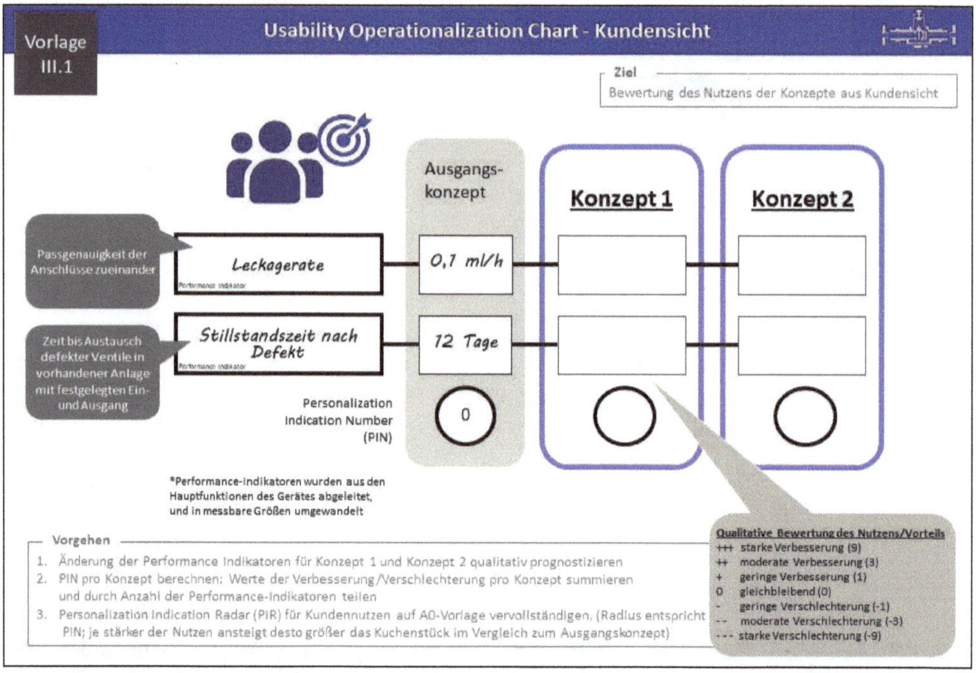

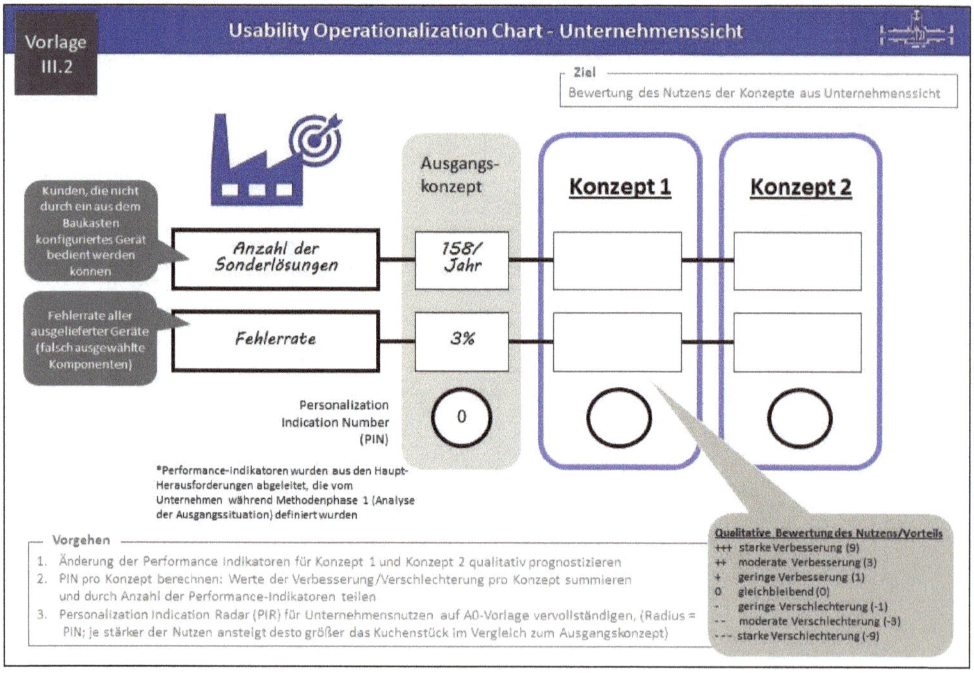

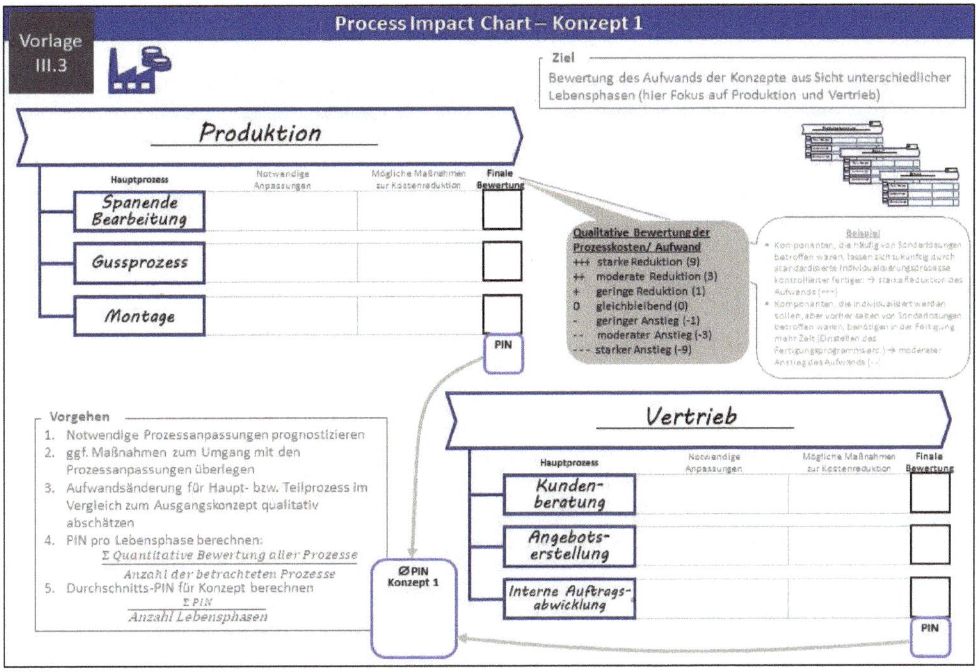

PIR-Vorlage für das beide Produktbeispiele

Vorlage IV

Personalization Indication Radar (PIR) - Zusammenfassung

Vorgehen

1. Durchschnitts-Nutzen-PIN für Konzepte berechnen und in Tabelle eintragen
2. Aufwand-PIN in die Tabelle übertragen
3. Aufwand und Nutzen abwägen und Durchschnitts-PIN als Zusammenfassung erstellen
4. Zusammenfassungs-PIN je Konzept in blau in das PIR eintragen
5. Konzept auswählen und in den MIG (A0-Vorlage, Phase V) übertragen

Konzept	Ø PIN – Nutzen	PIN – Aufwand	Zusammen-fassung
Ausgangs-konzept	Ø0	0	0
Konzept 1	Ø		
Konzept 2	Ø		

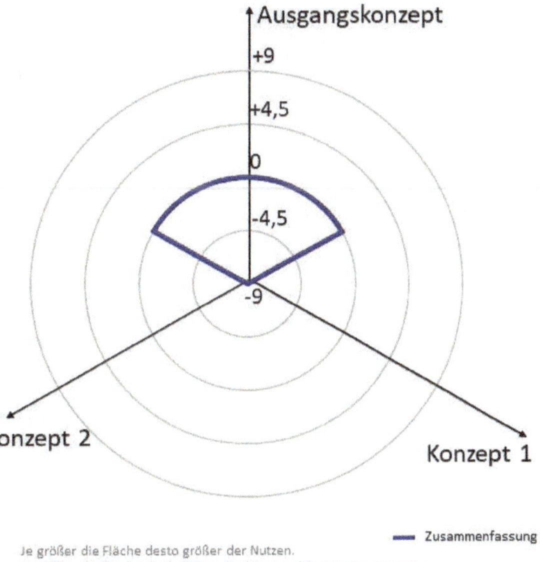

Je größer die Fläche desto größer der Nutzen.
Je größer die Fläche desto höher die (Prozess-)Kosteneinsparungen.

A0-Vorlage für das Produktbeispiel Lagersystem

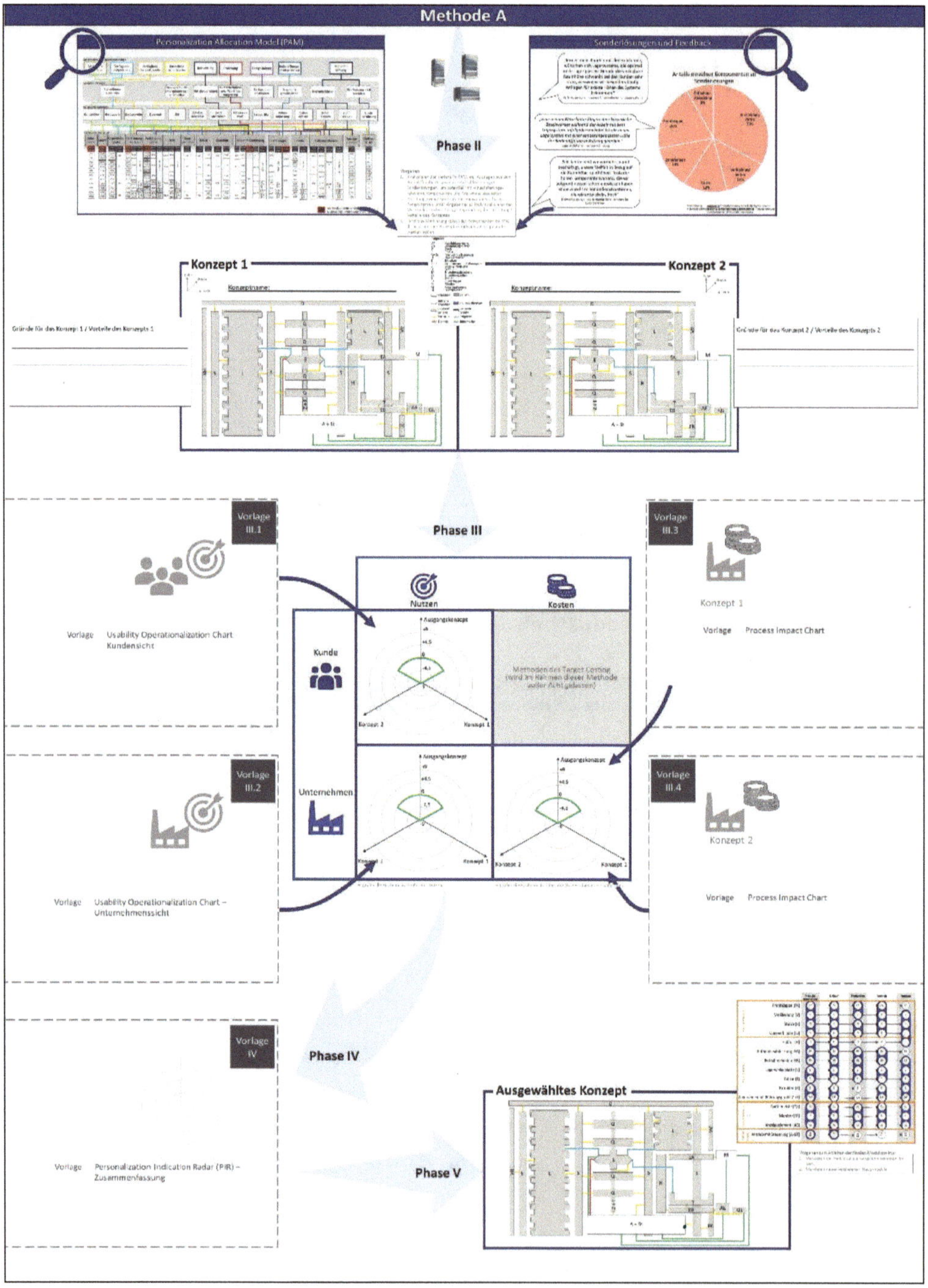

A0-Vorlage für das Produktbeispiel Ventil

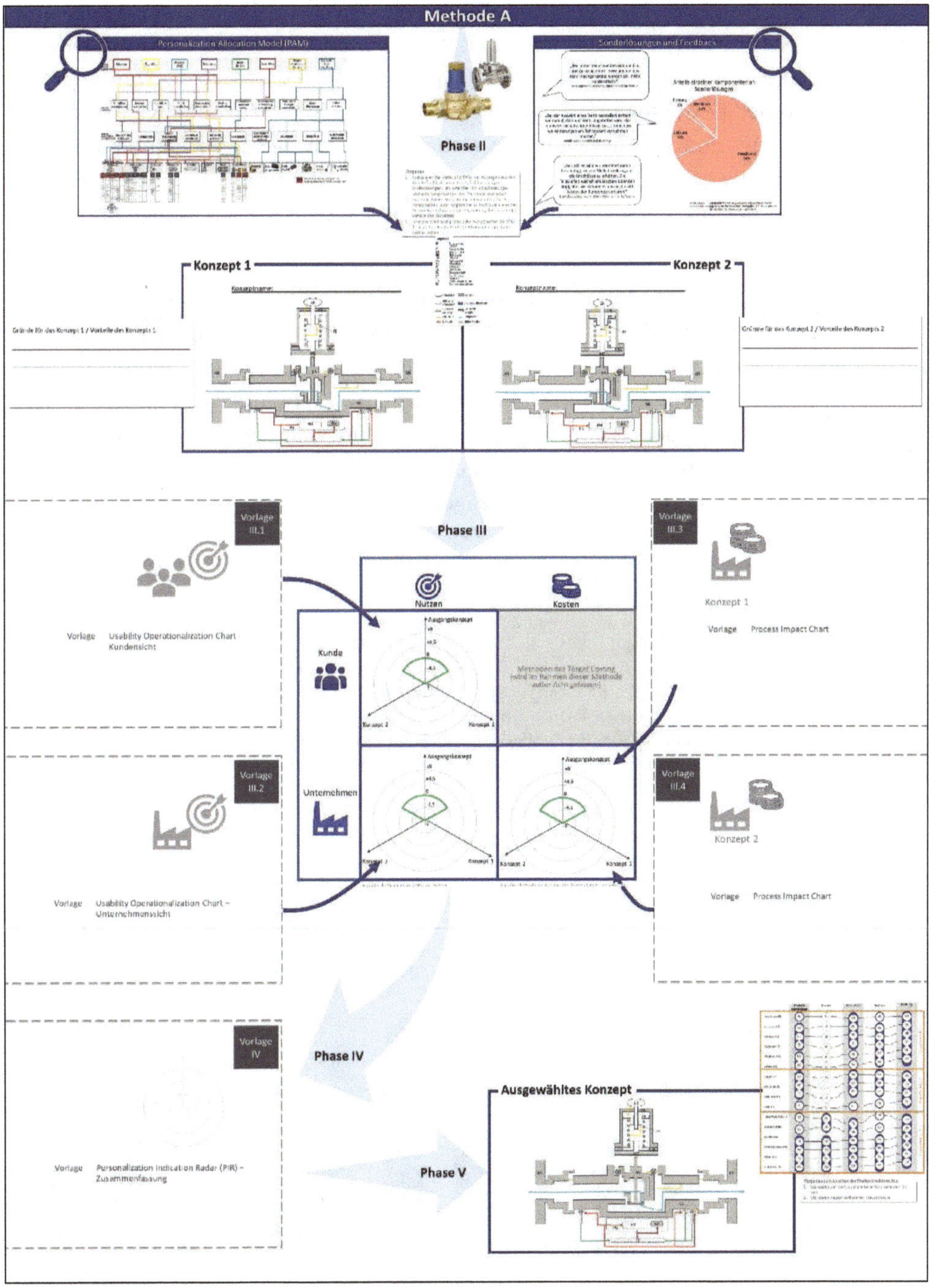

A9 Auswertung des Fragebogens der empirischen Studie

Für die Auswertung der Experimentstudie wurde mit dem Online-Tool LimeSurvey (https://www.limesurvey.org/de/) ein Fragebogen erstellt. Dieser beinhaltet neben der Angabe, welche Methode und welches Anwendungsbeispiel während der Veranstaltung bearbeitet wurde, 12 Aussagen, zu denen eine Einschätzung abzugeben war, sowie drei Freitextfragen. Bei den 12 Aussagen war zu bewerten, ob dieser vollständig oder teilweise zugestimmt bzw. widersprochen wird. Bei den Freitextfragen konnte angegeben werden, was an der Methode gefallen oder nicht gefallen hat sowie sonstige Anmerkungen hinzugefügt werden.

Nach der Anwendung der Methode wurde der Fragebogen während der Veranstaltung von den 18 Teilnehmern, die die PMEA-Methode angewendet haben, ausgefüllt. Die zu bewertenden Aussagen, gekennzeichnet mit den Buchstaben von a bis l, sind der Tabelle zu entnehmen. Unabhängig vom Anwendungsbeispiel ist eine Auswertung der Antworten zu sehen. In Abhängigkeit vom Anwendungsbeispiel sind die Säulendiagramme der Auswertung im Anschluss dargestellt. Eine Zusammenfassung der wörtlichen Antworten der einzelnen Teilnehmer auf die Freitextfragen folgt.

Gestellte Fragen	
a	Das Ziel der Methode ist mir deutlich geworden.
b	Das Vorgehen während der Übung ist deutlich geworden.
c	Die methodische Vorgehensweise war für mich nachvollziehbar und anwendbar.
d	Mithilfe der Methode konnten alternative Produktstrukturkonzepte mit individualisierbaren Komponenten entwickelt werden.
e	Es wurden alle relevanten Aspekte bei der Bewertung der Konzeptalternativen berücksichtigt.
f	Mithilfe des PAM werden die Ursachen der Komponentenvielfalt deutlich.
g	Der PAM unterstützt bei der Ableitung von Konzeptalternativen mit individualisierbaren Komponenten.
h	Die Usability Operationalization Chart (UOC) unterstützt die Bewertung des kundenseitigen Nutzens eines Konzeptes.
i	Die Usability Operationalization Chart (UOC) unterstützt die Bewertung des unternehmensseitigen Nutzens eines Konzeptes.
j	Die Process Impact Chart (PIC) unterstützt die Bewertung des unternehmensseitigen Aufwands eines Konzeptes.
k	Das Personalization Indication Radar (PIR) unterstützt die Auswahl einer Konzeptalternative.
l	Die Methode erweitert die Möglichkeiten des Variantenmanagement (durch eine individualisierungsgerechte Gestaltung) von Produktfamilien.

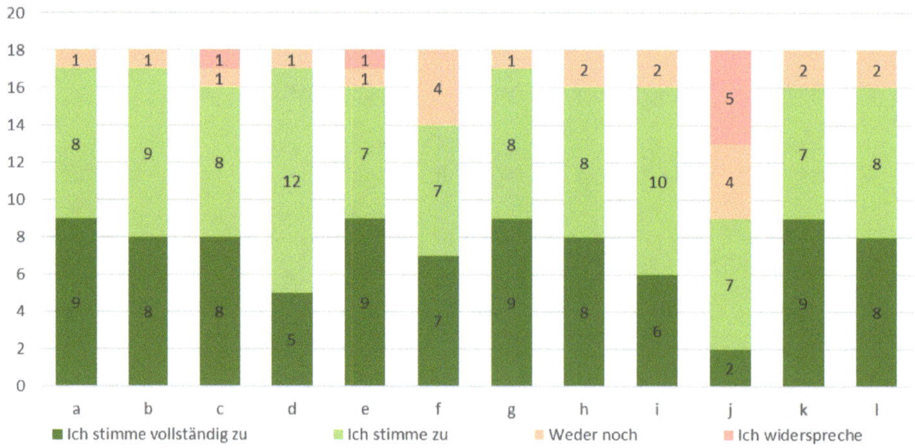

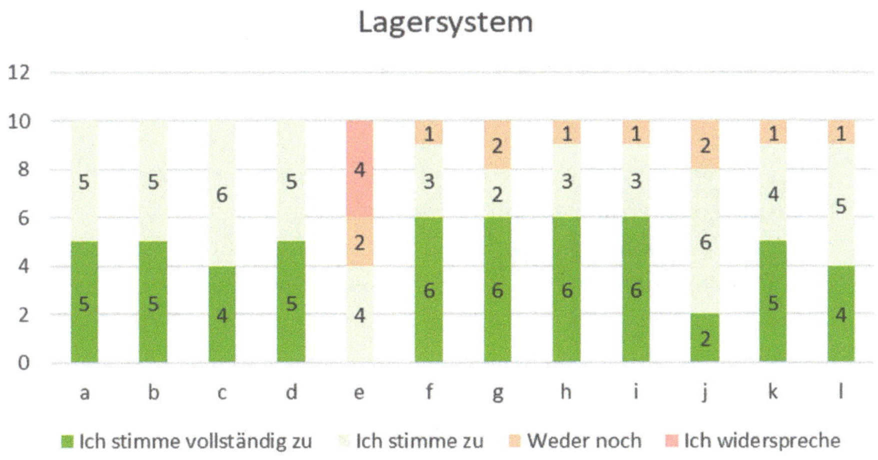

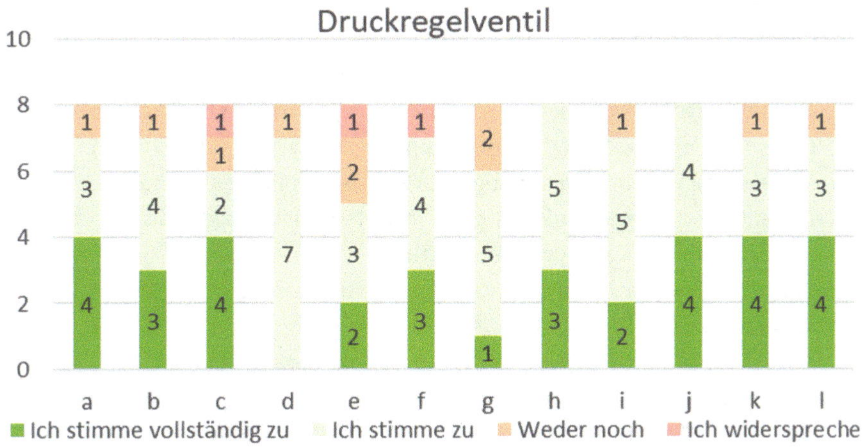

Zusammenfassung der Freitextantworten

Hinweis: Rechtschreibfehler wurden zur besseren Lesbarkeit in den wörtlichen Zitaten korrigiert

1. An der Methode hat mir gefallen, dass …

- der Aufbau übersichtlich war und man einfach nach dem vorgefertigten Pfad arbeiten musste.
- durch viel Visualisierung der Ergebnisse man eine gute Übersicht über die Konzepte bekommen hat.
- Logisches Vorgehen, gestaffelt in Phasen
- Alle Lebensphasen betrachtet werden
- dass die verschiedenen Sichtweisen klar voneinander getrennt betrachtet wurden.
- Freiraum in Phase 1 bietet viele Möglichkeiten der Umsetzung

- Guter Leitfaden durch die Konzeptwahl, logische und fundierte finale Konzeptwahl
- Bewertungen erstellt werden die numerisch gerichtet werden. So gibt es eine messbare Gewichtung
- man Schritt für Schritt durchgeführt wird
- Die Übung war zwar zu Anfang kompliziert, aber hat mir sehr geholfen die Methode zu verstehen und warum sie wichtig ist.
- dass sie klar strukturiert war und visuell die Inhalte recht gut darstellt
- es sehr visualisierend ist.
- Einfach leicht verständliche Methode zur Bewertung. Strukturiertes Vorgehen. Visualisierung durch Kreise
- Einfache und quantifizierbare Bewertung
- Gute schrittweise Durchleitung durch die Aufgaben. immer kleine Anweisungen zu dem jeweiligen Punkt.

2. An der Methode sollte verbessert werden, dass...

- Im PIC sollte es wie in dem Beispiel "Fertigungsaufwand" heißen anstelle von "Bleche kanten", damit jeder mit dem Konzept verbundene Mehraufwand in der Bewertung berücksichtigt werden kann (z. B. Zuschnitt der Bleche).
- die Bewertungskriterien bei dem UOC/PIC etwas neutraler sind. Z. B. bei Bleche Kanten waren wir uns nicht sicher, inwiefern sich dieser Schritt ändert, wenn nur die Höhe der Komponenten geändert wird.
- Hauptprozesse im PIC in der Übung individualisierbar
- Selber im UOC
- Was ist ein Produktkonzept bzw. Anpassungskonzept
- die qualitative Bewertung der Konzepte besser eingeschätzt werden kann.
- "Bei uns hast die Kundensicht im UOC (Vorlage III.1) das Endergebnis sehr stark beeinflusst, da eines unsere Konzepte auf die Ergonomie abzielte und die Ergonomie aus Kundensicht mit +9 Bewertet wurde. Es könnte sein, dass es dadurch zu einer Verzerrung des Endergebnisses aufgrund der Auswahl der Bewertungsfaktoren kommt."
- Subjektive und qualitative Bewertung schwierig
- ggf. Bewertungsmaßstab, da Bewertung für Fachfremde/ Personen ohne große Berührungspunkte tagesabhängig sein kann. Dabei handelt es sich wahrscheinlich eher um ein Problem, welches der kurzen Bearbeitungszeit im Rahmen der Übung geschuldet ist
- Zu viel Papier, selbst auf A0 ist es zu klein, um alles zu lesen. Besser wäre eine digitale Variante.
- Die Konzepte sollten näher eingegrenzt werden, um sicherzustellen, dass die Methode anwendbar ist.

- Bei den Bewertungen im UOC und PIC war nicht klar, ob beim Ausgangszustand von einem Sonderbau auszugehen ist oder von einer Lösung mit Varianten. Beim Fall mit Varianten ist Individualisierung fast immer schlechter
- keine Verbesserungen
- Anhand der verschiedenen Meinungen waren wir uns oft nicht bei der Bewertung einig, eventuell könnte man Bewertungskriterien klarer definieren.
- Die qualitative Bewertung ändern, und auf beispielsweise Rechnungen zurückführen -> 158/pro Jahr kann um 10% reduziert werden-> Reduzierungen um 10% entsprechen 3 Punkten z. B.
- Was genau +++/++/+/0/-/- -/- - - bedeutet in %.
- "Bei vielen Bewertungen war man sich unsicher, oft war es nur so nach Gefühl (es fehlt wahrscheinlich das fachliche Wissen für die spezielle Maschine)
- Man hat seine Diskussionen nicht aufgeschrieben"
- Möglichkeiten vorsehen Gründe festzuhalten
- Das genaue Konzept bzw. die Idee wird nirgends genau festgehalten. teilweise schwierig für alle alles zu lesen bei der (auch benötigten) Plakatgröße. habe aber keinen sinnvolleren Vorschlag.

3. Sonstige Bemerkungen...

- A4 Blätter, die aufgeklebt werden sollen, können auch gerne einfach mit auf das Plakat gedruckt werden. Vielleicht im Gegenzug leicht hervorheben welche Teile des Plakats ausgefüllt werden sollen.
- Allgemein hat es uns etwas an Wissen in Bezug auf die Bewertungskriterien in Phase 3 gefehlt, sodass wir uns schwer getan haben dort die Konzepte zu bewerten.
- Sinnvolle Verwendung von Papier in diesem Fall
- Insbesondere die Konzeptfindung war schwierig, weil der Begriff Konzept (Rahmen u Umfang) schwer einzuschätzen war. Individualisierungsmöglichkeiten schwer vorstellbar
- Am Anfang war es nicht ganz so ersichtlich was man machen sollte.
- ."Die Mittagspause sollte früher sein. 12:20 Uhr ist sehr spät. Normalerweise ist sie um 11:25 Uhr."
- Näher definierte Bewertungskriterien würden die Bewertung im UOC und PIC erleichtern
- Keine
- Konzeptbeschreibung ausführlicher erklären
- Keine
- Keine weiteren Bemerkungen
- Die ganze Methode basiert sehr stark auf das Bauchgefühl einer Person.
- Gute Idee mit dem A0 Blatt auf dem man andere A4 Blätter klebt -> gute Übersichtlichkeit
- Tische teilen ist nicht gut bei 5 Personen pro Gruppe

Literaturverzeichnis

[Abd08] Abdelkafi, N.: Variety-induced Complexity in Mass Customization - Concepts and management, Dissertation, Technische Universität Hamburg-Harburg, Erich Schmidt Verlag, Operations and Technology Management, Vol. 7, 2008.

[Aka92] Akao, Y.: QFD: quality function deployment; wie die Japaner Kundenwünsche in Qualität umsetzen, Moderne Industrie, 1992.

[Ask20] Askhøj, C.; Mortensen, N. H.: Deciding on the total number of product architectures, Concurrent Engineering, Vol. 281, 2020, pp. 20–31. https://doi.org/10.1177/1063293X19888968

[Bai07] Baines, T. S.; Lightfoot, H. W.; Evans, S.; Neely, A.; Greenough, R.; Peppard, J.; Roy, R.; Shehab, E.; Braganza, A.; Tiwari, A.; Alcock, J. R.; Angus, J. P.; Bastl, M.; Cousens, A.; Irving, P.; Johnson, M.; Kingston, J.; Lockett, H.; Martinez, V.; Michele, P.; Tranfield, D.; Walton, I. M.; Wilson, H.: State-of-the-art in product-service systems, Proceedings of the Institution of Mechanical Engineers, Part B: Journal of Engineering Manufacture, Vol. 22110, 2007, pp. 1543–1552. https://doi.org/10.1243/09544054JEM858

[Bau06] Baumberger, G. C.; Lindemann, U.: Requirement oriented process planning and configuration, Proceedings of NordDesign 2006, 2006, pp. 244–254.

[Bau07] Baumberger, G. C.: Methoden zur kundenspezifischen Produktdefinition bei individualisierten Produkten, Dissertation, Technischen Universität München, 2007.

[Bec21] Beckmann, G.: Unterstützung des Methodentransfers durch eine visuelle Methoden- und Prozessbeschreibung, Dissertation, Technische Universität Hamburg, Springer-Verlag, Produktentwicklung und Konstruktionstechnik, Vol. 20, 2021. https://doi.org/10.1007/978-3-662-63707-4

[Ben21] Bender, B.; Gericke, K.: Entwickeln der Anforderungsbasis: Requirements Engineering, in: Bender, B.; Gericke, K. (Hrsg.): Pahl/Beitz Konstruktionslehre - Methoden und Anwendung erfolgreicher Produktentwicklung, Springer-Verlag, Berlin, 9. Auflage, 2021, pp. 169–209. https://doi.org/10.1007/978-3-662-57303-7_7

[Ber13] Berry, C.; Wang, H.; Hu, S. J.: Product architecting for personalization, Journal of Manufacturing Systems, Vol. 323, 2013, pp. 404–411. https://doi.org/10.1016/j.jmsy.2013.04.012

[Ble09] Blessing, L. T.; Chakrabarti, A.: DRM, a Design Research Methodology, Springer-Verlag, London, 2009. https://doi.org/10.1007/978-1-84882-587-1

J. Vogt, *Methode zur individualisierungsgerechten Gestaltung modularer Produktfamilien*, Produktentwicklung und Konstruktionstechnik 26, https://doi.org/10.1007/978-3-662-70533-9

[Ble11] Blees, C.: Eine Methode zur Entwicklung modularer Produktfamilien, Dissertation, Technischen Universität Hamburg-Harburg, TuTech Verlag, Hamburger Schriftenreihe Produktentwicklung und Konstruktionstechnik, Vol. 3, 2011.

[Bog19] Bogner, E.: Strategien der Produktindividualisierung in der produzierenden Industrie im Kontext der Digitalisierung, Dissertation, Friedrich-Alexander-Universität Erlangen-Nürnberg, FAU University Press, FAU Studien aus dem Maschinenbau, Vol. 332, 2019.

[Bre97] Breiing, A.; Knosala, R.: Bewerten technischer Systeme - Theoretische und methodische Grundlagen bewertungstechnischer Entscheidungshilfen, Springer-Verlag, Berlin, 1997. https://doi.org/10.1007/978-3-642-59229-4

[Cla04] Clarkson, P. J.; Simons, C.; Eckert, C.: Predicting Change Propagation in Complex Design, Journal of Mechanical Design, Vol. 1265, 2004, pp. 788–797. https://doi.org/10.1115/1.1765117

[Dan12] Daniilidis, H.; Bauer, W.; Lindemann, U.: Compendium for modular and platform based architecting, Procedia Computer Science, Vol. 8, 2012, pp. 220–225. https://doi.org/10.1016/j.procs.2012.01.046

[Dur11] D'Urso, P. I.; Lanzino, G.; Cloft, H. J.; Kallmes, D. F.: Flow diversion for intracranial aneurysms: a review, Stroke, Vol. 428, 2011, pp. 2363–2368. https://doi.org/10.1161/STROKEAHA.111.620328

[Ech17] Echterfeld, J.; Dülmer, C.; Gausemeier, J.: Gestaltung von Produktstrategien im Zeitalter der Digitalisierung, in: Bodden, E. et al. (Hrsg.): Wissenschaftsforum Intelligente Technische Systeme, Heinz Nixdorf Institut, Paderborn, Verlagsschriftenreihe des Heinz Nixdorf Instituts, Vol. 369, 2017, pp. 69–91.

[Ehr17] Ehrlenspiel, K.; Meerkamm, H. (Hrsg.): Integrierte Produktentwicklung - Denkabläufe, Methodeneinsatz, Zusammenarbeit, Hanser-Verlag, München, Auflage 6, 2017. https://doi.org/10.3139/9783446449084

[Eil16] Eilmus, S.: Methodische Unterstützung der Entwicklung von Produktprogrammen mit hoher Kommunalität, Dissertation, Technische Universität Hamburg-Harburg, 2016. https://doi.org/10.15480/882.1335

[Eis21] Eisenmann, M.; Grauberger, P.; Üreten, S.; Krause, D.; Matthiesen, S.: Design method validation – an investigation of the current practice in design research, Journal of Engineering Design, Vol. 3211, 2021, pp. 621–645. https://doi.org/10.1080/09544828.2021.1950655

[Epp12] Eppinger, S. D.; Browning, T. R.: Design structure matrix methods and applications, MIT Press, Engineering systems, Cambridge, MA, 2012.

[Eri98] Erixon, G.: Modular function deployment - A method for product modularisation, Dissertation, KTH Royal Institute of Technology, 1998.

[Eri99] Ericsson, A.; Erixon, G.: Controlling design variants - Modular product platforms, Society of Manufacturing Engineers; ASME Press, Dearborn, Mich., New York, NY, 1999.

[Fel13] Feldhusen, J.; Grote, K.-H. (Hrsg.): Pahl/Beitz Konstruktionslehre - Methoden und Anwendung erfolgreicher Produktentwicklung, Springer-Verlag, Berlin, Auflage 8, 2013.

[Fir03] Firchau, N. L.: Variantenoptimierende Produktgestaltung, Dissertation, Technischen Universität Carolo-Wilhelmina zu Braunschweig, Cuvillier Verlag, 2003.

[För16] Förg, A.; Karrer-Müller, E.; Kreimeyer, M.: Produktarchitektur, in: Lindemann, U. (Hrsg.): Handbuch Produktentwicklung, Hanser-Verlag, München, 2016, pp. 99–109. https://doi.org/10.3139/9783446445819.005

[Fra02] Franke, H.-J. et al. (Hrsg.): Variantenmanagement - in der Einzel- und Kleinserienfertigung, Hanser-Verlag, München, 2002.

[Gah04] Gahr, A.; Lindemann, U.: Ein methodischer Ansatz zur induzierten Kostenkalkulation individualisierter Produkte., Proceedings of the 15th Symposium on Design for X, 2004, pp. 159–168.

[Gah06] Gahr, A. H.: Pfadkostenrechnung individualisierter Produkte - Eine flexible entwicklungsbegleitende Kalkulation, Dissertation, Technische Universität München, 2006.

[Geb12] Gebhardt, N.; Malone, K.; Krause, D.: Nutzung von „Merkmalen“ und „Eigenschaften“ zur Beschreibung und Analyse von Produktvarianz, Proceedings of the 23rd Symposium Design For X, 2012, pp. 175–186.

[Geb16] Gebhardt, N.; Kruse, M.; Krause, D.; Gebhart, N.: Gleichteile-, Modul- und Plattformstrategie, in: Lindemann, U. (Hrsg.): Handbuch Produktentwicklung, Hanser-Verlag, München, 2016, pp. 111–149. https://doi.org/10.3139/9783446445819.006

[Geb20] Gebhardt, N.: Methodische Entwicklung Von Visualisierungen Als Arbeitswerkzeuge in der Produktentwicklung, Springer-Verlag, Produktentwicklung und Konstruktionstechnik, v.18, Berlin, 2020.

[Göp98] Göpfert, J.: Modulare Produktentwicklung - Zur gemeinsamen Gestaltung von Technik und Organisation, Dissertation, Ludwig-Maximilians-Universität München, Gabler-Verlag, 1998.

[Grä04] Gräßler, I.: Kundenindividuelle Massenproduktion - Entwicklung, Vorbereitung der Herstellung, Veränderungsmanagement, Habilitationsschrift, Rheinisch-Westfälische Technische Hochschule Aachen, Springer-Verlag,

2004. https://doi.org/10.1007/978-3-642-18681-3

[Grä11] Gräßler, I.: Balancing internal and external product variety in product development, Proceedings of International Conference on Engineering Design (ICED 11), 2011, pp. 45–54.

[Gre20] Greve, E.; Spallek, J.; Kuhl, J.; Küchenhof, J.; Rennpferdt, C.; Krause, D.: Neue Trends in der methodischen Entwicklung modularer Produktfamilien, in: Krause, D.; Hartwich, T.; Rennpferdt, C. (Hrsg.): Produktentwicklung und Konstruktionstechnik - Forschungsergebnisse und -projekte der Jahre 2016 bis 2020, Springer-Verlag, Berlin, Produktentwicklung und Konstruktionstechnik, Vol. 19, 1. Auflage, 2020, pp. 65–89. https://doi.org/10.1007/978-3-662-62393-0_3

[Gre22] Greve, E.; Fuchs, C.; Hamraz, B.; Windheim, M.; Rennpferdt, C.; Schwede, L.-N.; Krause, D.: Knowledge-Based Decision Support for Concept Evaluation Using the Extended Impact Model of Modular Product Families, Applied Sciences, Vol. 122, 2022, pp. 547. https://doi.org/10.3390/app12020547

[Gre23] Greve, E.: Methode zur Gestaltung zukunftsrobuster modularer Produktstrukturen aus Markt- und Produktionssicht, Dissertation, Technische Universität Hamburg, Springer-Verlag, Produktentwicklung und Konstruktionstechnik, Vol. 24, 2023. https://doi.org/10.1007/978-3-662-68240-1

[Gu04] Gu, P.; Hashemian, M.; Nee, A.: Adaptable Design, CIRP Annals, Vol. 532, 2004, pp. 539–557. https://doi.org/10.1016/S0007-8506(07)60028-6

[Gu22] Gu, X.; Koren, Y.: Mass-Individualisation – the twenty first century manufacturing paradigm, International Journal of Production Research, Vol. 6024, 2022, pp. 7572–7587. https://doi.org/10.1080/00207543.2021.2013565

[Gün06] Günthner, W. A.; Wilke, M.; Zäh, M. F.; Aull, F.; Rudolf, H.: Produktion individualisierter Produkte, in: Lindemann, U.; Reichwald, R.; Zäh, M. F. (Hrsg.): Individualisierte Produkte - Komplexität beherrschen in Entwicklung und Produktion, Springer-Verlag, Berlin, VDI-Buch, 2006, pp. 63–87. https://doi.org/10.1007/3-540-34274-5_5

[Hac10] Hacke, W.: Neurologie, Springer Berlin Heidelberg, Springer-Lehrbuch, Berlin, Heidelberg, Auflage 13. vollständig überarbeitete Auflage, 2010.

[Hac17] Hackl, J.; Krause, D.: Towards an impact model of modular product structures, Proceedings of the 21st International Conference on Engineering Design (ICED 17), Vol. 3, 2017.

[Hac22] Hackl, J.: Wirkmodell der Eigenschaften modularer Produktstrukturen, Dissertation, Technischen Universität Hamburg, Springer-Verlag, Produktentwicklung und Konstruktionstechnik, Vol. 22, 2022.

https://doi.org/10.1007/978-3-662-65263-3

[Hei99] Heina, J.: Variantenmanagement: Kosten-Nutzen-Bewertung zur Optimierung der Variantenvielfalt, Dissertation, Brandenburgische Technische Universität, Springer-Verlag, Wiesbaden, 1999. https://doi.org/10.1007/978-3-663-09093-9

[Höl14] Hölttä-Otto, K.: What Do Coupling Modularity Metrics Measure?, Proceedings of International Conference on Advanced Design Research and Education, 2014, pp. 10–14. https://doi.org/10.3850/978-981-09-1348-9_025

[Hol16] Holle, M.; Straub, I.; Roth, M.; Lindemann, U.: Customer individual product development: Methodology for product architecture modification, Proceedings of International Systems Conference IEEE, 2016, pp. 1–6.

[Hol17] Holle, M.: Integriertes Vorgehen zur selbstindividualisierungsgerechten Produktstrukturplanung, Dissertation, Technischen Universität München, 2017.

[Hu13] Hu, S. J.: Evolving Paradigms of Manufacturing: From Mass Production to Mass Customization and Personalization, Procedia CIRP, Vol. 7, 2013, pp. 3–8. https://doi.org/10.1016/j.procir.2013.05.002

[Hva20] Hvam, L.; Hansen, C. L.; Forza, C.; Mortensen, N. H.; Haug, A.: The reduction of product and process complexity based on the quantification of product complexity costs, International Journal of Production Research, Vol. 582, 2020, pp. 350–366. https://doi.org/10.1080/00207543.2019.1587188

[Kau21] Kaufmann, T.: Strategiewerkzeuge aus der Praxis - Analyse und Beurteilung der strategischen Ausgangslage, Springer-Verlag, Berlin, 2021. https://doi.org/10.1007/978-3-662-63105-8

[Kau21] Kauf, F.: Kostenmanagement, in: Bender, B.; Gericke, K. (Hrsg.): Pahl/Beitz Konstruktionslehre - Methoden und Anwendung erfolgreicher Produktentwicklung, Springer-Verlag, Berlin, 9. Auflage, 2021https://doi.org/10.1007/978-3-662-57303-7_21

[Kip08] Kipp, T.; Krause, D.: Design for variety - efficient support for design engineers, Proceedings of the Design Society: DESIGN Conference, 2008, pp. 425–432.

[Kip10] Kipp, T.; Blees, C.; Krause, D.: Anwendung einer integrierten Methode zur Entwicklung modularer Produktfamilien, Proceedings of 21. DfX-Symposium, 2010, pp. 157–168.

[Kip12] Kipp, T.: Methodische Unterstützung der variantengerechten Produktgestaltung, Dissertation, Technische Universität Hamburg-Harburg, TuTech

Verlag, Hamburger Schriftenreihe Produktentwicklung und Konstruktionstechnik, Vol. 4, 2012.

[Kno16] Knorr, C.; Friedrich, A.: QFD – Quality Function Deployment - Mit System zu marktattraktiven Produkten, Hanser-Verlag, Pocket Power, München, 2016. https://doi.org/10.3139/9783446449831.fm

[Köl19] Kölmel, B.; Pfefferle, T.; Bulander, R.: Mega-Trend Individualisierung: Personalisierte Produkte und Dienstleistungen am Beispiel der Verpackungsbranche, in: Deutscher Dialogmarketing Verband (Hrsg.): Dialogmarketing Perspektiven 2018/2019, Springer-Verlag, Wiesbaden, Research, 2019, pp. 243–260. https://doi.org/10.1007/978-3-658-25583-1_11

[Kor01] Korreck, A.: Methodik zur markt- und kostenorientierten Variantenplanung, Dissertation, Rheinisch-Westfälische Technische Hochschule Aachen, Shaker Verlag, Berichte aus der Produktionstechnik, Vol. 8, 2001.

[Kor10] Koren, Y.: The global manufacturing revolution - Product-process-business integration and reconfigurable systems, Wiley, Wiley series in systems engineering and management, Hoboken N.J., 2010.

[Kor13] Koren, Y.; Hu, S. J.; Gu, P.; Shpitalni, M.: Open-architecture products, CIRP Annals, Vol. 622, 2013, pp. 719–729. https://doi.org/10.1016/j.cirp.2013.06.001

[Kra13] Krause, D.; Ripperda, S.: An assessment of methodical approaches to support the development of modular product families, Proceedings of the 19th International Conference on Engineering Design, 2013.

[Kra18] Krause, D.; Gebhardt, N.: Methodische Entwicklung modularer Produktfamilien, Springer-Verlag, Berlin, 2018. https://doi.org/10.1007/978-3-662-53040-5

[Kra20] Krause, D.; Hartwich, T.; Rennpferdt, C. (Hrsg.): Produktentwicklung und Konstruktionstechnik - Forschungsergebnisse und -projekte der Jahre 2016 bis 2020, Springer-Verlag, Berlin, Produktentwicklung und Konstruktionstechnik, Vol. 19, Auflage 1, 2020. https://doi.org/10.1007/978-3-662-62393-0

[Kra23] Krause, D.; Gebhardt, N.: Methodical Development of Modular Product Families - Developing High Product Diversity in a Manageable Way, Springer-Verlag, Berlin, Auflage 1, 2023. https://doi.org/10.1007/978-3-662-65680-8

[Kre09] Kreimeyer, M. F.: A Structural Measurement System for Engineering Design Processes, Dissertation, Technische Universität München, 2009.

[Kre21] Kreimeyer, M.; Seidenschwarz, W.; Rehfeld, M.: Produktplanung, in: Bender, B.; Gericke, K. (Hrsg.): Pahl/Beitz Konstruktionslehre - Methoden und

Anwendung erfolgreicher Produktentwicklung, Springer-Verlag, Berlin, 9. Auflage, 2021, pp. 97–135. https://doi.org/10.1007/978-3-662-57303-7_5

[Kri01] Krishnan, V.; Gupta, S.: Appropriateness and Impact of Platform-Based Product Development, Management Science, Vol. 471, 2001, pp. 52–68.

[Kuh19] Kuhl, J.; Krause, D.; Ngo, N. T.; Buhk, J.-H.; Ding, A.; Braschkat, A.; Fiehler, J.: Strategies for Customer Satisfaction and Customer Requirement Fulfillment within the Trend of Individualization, Procedia CIRP, Vol. 84, 2019, pp. 130–135. https://doi.org/10.1016/j.procir.2019.04.278

[Kuh20] Kuhl, J.; Sankowski, O.; Krause, D.: Investigation on methods and characteristics in medical device development, Proceedings of the Design Society: DESIGN Conference, Vol. 1, 2020, pp. 1969–1978. https://doi.org/10.1017/dsd.2020.95

[Kuh20] Kuhl, J.; Ngo, N. T.; Buhk, J.-H.; Ding, A.; Braschkat, A.; Fiehler, J.; Krause, D.: Qualification of Additively Manufactured Blood Vessel Models for the Evaluation of Braided Stent Designs, Proceedings of AMPA2020, 2020, pp. 321–333. https://doi.org/10.1007/978-3-030-54334-1_23

[Kuh21] Kuhl, J.; Ding, A.; Ngo, N. T.; Braschkat, A.; Fiehler, J.; Krause, D.: Design of Personalized Devices - The Tradeoff between Individual Value and Personalization Workload, Applied Sciences, Vol. 111, 2021. https://doi.org/10.3390/app11010241

[Kuh21] Kuhl, J.; Üreten, S.; Krause, D.: Challenges of Modular Product Families and Product Personalization - An Interview Study, 2021 IEEE International Conference on Industrial Engineering and Engineering Management (IEEM), 2021, pp. 447–451. https://doi.org/10.1109/IEEM50564.2021.9672850

[Kuh21] Kuhl, J.; Rennpferdt, C.; Krause, D.: Characteristic-Oriented Complexity Cost Analysis for Evaluating Individual Product Attributes, Proceedings of 10th World Mass Customization & Personalization Conference, 2021, pp. 686–693. https://doi.org/10.1007/978-3-030-90700-6_78

[Kuh22] Kuhl, J.; Hauschild, J.; Krause, D.: Comparing Friction of Additively Manufactured Materials with Animal Blood Vessels, Annals of 3D Printed Medicine, Vol. 73, 2022. https://doi.org/10.1016/j.stlm.2022.100061

[Kuh22] Kuhl, J.; Krause, D.: Identifying Potentials of Personalization, Proceedings of ASME IDETC Conference, 2022. https://doi.org/10.1115/DETC2022-88463

[Kum07] Kumar, A.: From mass customization to mass personalization: a strategic transformation, International Journal of Flexible Manufacturing Systems, Vol. 194, 2007, pp. 533–547. https://doi.org/10.1007/s10696-008-9048-6

[Lan96] Lanner, P.; Malmqvist, J.: An Approach Towards Considering Technical and Economic Aspects in Product Architecture Design, Proceedings of the 2nd WDK Workshop on Product Structuring, 1996, pp. 12–16.

[Lin06] Lindemann, U.; Gahr, A.: Kostenmanagement individualisierter Produkte, in: Lindemann, U.; Reichwald, R.; Zäh, M. F. (Hrsg.): Individualisierte Produkte - Komplexität beherrschen in Entwicklung und Produktion, Springer-Verlag, Berlin, VDI-Buch, 2006, pp. 179–198. https://doi.org/10.1007/3-540-34274-5_11

[Lin06] Lindemann, U.; Baumberger, G. C.: Individualisierte Produkte, in: Lindemann, U.; Reichwald, R.; Zäh, M. F. (Hrsg.): Individualisierte Produkte - Komplexität beherrschen in Entwicklung und Produktion, Springer-Verlag, Berlin, VDI-Buch, 2006, pp. 7–16. https://doi.org/10.1007/3-540-34274-5_2

[Lin06] Lindemann, U.; Reichwald, R.; Zäh, M.F. (Hrsg.): Individualisierte Produkte - Komplexität beherrschen in Entwicklung und Produktion, Springer-Verlag, Berlin, VDI-Buch, 2006. https://doi.org/10.1007/3-540-34274-5

[Mal17] Malek, N. P.: Personalisierung in der Medizin der Zukunft: Chancen und Risiken, Der Internist, Vol. 587, 2017, pp. 650–656. https://doi.org/10.1007/s00108-017-0265-5

[Mar02] Martin, M. V.; Ishii, K.: Design for variety: developing standardized and modularized product platform architectures, Research in Engineering Design, Vol. 134, 2002, pp. 213–235. https://doi.org/10.1007/s00163-002-0020-2

[Mau07] Maurer, M.: Structural awareness in complex product design, Dissertation, Technischen Universität München, Verlag Dr. Hut, München, 2007.

[Mel18] Melzer, P.; Schneider, B.; Schoop, M.: Unterstützungspotenziale des Quantified-Self-Ansatzes im selbstregulierten personalisierten Lernen, Proceedings of E-Learning Fachtagung Informatik der Gesellschaft für Informatik e. V., 2018, pp. 261–268.

[Naw20] Nawka, M. T.; Spallek, J.; Kuhl, J.; Krause, D.; Buhk, J. H.; Fiehler, J.; Frölich, A.: Evaluation of a modular in vitro neurovascular procedure simulation for intracranial aneurysm embolization, Journal of neurointerventional surgery, Vol. 122, 2020, pp. 214–219. https://doi.org/10.1136/neurintsurg-2019-015073

[Ott16] Otto, K.; Hölttä-Otto, K.; Simpson, T. W.; Krause, D.; Ripperda, S.; Ki Moon, S.: Global Views on Modular Design Research: Linking Alternative Methods to Support Modular Product Family Concept Development, Journal of Mechanical Design, Vol. 1387, 2016. https://doi.org/10.1115/1.4033654

[Ozd20] Ozdemir, M.; Cascini, G.: An experiment-driven mass-personalisation model: application to saxophone mouthpiece production, Proceedings of the Design Society: DESIGN Conference, Vol. 1, 2020, pp. 1037–1046. https://doi.org/10.1017/dsd.2020.169

[Ozd22] Ozdemir, M.; Verlinden, J.; Cascini, G.: Design methodology for mass personalisation enabled by digital manufacturing, Design Science, Vol. 8, 2022. https://doi.org/10.1017/dsj.2022.3

[Pae21] Paetzold, K.: Nutzerbedürfnisse, in: Bender, B.; Gericke, K. (Hrsg.): Pahl/Beitz Konstruktionslehre - Methoden und Anwendung erfolgreicher Produktentwicklung, Springer-Verlag, Berlin, 9. Auflage, 2021, pp. 137–167. https://doi.org/10.1007/978-3-662-57303-7_6

[Pah07] Pahl, G.; Beitz, W.; Blessing, L.; Feldhusen, J.; Grote, K.-H.; Wallace, K.: Engineering Design - A Systematic Approach, Springer, London, Auflage 3, 2007. https://doi.org/10.1007/978-1-84628-319-2

[Pak16] Pakkanen, J.; Juuti, T.; Lehtonen, T.: Brownfield Process: A method for modular product family development aiming for product configuration, Design Studies, Vol. 45, 2016, pp. 210–241. https://doi.org/10.1016/j.destud.2016.04.004

[Pil03] Piller, F.T.; Stotko, C.M. (Hrsg.): Mass Customization und Kundenintegration - Neue Wege zum innovativen Produkt, Symposion-Verl., Düsseldorf, Auflage 1, 2003.

[Pil04] Pil, F. K.; Holweg, M.: Linking Product Variety to Order-Fulfillment Strategies, Interfaces, Vol. 345, 2004, pp. 394–403. https://doi.org/10.1287/inte.1040.0092

[Pil06] Piller, F. T.: Mass Customization - Ein wettbewerbsstrategisches Konzept im Informationszeitalter, Zugl.: Dissertation 1999 u.d.T.: Kundenindividuelle Massenproduktion (mass customization) als wettbewerbsstrategisches Modell industrieller Wertschöpfung in der Informationsgesellschaft, Deutscher Universitats-Verlag, Markt- und Unternehmensentwicklung, Wiesbaden, Auflage 4, 2006. https://doi.org/10.1007/978-3-8350-9204-4

[Pil17] Piller, F.; Möslein, K.; Ihl, C.; Reichwald, R.: Interaktive Wertschöpfung kompakt, Springer Fachmedien Wiesbaden, Wiesbaden, 2017. https://doi.org/10.1007/978-3-658-17514-6

[Pim94] Pimmler, T. U.; Eppinger, S. D.: Integration analysis of product decompositions, ASME Design Theory and Methodology Conference, 1994.

[Pir14] Pirmoradi, Z.; Wang, G. G.; Simpson, T. W.: A Review of Recent Literature in Product Family Design and Platform-Based Product Development, in: Simpson, T. W. et al. (Hrsg.): Advances in Product Family and Product Platform Design, Springer-Verlag, New York, 2014, pp. 1–48.

https://doi.org/10.1007/978-1-4614-7937-6_1

[Pul04] Pulm, U.: Eine systemtheoretische Betrachtung der Produktentwicklung, Dissertation, Technischen Universität München, 2004.

[Ram20] Ramesh, A.; Qin, Z.; Lu, Y.: Digital Thread Enabled Manufacturing Automation Towards Mass Personalization, Proceedings of the ASME 15th International Manufacturing Science and Engineering Conference, 2020. https://doi.org/10.1115/MSEC2020-8429

[Rat93] Rathnow, P. J.: Integriertes Variantenmanagement - Bestimmung, Realisierung und Sicherung der optimalen Produktvielfalt, Vandenhoeck & Ruprecht, Innovative Unternehmensführung, Vol. 20, Göttingen, 1993.

[Rei06] Reichwald, R.; Moser, K.; Schlichter, J.; Leckner, T. Stegmann, R.: Marketing- und Vertriebswerkzeuge für individualisierte Produkte, in: Lindemann, U.; Reichwald, R.; Zäh, M. F. (Hrsg.): Individualisierte Produkte - Komplexität beherrschen in Entwicklung und Produktion, Springer-Verlag, Berlin, VDI-Buch, 2006, pp. 19–39. https://doi.org/10.1007/3-540-34274-5_3

[Rei09] Reichwald, R.; Piller, F. T.; Piller, F.: Interaktive Wertschöpfung - Open Innovation, Individualisierung und neue Formen der Arbeitsteilung, Gabler-Verlag, Wiesbaden, Auflage 2, 2009. https://doi.org/10.1007/978-3-8349-9440-0

[Rei13] Reinhart, G.; Zäh, M.F. (Hrsg.): Marktchance Individualisierung, Springer-Verlag, Berlin, Auflage 1, 2013. https://doi.org/10.1007/978-3-642-55495-7

[Ren20] Rennpferdt, C.; Krause, D.: Towards a framework for the design of variety-oriented product-service systems, Proceedings of the Design Society: DESIGN Conference, Vol. 1, 2020, pp. 1345–1354. https://doi.org/10.1017/dsd.2020.108

[Ren20] Rennpferdt, C.; Greve, E.; Kuhl, J.; Küchenhof, J.; Seiler, F.; Krause, D.: Modularisierung in der industriellen Anwendung, in: Krause, D.; Hartwich, T.; Rennpferdt, C. (Hrsg.): Produktentwicklung und Konstruktionstechnik - Forschungsergebnisse und -projekte der Jahre 2016 bis 2020, Springer-Verlag, Berlin, Produktentwicklung und Konstruktionstechnik, Vol. 19, 1. Auflage, 2020, pp. 229–254. https://doi.org/10.1007/978-3-662-62393-0_10

[Rip17] Ripperda, S.; Krause, D.: Cost Effects of Modular Product Family Structures: Methods and Quantification of Impacts to Support Decision Making, Journal of Mechanical Design, Vol. 1392, 2017. https://doi.org/10.1115/1.4035430

[Rip19] Ripperda, S.: Methodische Unterstützung zur kostenbasierten Auswahl modularer Produktstrukturen, Dissertation, Technische Universität Hamburg, Springer-Verlag, Produktentwicklung und Konstruktionstechnik, Vol. 15, 2019. https://doi.org/10.1007/978-3-662-59006-5

[Röt20] Rötzer, S.; Thoma, D.; Zimmermann, M.: Cost optimization of product families using solution spaces, Proceedings of the Design Society: DESIGN Conference, Vol. 1, 2020, pp. 1087–1094. https://doi.org/10.1017/dsd.2020.178

[Sal07] Salvador, F.: Toward a Product System Modularity Construct - Literature Review and Reconceptualization, IEEE Transactions on Engineering Management, Vol. 542, 2007, pp. 219–240. https://doi.org/10.1109/TEM.2007.893996

[San18] Sankowski, O.; Krause, D.: Using Multi-Channel Human-System Interaction for User-Centered Product Design, Proceedings of the ASME International Mechanical Engineering Congress and Exposition, 2018.

[Sch14] Schenk, M.; Wirth, S.; Müller, E.: Fabrikplanung und Fabrikbetrieb - Methoden für die wandlungsfähige und vernetzte Fabrik, Springer-Verlag, Berlin, 2014. https://doi.org/10.1007/978-3-642-05459-4

[Sch15] Schuh, G. (Hrsg.): Leitfaden zur Baukastengestaltung - Ergebnisse des Forschungsprojekts Gestaltung innovativer Baukasten- und Wertschöpfungsstrukturen (GiBWert), VDMA Verlag, Stuttgart, 2015.

[Sch18] Schwarz, T. (Hrsg.): Leitfaden Relevanz im Marketing - Mit künstlicher Intelligenz zu mehr Kunden, marketing-BÖRSE, Waghäusel, Auflage 1, 2018.

[Sch22] Schwede, L.-N.; Greve, E.; Krause, D.; Otto, K.; Moon, S. K.; Albers, A.; Kirchner, E.; Lachmayer, R.; Bursac, N.; Inkermann, D.; Rapp, S.; Hausmann, M.; Schneider, J.: How to Use the Levers of Modularity Properly—Linking Modularization to Economic Targets, Journal of Mechanical Design, Vol. 1447, 2022. https://doi.org/10.1115/1.4054023

[Sei20] Seiler, F. M.; Kuhl, J.; Krause, D.: A Simulation-Based Decision Support Method For Modular Product Architecture Alternatives, Proceedings of the 22nd International DSM Conference (DSM 2020), 2020, pp. 83–92. https://doi.org/10.35199/dsm2020.9

[Sik21] Sikhwal, R. K.; Childs, P. R. N.: Towards Mass Individualisation: setting the scope and industrial implication, Design Science, Vol. 7, 2021. https://doi.org/10.1017/dsj.2021.18

[Sim01] Simpson, T. W.; Maier, J. R.; Mistree, F.: Product platform design: method and application, Research in Engineering Design, Vol. 131, 2001, pp. 2–22.

[Sim06] Simpson, T.W.; Jiao, J.R.; Siddique, Z. (Hrsg.): Product Platform and Product Family Design - Methods and Applications, Springer-Verlag, Boston,

2006. https://doi.org/10.1007/0-387-29197-0

[Sim14] Simpson, T.W. et al. (Hrsg.): Advances in Product Family and Product Platform Design, Springer-Verlag, New York, 2014. https://doi.org/10.1007/978-1-4614-7937-6

[Spa19] Spallek, J.; Kuhl, J.; Wortmann, N.; Buhk, J.-H.; Frölich, A. M.; Nawka, M. T.; Kyselyova, A.; Fiehler, J.; Krause, D.: Design for Mass Adaptation of the Neurointerventional Training Model HANNES with Patient-Specific Aneurysm Models, Proceedings of 22nd International Conference on Engineering Design (ICED19), Vol. 11, 2019, pp. 897–906. https://doi.org/10.1017/dsi.2019.94

[Spa24] Spallek, J.: Design for Mass Adaptation - Methodische Unterstützung zur massenhaften Produktindividualisierung, Dissertation, Technische Universität Hamburg, Springer-Verlag, Produktentwicklung und Konstruktionstechnik, 2024 (in Veröffentlichung).

[Sto00] Stone, R. B.; Wood, K. L.; Crawford, R. H.: A heuristic method for identifying modules for product architectures, Design Studies, Vol. 211, 2000, pp. 5–31. https://doi.org/10.1016/S0142-694X(99)00003-4

[Sto97] Stone, R. B.: Towards a theory of modular design, Dissertation, University of Texas, 1997.

[Suh01] Suh, N. P.; Suh, N. P.: Axiomatic design - Advances and applications, Oxford University Press, CIRP design book series, New York, Oxford, 2001.

[Suh98] Suh, N. P.: Axiomatic Design Theory for Systems, Research in Engineering Design, Vol. 10.4, 1998, pp. 189–209.

[Sun10] Sundin, E.; Lindahl, M.; Comstock, M.; Sakao, T.; Shimomura, Y.: Achieving mass customisation through servicification, International Journal of Internet Manufacturing and Services, 2010, pp. 56–75. https://doi.org/10.1504/IJIMS.2009.03134

[Tan20a] Tan, C.: Personalized Product Architecture Design, Robustness Optimization, and Integration with Manufacturing Process and Supplier Selection, Dissertation, University of Michigan, 2020. https://doi.org/10.7302/4290

[Tan20b] Tan, C.; Chung, H.; Barton, K.; Jack Hu, S.; Freiheit, T.: Incorporating customer personalization preferences in open product architecture design, Journal of Manufacturing Systems, Vol. 56, 2020, pp. 72–83. https://doi.org/10.1016/j.jmsy.2020.05.006

[The06] Thevenot, H. J.; Simpson, T. W.: Commonality Indices for Assessing Product Families, in: Simpson, T. W.; Jiao, J. R.; Siddique, Z. (Hrsg.): Product Platform and Product Family Design - Methods and Applications, Springer-Verlag, Boston, 2006, pp. 107–129. https://doi.org/10.1007/0-

387-29197-0_7

[Töp18] Töpfer, A.; Brabänder, G.: Personalisierung von Gesundheitsleistungen – Gestaltungsempfehlungen zur Umsetzung, Zeitschrift für Evidenz, Fortbildung und Qualitat im Gesundheitswesen, Vol. 130, 2018, pp. 27–34. https://doi.org/10.1016/j.zefq.2017.12.002

[Tse10] Tseng, M. M.; Jiao, R. J.; Wang, C.: Design for mass personalization, CIRP Annals, Vol. 591, 2010, pp. 175–178. https://doi.org/10.1016/j.cirp.2010.03.097

[Ulr11] Ulrich, K. T.: Design - Creation of artifacts in society, University of Pennsylvania., 2011.

[Üre20] Üreten, S.; Spallek, J.; Üreten, E.; Krause, D.: Validation of the Design for Mass Adaptation Method – A Case for Higher Medical Treatment Quality, Proceedings of the International Symposium on Human Factors and Ergonomics in Health Care, Vol. 91, 2020, pp. 88–100. https://doi.org/10.1177/2327857920091059

[Van23] van Eck, N. J.; Waltman, L.: VOSviewer Manual, Centre for Science and Technology Studies, Leiden University, 2023. URL: https://www.vosviewer.com/.

[Vog23] Vogt, J.; Woeller, L.-N.; Krause, D.: Effects of Product Personalization – Considering Personalizability in the Product Architecture of Modular Product Families, Journal of Mechanical Design, Vol. 1464, 2023. https://doi.org/10.1115/1.4063825

[Vog23] Vogt, J.; Krause, D.: Personalization Indication Radar (PIR), Zenodo, 2023. https://doi.org/10.5281/zenodo.8054992

[Wan19] Wang, Y.; Mo, D. Y.; Tseng, M. M.: Relative preference-based product configurator design, Procedia CIRP, Vol. 83, 2019, pp. 575–578. https://doi.org/10.1016/j.procir.2019.04.124

[War21] Wartzack, S.: Auswahl- und Bewertungsmethoden, in: Bender, B.; Gericke, K. (Hrsg.): Pahl/Beitz Konstruktionslehre - Methoden und Anwendung erfolgreicher Produktentwicklung, Springer-Verlag, Berlin, 9. Auflage, 2021, pp. 307–334. https://doi.org/10.1007/978-3-662-57303-7_11

[Web07] Weber, C.: Looking at "DFX" and "Product Maturity" from the Perspective of a New Approach to Modelling Product and Product Development Processes, in: Krause, F.-L. (Hrsg.): The Future of Product Development - Proceedings of the 17th CIRP Design Conference, Springer-Verlag, Berlin, 2007

[Zam99] Zamirowski, E. J.; Otto, K. N.: Identifying Product Family Architecture

Modularity Using Function and Variety Heuristics, 1999.

[Zha13] Zhao, C.; Peng, Q.; Gu, P.; Zhang, Z.: Module development method for Open architecture product using extended QFD, Proceedings of International Conference on Computers & Industrial Engineering (CIE43), 2013.

[Zha15] Zhao, C.; Peng, Q.; Gu, P.: Development of a paper-bag-folding machine using open architecture for adaptability, Proceedings of the Institution of Mechanical Engineers, Part B: Journal of Engineering Manufacture, Vol. 2291_suppl, 2015, pp. 155–169. https://doi.org/10.1177/0954405414559281

[Zho13] Zhou, F.; Ji, Y.; Jiao, R. J.: Affective and cognitive design for mass personalization: status and prospect, Journal of Intelligent Manufacturing, Vol. 245, 2013, pp. 1047–1069. https://doi.org/10.1007/s10845-012-0673-2

[Züf22] Züfle, M.; Rennpferdt, C.; Kuhl, J.; Schwede, L.-N.; Krause, D.: Analyzing Dependencies between Product Architecture and Module Drivers, Proceedings of the 33rd Symposium Design for X, 2022, pp. 10. https://doi.org/10.35199/dfx2022.22

FSC
www.fsc.org
MIX
Papier | Fördert
gute Waldnutzung
FSC® C083411

Kolibri 360 GmbH
Ferdinand-Jühlke-Straße 7
99095 Erfurt, Deutschland
produktsicherheit@kolibri360.de